6 軌跡の方程式の求め方

(I) 条件を満たす点Pの座標を $(x,\ y)$ とおいて，$x,\ y$ の関係式を求める。

(II) 逆に，(I)で求めた関係式を満たす任意の点が，与えられた条件を満たすことを示す。

7 不等式の表す領域

(1) $y>mx+n \Longrightarrow$ 直線 $y=mx+n$ の上側

$y<mx+n \Longrightarrow$ 直線 $y=mx+n$ の下側

(2) 円 $C:(x-a)^2+(y-b)^2=r^2$ のとき

$(x-a)^2+(y-b)^2<r^2 \Longrightarrow$ 円 C の内部

$(x-a)^2+(y-b)^2>r^2 \Longrightarrow$ 円 C の外部

三 角 関 数

1 一般角

1つの角 α の一般角は $\alpha+360^\circ\times n$（n は整数）

2 弧度法

$180^\circ=\pi$ ラジアン

3 三角関数の定義

半径 r の円周上の点 $\mathrm{P}(x,\ y)$ をとり，OP と x 軸の正の向きとのなす角を θ（ラジアン）とすると

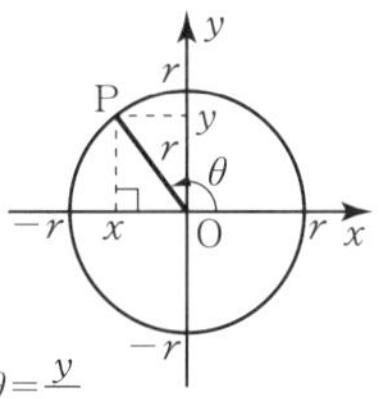

$\sin\theta=\dfrac{y}{r},\ \cos\theta=\dfrac{x}{r},\ \tan\theta=\dfrac{y}{x}$

4 三角関数の値の範囲

$-1\leqq\sin\theta\leqq1,\ -1\leqq\cos\theta\leqq1$

$\tan\theta$ は実数全体

5 三角関数の相互関係

$$\tan\theta=\frac{\sin\theta}{\cos\theta}$$

$$\sin^2\theta+\cos^2\theta=1$$

$$1+\tan^2\theta=\frac{1}{\cos^2\theta}$$

6 三角関数の性質（複号同順，n は整数）

$$\begin{cases}\sin(\theta+2n\pi)=\sin\theta\\ \cos(\theta+2n\pi)=\cos\theta\\ \tan(\theta+n\pi)=\tan\theta\end{cases}\qquad \begin{cases}\sin(-\theta)=-\sin\theta\\ \cos(-\theta)=\cos\theta\\ \tan(-\theta)=-\tan\theta\end{cases}$$

$$\begin{cases}\sin(\theta+\pi)=-\sin\theta\\ \cos(\theta+\pi)=-\cos\theta\\ \tan(\theta+\pi)=\tan\theta\end{cases}\qquad \begin{cases}\sin\left(\theta+\dfrac{\pi}{2}\right)=\cos\theta\\ \cos\left(\theta+\dfrac{\pi}{2}\right)=-\sin\theta\\ \tan\left(\theta+\dfrac{\pi}{2}\right)=-\dfrac{1}{\tan\theta}\end{cases}$$

7 三角関数のグラフ

周期：$f(x+p)=f(x)$ を満たす正で最小の値 p

・$y=\sin\theta$ の周期は 2π，

グラフは原点に関して対称（奇関数）

・$y=\cos\theta$ の周期は 2π，

グラフは y 軸に関して対称（偶関数）

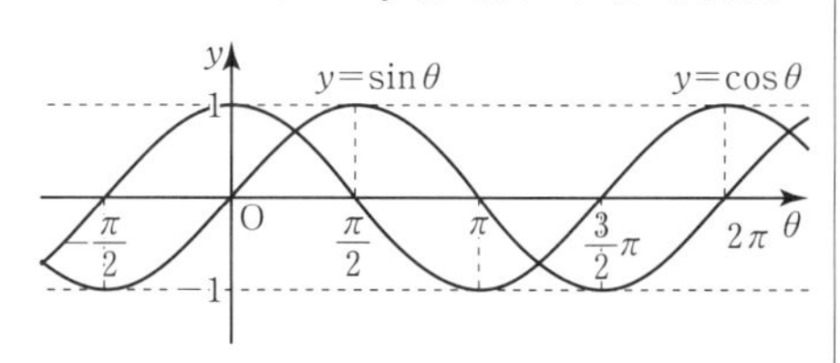

・$y=\tan\theta$ の周期は π，

グラフは原点に関して対称（奇関数）

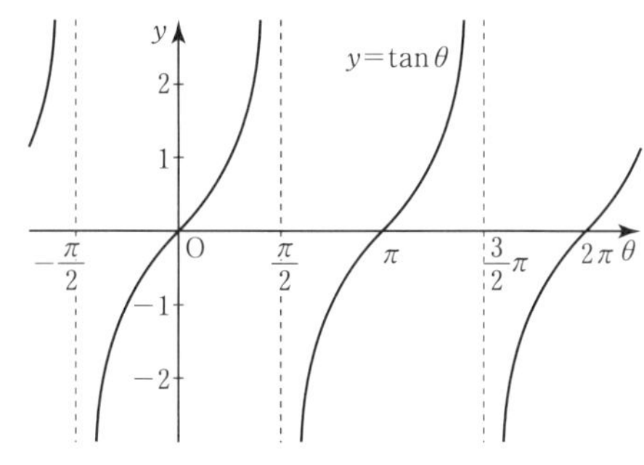

グラフの漸近線は $\theta=\dfrac{\pi}{2}+n\pi$（$n$ は整数）

8 三角関数の加法定理（複号同順）

$$\sin(\alpha\pm\beta)=\sin\alpha\cos\beta\pm\cos\alpha\sin\beta$$

$$\cos(\alpha\pm\beta)=\cos\alpha\cos\beta\mp\sin\alpha\sin\beta$$

$$\tan(\alpha\pm\beta)=\frac{\tan\alpha\pm\tan\beta}{1\mp\tan\alpha\tan\beta}$$

9 2倍角の公式

$$\sin2\alpha=2\sin\alpha\cos\alpha$$

$$\cos2\alpha=\cos^2\alpha-\sin^2\alpha=2\cos^2\alpha-1=1-2\sin^2\alpha$$

$$\tan2\alpha=\frac{2\tan\alpha}{1-\tan^2\alpha}$$

10 半角の公式

$$\sin^2\frac{\alpha}{2}=\frac{1-\cos\alpha}{2}$$

$$\cos^2\frac{\alpha}{2}=\frac{1+\cos\alpha}{2}$$

$$\tan^2\frac{\alpha}{2}=\frac{1-\cos\alpha}{1+\cos\alpha}$$

11 三角関数の合成

$$a\sin\theta+b\cos\theta=\sqrt{a^2+b^2}\sin(\theta+\alpha)$$

ただし $\cos\alpha=\dfrac{a}{\sqrt{a^2+b^2}}$

$\sin\alpha=\dfrac{b}{\sqrt{a^2+b^2}}$

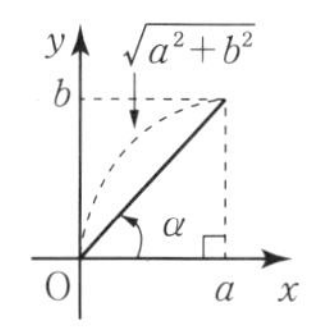

指数関数・対数関数

1 指数の拡張

$a \neq 0$，n が正の整数のとき

$a^0=1$，$a^{-n}=\dfrac{1}{a^n}$

2 累乗根の性質

$a>0$，$b>0$，m，n，p が正の整数のとき

$(\sqrt[n]{a})^n=a$，$\sqrt[n]{a}>0$（n は 2 以上）

$\sqrt[n]{a}\sqrt[n]{b}=\sqrt[n]{ab}$，$\dfrac{\sqrt[n]{a}}{\sqrt[n]{b}}=\sqrt[n]{\dfrac{a}{b}}$，$(\sqrt[n]{a})^m=\sqrt[n]{a^m}$

$\sqrt[m]{\sqrt[n]{a}}=\sqrt[mn]{a}$，$\sqrt[n]{a^m}=\sqrt[np]{a^{mp}}$

3 有理数の指数

$a>0$，m が整数，n が正の整数，r が有理数のとき

$a^{\frac{m}{n}}=\sqrt[n]{a^m}$，$a^{-r}=\dfrac{1}{a^r}$

4 指数法則

$a>0$，$b>0$，p，q が有理数のとき

$a^pa^q=a^{p+q}$，$(a^p)^q=a^{pq}$，$(ab)^p=a^pb^p$

$\dfrac{a^p}{a^q}=a^{p-q}$，$\left(\dfrac{a}{b}\right)^p=\dfrac{a^p}{b^p}$

5 指数関数 $y=a^x$

定義域は実数全体，値域は $y>0$，
グラフの漸近線は x 軸

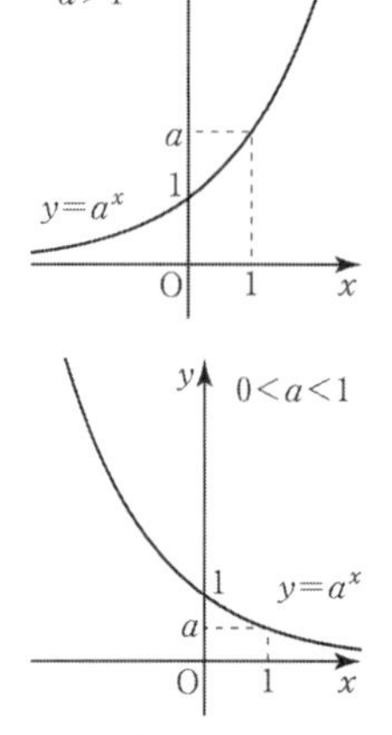

6 指数の大小関係

$a>0$，$a \neq 1$ のとき

・$p=q \iff a^p=a^q$

・$p<q \iff \begin{cases} a^p<a^q & (a>1) \\ a^p>a^q & (0<a<1) \end{cases}$

7 指数と対数の関係

$a>0$，$a \neq 1$，$M>0$ のとき

・$a^p=M \iff p=\log_a M$

・$\log_a a^p=p$

8 対数の性質

$a>0$，$a \neq 1$，$M>0$，$N>0$ のとき

(1) $\log_a 1=0$，$\log_a a=1$

(2) $\log_a MN=\log_a M+\log_a N$

(3) $\log_a \dfrac{M}{N}=\log_a M-\log_a N$

(4) $\log_a M^r=r\log_a M$（r は実数）

(5) $\log_a \dfrac{1}{N}=-\log_a N$

(6) $\log_a \sqrt[n]{M}=\dfrac{1}{n}\log_a M$

(7) 底の変換公式

$a>0$，$b>0$，$c>0$，$a \neq 1$，$c \neq 1$ のとき

$\log_a b=\dfrac{\log_c b}{\log_c a}$

9 対数関数 $y=\log_a x$

定義域は $x>0$，値域は実数全体，
グラフの漸近線は y 軸

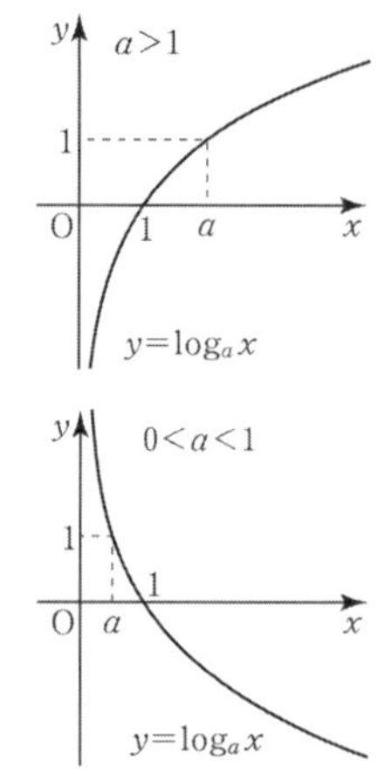

対数関数を含む方程式・不等式では，対数関数の定義域 $x>0$（真数条件）に注意する。

10 対数の大小関係

$a>0$，$a \neq 1$ のとき

・$p=q \iff \log_a p=\log_a q$

・$p<q \iff \begin{cases} \log_a p<\log_a q & (a>1) \\ \log_a p>\log_a q & (0<a<1) \end{cases}$

11 常用対数 $\log_{10}N$（$N>0$）

・N の整数部分が n 桁

$\iff 10^{n-1} \leqq N<10^n$

$\iff n-1 \leqq \log_{10}N<n$

・N は小数第 n 位にはじめて 0 でない数字が現れる

$\iff 10^{-n} \leqq N<10^{-n+1}$

$\iff -n \leqq \log_{10}N<-n+1$

●目次

数学Ⅱ

本書の構成と利用法

本書は，教科書の内容を着実に理解し，問題演習を通して応用力を養成できるよう編集しました。

とくに，自学自習でも十分学習できるように，**例題を豊富に取り上げました。**

例　題	基本事項の確認から応用力の養成まで，幅広く例題として取り上げました。
類	例題に対応した問題を明示しました。 例題で学んだことを確実に身につけるために，あるいは，問題のヒントとして活用してください。
エクセル	特に覚えておいた方がよい解法の要点をまとめました。
A 問 題	教科書の内容を着実に理解するための問題です。
B 問 題	応用力を養成するための問題です。代表的な問題は，例題で取り上げてありますが，それ以外の問題には，適宜 ヒント を示しました。
↩ 例題 1	対応する例題を明示しました。 問題のヒントとして活用してください。
Step Up 例題	教科書に取り上げられていない発展的な問題や難易度の高い問題を，例題として取り上げました。
Step Up 問題	Step Up 例題の類題で，より高度な応用力を養成する問題です。
＊　**印**	時間的に余裕がない場合，＊印の問題を解いていけば，ひととおり学習できるよう配慮しました。
復 習 問 題	各章で学んだ内容を復習する問題です。反復練習を積みたいときや，試験直前の総チェックに活用してください。

問 題 数　例題　114 題　A 問題　169 題　B 問題　163 題
Step Up 例題　60 題　Step Up 問題　110 題
復習問題　55 題

数学Ⅱ

1 整式の乗法(3次式の展開・因数分解)

例題 1　3乗の展開の公式　類1,2

次の式を展開せよ。

(1)　$(x+3y)^3$　　　　(2)　$(x-2y)(x^2+2xy+4y^2)$

解　(1)　$(x+3y)^3=x^3+3\cdot x^2\cdot(3y)+3\cdot x\cdot(3y)^2+(3y)^3$

$=\boldsymbol{x^3+9x^2y+27xy^2+27y^3}$

(2)　$(x-2y)(x^2+2xy+4y^2)=x^3-(2y)^3$

$=\boldsymbol{x^3-8y^3}$

乗法公式

$(a+b)^3=a^3+3a^2b+3ab^2+b^3$
$(a-b)^3=a^3-3a^2b+3ab^2-b^3$
$(a+b)(a^2-ab+b^2)=a^3+b^3$
$(a-b)(a^2+ab+b^2)=a^3-b^3$

例題 2　3乗の因数分解　類3,4

公式を利用して，次の式を因数分解せよ。

(1)　$27x^3+125y^3$　　　　(2)　$x^3-6x^2y+12xy^2-8y^3$

解　(1)　$27x^3+125y^3=(3x)^3+(5y)^3$

$=\boldsymbol{(3x+5y)(9x^2-15xy+25y^2)}$

(2)　$x^3-6x^2y+12xy^2-8y^2$

$=x^3-3\cdot x^2\cdot(2y)+3\cdot x\cdot(2y)^2-(2y)^3$

$=\boldsymbol{(x-2y)^3}$

因数分解の公式

$a^3+b^3=(a+b)(a^2-ab+b^2)$
$a^3-b^3=(a-b)(a^2+ab+b^2)$
$a^3+3a^2b+3ab^2+b^3=(a+b)^3$
$a^3-3a^2b+3ab^2-b^3=(a-b)^3$

例題 3　対称式の式の値　類7

$x=\sqrt{2}+1$，$y=\sqrt{2}-1$ のとき，次の式の値を求めよ。

(1)　xy　　(2)　$x+y$　　(3)　x^2+y^2　　(4)　x^3+y^3　　(5)　x^5+y^5

解　(1)　$xy=(\sqrt{2}+1)(\sqrt{2}-1)=(\sqrt{2})^2-1^2=\boldsymbol{1}$

(2)　$x+y=(\sqrt{2}+1)+(\sqrt{2}-1)=\boldsymbol{2\sqrt{2}}$

(3)　$x^2+y^2=(x+y)^2-2xy=(2\sqrt{2})^2-2\cdot1=\boldsymbol{6}$

(4)　$x^3+y^3=(x+y)^3-3xy(x+y)$

$=(2\sqrt{2})^3-3\cdot1\cdot2\sqrt{2}=\boldsymbol{10\sqrt{2}}$

(5)　$x^5+y^5=(x^2+y^2)(x^3+y^3)-x^2y^3-x^3y^2$

$=(x^2+y^2)(x^3+y^3)-(xy)^2(x+y)$

$=6\cdot10\sqrt{2}-1^2\cdot2\sqrt{2}=\boldsymbol{58\sqrt{2}}$

エクセル　対称式の変形 ➡ $x^2+y^2=(x+y)^2-2xy$

$x^3+y^3=(x+y)^3-3xy(x+y)$

A

1 次の式を展開せよ。 ↩ 例題1

*(1) $(x+2)^3$　(2) $(a-3)^3$　(3) $(2x+y)^3$

*(4) $(3a-4b)^3$　(5) $(5x+2y)^3$　(6) $(-a+4b)^3$

2 次の式を展開せよ。 ↩ 例題1

*(1) $(a+2)(a^2-2a+4)$　(2) $(3x-1)(9x^2+3x+1)$

*(3) $(4a+3b)(16a^2-12ab+9b^2)$　(4) $(3x-5y)(9x^2+15xy+25y^2)$

3 次の式を因数分解せよ。 ↩ 例題2

*(1) a^3+27　(2) a^3-8b^3　(3) $8a^3+27b^3$

*(4) $27x^3-125y^3$　(5) $8x^3+64y^3$　(6) $54x^3-16y^3$

4 次の式を因数分解せよ。 ↩ 例題2

(1) x^3+3x^2+3x+1　*(2) $x^3+6x^2+12x+8$

(3) $x^3-12x^2y+48xy^2-64y^3$　*(4) $8x^3-36x^2y+54xy^2-27y^3$

B

5 次の式を因数分解せよ。

(1) x^6-64y^6　(2) x^6+26x^3-27　(3) $a^3+(b+c)^3$

6 次の式を展開せよ。

(1) $(a+2)^3(a-2)^3$　(2) $(x+y)(x-y)(x^2+xy+y^2)(x^2-xy+y^2)$

(3) $(a+b+c)^3$

7 $x=\dfrac{\sqrt{7}+\sqrt{3}}{2}$，$y=\dfrac{\sqrt{7}-\sqrt{3}}{2}$ のとき，次の式の値を求めよ。 ↩ 例題3

*(1) xy　*(2) $x+y$　*(3) x^2+y^2

(4) x^3+y^3　(5) x^4+y^4　(6) x^5+y^5

8 次の問いに答えよ。

(1) $x^3+y^3=(x+y)^3-3xy(x+y)$ を利用して次の式を因数分解せよ。

$$x^3+y^3+z^3-3xyz$$

(2) (1)の結果を利用して，次の式を因数分解せよ。

$$(a-b)^3+(b-c)^3+(c-a)^3$$

ヒント **8** (2) $a-b=x$，$b-c=y$，$c-a=z$ とおいて，(1)で因数分解した式に代入する。

2 二項定理

例題 4　二項定理と展開式の係数　類11,13

次の式の展開式における x^3 の項の係数を求めよ。

(1)　$(x+2)^7$　　(2)　$\left(x^2-\dfrac{2}{x}\right)^6$

解　(1)　展開式の一般項は　${}_7\mathrm{C}_r x^{7-r}\cdot 2^r$

$r=4$ のとき，これは x^3 の項を表すから，

求める係数は　${}_7\mathrm{C}_4 2^4=35\times16=\mathbf{560}$

二項定理

$(a+b)^n={}_n\mathrm{C}_0a^n+{}_n\mathrm{C}_1a^{n-1}b+\cdots+{}_n\mathrm{C}_ra^{n-r}b^r+\cdots+{}_n\mathrm{C}_nb^n$

(2)　展開式の一般項は

$${}_6\mathrm{C}_r(x^2)^{6-r}\left(-\frac{2}{x}\right)^r={}_6\mathrm{C}_r(-2)^r x^{12-2r}\cdot\frac{1}{x^r}$$

← 係数と文字は分けておく

$x^{12-2r}\cdot\dfrac{1}{x^r}=x^3$ となるとき　$x^{12-2r}=x^{3+r}$

← $a^m\times a^n=a^{m+n}$

すなわち　$12-2r=3+r$

よって，$r=3$ のとき，上の一般項は x^3 の項を表すから，

求める係数は　${}_6\mathrm{C}_3(-2)^3=20\times(-8)=\mathbf{-160}$

エクセル　$(a+b)^n$ の展開式のある項の係数 ➡ 一般項 ${}_n\mathrm{C}_ra^{n-r}b^r$ の r の値を考える

例題 5　二項定理の応用　類16

$(1+x)^n$ の展開式を利用して，次の等式を証明せよ。

${}_{10}\mathrm{C}_0+{}_{10}\mathrm{C}_1+{}_{10}\mathrm{C}_2+\cdots\cdots+{}_{10}\mathrm{C}_{10}=2^{10}$

証明　二項定理より　$(1+x)^n={}_n\mathrm{C}_0+{}_n\mathrm{C}_1x+{}_n\mathrm{C}_2x^2+\cdots\cdots+{}_n\mathrm{C}_nx^n$

この式で，$n=10$，$x=1$ とおくと　$(1+1)^{10}={}_{10}\mathrm{C}_0+{}_{10}\mathrm{C}_1+{}_{10}\mathrm{C}_2+\cdots\cdots+{}_{10}\mathrm{C}_{10}$

よって　${}_{10}\mathrm{C}_0+{}_{10}\mathrm{C}_1+{}_{10}\mathrm{C}_2+\cdots\cdots+{}_{10}\mathrm{C}_{10}=2^{10}$　終

エクセル　二項係数の和 ➡ $(1+x)^n$ の展開式で x に代入する値を考える

例題 6　多項定理と展開式の係数　類12,14

$(a+2b-3c)^7$ の展開式における $a^3b^2c^2$ の項の係数を求めよ。

解　展開式の一般項は

$$\frac{7!}{p!q!r!}a^p(2b)^q(-3c)^r=\frac{7!}{p!q!r!}2^q\cdot(-3)^r a^pb^qc^r$$

← 係数と文字は分けておく

ただし，$p+q+r=7$

$p=3$，$q=2$，$r=2$ のとき，$a^3b^2c^2$ の項を表すから，

求める係数は　$\dfrac{7!}{3!2!2!}\cdot2^2\cdot(-3)^2=210\cdot36=\mathbf{7560}$

多項定理と一般項

$(a+b+c)^n$ の展開式の一般項は　$\dfrac{n!}{p!q!r!}a^pb^qc^r$　$(p+q+r=n)$

A

9 次の式を展開せよ。

*(1) $(x+1)^6$　(2) $(a+3b)^4$　(3) $(2x-y)^5$

10 次の式を展開せよ。

*(1) $(3x^2-2)^4$　(2) $\left(x-\dfrac{1}{2}\right)^4$　*(3) $\left(x+\dfrac{1}{x}\right)^5$

11 次の式の展開式における［　］内の項の係数を求めよ。 ↩ 例題4

(1) $(x+3)^8$　$[x^5]$　*(2) $(3x-2)^6$　$[x^2]$

(3) $(a+3b)^5$　$[a^2b^3]$　(4) $(2a-3b)^7$　$[a^4b^3]$

12 次の式の展開式における［　］内の項の係数を求めよ。 ↩ 例題6

(1) $(x+y+z)^5$　$[x^2yz^2]$　(2) $(x+2y+3z)^6$　$[x^3y^2z]$

B

13 次の式の展開式における［　］内の項の係数，または定数項を求めよ。 ↩ 例題4

*(1) $(3x^2+2y)^5$　［x^4y^3 の係数］　(2) $(x^3-2x)^8$　［x^{18} の係数］

*(3) $\left(x^2-\dfrac{2}{x}\right)^5$　［x の係数］　(4) $\left(x-\dfrac{1}{2x^2}\right)^{12}$　［定数項］

14 次の式の展開式における［　］内の項の係数を求めよ。 ↩ 例題6

*(1) $(x^3+x+1)^7$　$[x^8]$　(2) $(x^2-x+2)^6$　$[x^7]$

15 11^5 を 9 で割ったときの余りを，二項定理を用いて求めよ。

16 $(1+x)^n$ の展開式を利用して，次の等式を証明せよ。 ↩ 例題5

*(1) ${}_{10}C_0-2{}_{10}C_1+2^2{}_{10}C_2-2^3{}_{10}C_3+\cdots\cdots+2^{10}{}_{10}C_{10}=1$

(2) ${}_nC_0-\dfrac{{}_nC_1}{2}+\dfrac{{}_nC_2}{2^2}-\dfrac{{}_nC_3}{2^3}+\cdots\cdots+(-1)^n\dfrac{{}_nC_n}{2^n}=\left(\dfrac{1}{2}\right)^n$

ヒント **14** (1) 展開式の一般項は $\dfrac{7!}{p!q!r!}x^{3p+q}$ $(p+q+r=7,\ p\geqq 0,\ q\geqq 0,\ r\geqq 0)$ となる。

この中で，$3p+q=8$ を満たす $(p,\ q,\ r)$ の組を求める。

(2)も同様に考える。

3 整式の除法

例題 7　整式の除法　　類17,18

次の整式 A を整式 B で割ったときの商と余りを求めよ。

(1)　$A=x^3-3x^2+4x+1$，$B=x-2$　(2)　$A=3x^3-4x^2-5$，$B=x^2-2x-2$

解　(1)

$$\begin{array}{r|l} & x^2-x+2 \\ \hline x-2 & x^3-3x^2+4x+1 \\ & x^3-2x^2 \\ \hline & -x^2+4x \\ & -x^2+2x \\ \hline & 2x+1 \\ & 2x-4 \\ \hline & 5 \end{array}$$

よって　商 $\boldsymbol{x^2-x+2}$，余り $\boldsymbol{5}$

(2)

$$\begin{array}{r|l} & 3x+2 \\ \hline x^2-2x-2 & 3x^3-4x^2\ \boxed{}\ -5 \\ & 3x^3-6x^2-6x \\ \hline & 2x^2+6x-5 \\ & 2x^2-4x-4 \\ \hline & 10x-1 \end{array}$$

よって　商 $\boldsymbol{3x+2}$，余り $\boldsymbol{10x-1}$

エクセル　降べきの順に整理して，係数が 0 の項は空白にする

例題 8　2 種類以上の文字を含む整式の除法　　類20

$A=x^3-7a^2x+6a^3$，$B=x^2+2ax-3a^2$ を x についての整式とみて，A を B で割ったときの商と余りを求めよ。

解　右の計算から

商　$\boldsymbol{x-2a}$

余り $\boldsymbol{0}$

$$\begin{array}{r|l} & x-2a \\ \hline x^2+2ax-3a^2 & x^3\ \boxed{}\ -7a^2x+6a^3 \\ & x^3+2ax^2-3a^2x \\ \hline & -2ax^2-4a^2x+6a^3 \\ & -2ax^2-4a^2x+6a^3 \\ \hline & 0 \end{array}$$

x についての割り算だから，x 以外の文字は数と同じ扱いになる。
x^2 の項がないから，□をあけて計算する

エクセル　x についての割り算 ➡ x 以外の文字は数と同じ扱い

例題 9　整式の除法と除法の原理　　類19

整式 $A=6x^3-5x^2+4x-3$ を整式 B で割ったときの商が $3x+2$，余りが $7x-5$ であるとき，整式 B を求めよ。

解　条件より

$A=B\times(3x+2)+7x-5$

と表せるから

$B=\{A-(7x-5)\}\div(3x+2)$

$=(6x^3-5x^2-3x+2)\div(3x+2)$

右の計算から　$\boldsymbol{B=2x^2-3x+1}$

$$\begin{array}{r|l} & 3x+2 \\ \hline B & A \\ \hline & 7x-5 \end{array}$$

$$\begin{array}{r|l} & 2x^2-3x+1 \\ \hline 3x+2 & 6x^3-5x^2-3x+2 \\ & 6x^3+4x^2 \\ \hline & -9x^2-3x \\ & -9x^2-6x \\ \hline & 3x+2 \\ & 3x+2 \\ \hline & 0 \end{array}$$

エクセル　A を B で割ったときの商 Q，余り R ➡ $A=BQ+R$（R の次数は B の次数より低い）

A

17 次の整式 A を整式 B で割ったときの商と余りを求めよ。 ↩ 例題7

*(1) $A=2x^2-3x+5$, $B=x-1$　　(2) $A=3x^2+4x-6$, $B=3x+1$

*(3) $A=4x^3+x-1$, $B=2x-1$

18 次の整式 A, B について, $A \div B$ を計算し, その結果を $A=BQ+R$ の形で表せ。 ↩ 例題7

(1) $A=x^3-4x^2-12$, $B=x^2+x+2$

(2) $A=6x^3-2x^2+5x-5$, $B=2x^2+5$

(3) $A=x^4+4$, $B=x^2-2x+2$

19 次の条件を満たす整式 A を求めよ。 ↩ 例題9

(1) 整式 A を $3x-1$ で割ったときの商が $-x^2+x-2$, 余りが 2 である。

*(2) x^3+5x^2+4x-7 を整式 A で割ったときの商が $x+3$, 余りが $x+2$ である。

(3) x^3+x^2+7 を整式 A で割ったときの商が x^2-x+2, 余りが 3 である。

B

20 次の式を x についての整式とみて, 整式 A を整式 B で割ったときの商と余りを求めよ。 ↩ 例題8

*(1) $A=x^2-2ax-3a^2$, $B=x+a$

(2) $A=x^3+x-a^3$, $B=x-a$

(3) $A=x^3+4ax^2-4a^2x+7a^3$, $B=x^2-ax+a^2$

(4) $A=x^4-y^4$, $B=x-y$

21 $x^3+y^3+z^3-3xyz$ を $x+y+z$ で割ったときの商と余りを求めよ。

22 x^3-8x+a が x^2-3x+1 で割り切れるとき, a の値を求めよ。

23 ある整式 P を $x-1$ で割ると, 商が Q で余りが 1 となる。この商 Q を x^2+1 で割ると, 商が $x+1$ で余りが $x-2$ となる。このとき, 整式 P を求めよ。

4 分数式

例題 10 分数式の乗法・除法 類25

次の式を計算せよ。

(1) $\dfrac{(-2x^2y)^2}{a^3b^2}\times\dfrac{a^4b^3}{(-x^2y)^3}$　　(2) $\dfrac{12x^2-6x}{2x^2-x-1}\div\dfrac{4x^2-4x+1}{x^2-1}$

解 (1) $(\text{与式})=\dfrac{4x^4y^2}{a^3b^2}\times\dfrac{a^4b^3}{-x^6y^3}=-\dfrac{\boldsymbol{4ab}}{\boldsymbol{x^2y}}$

(2) $(\text{与式})=\dfrac{6x(2x-1)}{(2x+1)(x-1)}\times\dfrac{(x+1)(x-1)}{(2x-1)^2}=\dfrac{\boldsymbol{6x(x+1)}}{\boldsymbol{(2x+1)(2x-1)}}$

エクセル　分数式の除法 ➡ 逆数にして(ひっくり返して)掛ける

例題 11 分数式の加法・減法 類26

次の式を計算せよ。

(1) $\dfrac{x}{x^2-4}+\dfrac{2}{4-x^2}$　　(2) $\dfrac{2x+5}{x^2-x-2}-\dfrac{x+10}{x^2-4}$

解 (1) $(\text{与式})=\dfrac{x}{x^2-4}-\dfrac{2}{x^2-4}=\dfrac{x-2}{x^2-4}=\dfrac{x-2}{(x+2)(x-2)}$

$=\dfrac{\boldsymbol{1}}{\boldsymbol{x+2}}$

◀ $\dfrac{2}{4-x^2}=-\dfrac{2}{x^2-4}$

(2) $(\text{与式})=\dfrac{2x+5}{(x+1)(x-2)}-\dfrac{x+10}{(x+2)(x-2)}$

$=\dfrac{(2x+5)(x+2)-(x+10)(x+1)}{(x+1)(x+2)(x-2)}$

$=\dfrac{x^2-2x}{(x+1)(x+2)(x-2)}=\dfrac{x(x-2)}{(x+1)(x+2)(x-2)}$

$=\dfrac{\boldsymbol{x}}{\boldsymbol{(x+1)(x+2)}}$

◀ 分母の最小公倍数は共通な因数 $x-2$ に残りの因数 $x+1$, $x+2$ を掛けたもの

◀ 答えはできるだけ約分する

エクセル　分数式の加法・減法 ➡ 分母を因数分解して，分母の最小公倍数で通分

例題 12 部分分数分解と分数式の計算 類28

$\dfrac{1}{x(x+1)}+\dfrac{1}{(x+1)(x+2)}+\dfrac{1}{(x+2)(x+3)}$ を計算せよ。

解 $(\text{与式})=\left(\dfrac{1}{x}-\dfrac{1}{x+1}\right)+\left(\dfrac{1}{x+1}-\dfrac{1}{x+2}\right)+\left(\dfrac{1}{x+2}-\dfrac{1}{x+3}\right)$

$=\dfrac{1}{x}-\dfrac{1}{x+3}=\dfrac{x+3}{x(x+3)}-\dfrac{x}{x(x+3)}$

$=\dfrac{\boldsymbol{3}}{\boldsymbol{x(x+3)}}$

◀「部分分数に分解する」たとえば $\dfrac{1}{x(x+1)}=\dfrac{1}{x}-\dfrac{1}{x+1}$
一般には，$a\neq b$ のとき
$\dfrac{1}{(x+a)(x+b)}=\dfrac{1}{b-a}\left(\dfrac{1}{x+a}-\dfrac{1}{x+b}\right)$

A

24 次の分数式を約分せよ。

(1) $\dfrac{24x^3y^2z}{60xy^2z^3}$　(2) $\dfrac{2x^2+2x-12}{x^2-5x+6}$　(3) $\dfrac{x^2-3x-4}{x^3+1}$

25 次の式を計算せよ。 ↩ 例題10

(1) $\dfrac{x-1}{x+2}\times\dfrac{x^2+2x}{x^2+2x-3}$　(2) $\dfrac{(-2xy)^3}{a^2b^3}\div\dfrac{(xy)^2}{(-ab)^2}$

*(3) $\dfrac{x^2-4}{x^2-3x+2}\times\dfrac{x^2-1}{x^2+3x+2}$　*(4) $\dfrac{x^2-3x}{x^2+6x+5}\div\dfrac{x^2-6x+9}{x+5}$

26 次の式を計算せよ。 ↩ 例題11

*(1) $\dfrac{x^2+3x}{x+1}+\dfrac{2}{x+1}$　(2) $\dfrac{3}{x-1}-\dfrac{x-4}{1-x}$　*(3) $\dfrac{x}{x+3}+\dfrac{2}{x-1}$

(4) $\dfrac{x+8}{x^2+x-2}+\dfrac{x+4}{x^2+3x+2}$　(5) $\dfrac{a-2b}{ab-b^2}-\dfrac{b}{ab-a^2}$

B

27 次の式を計算せよ。

(1) $\dfrac{1}{2x^2+3x+1}-\dfrac{2x-3}{4x^2-1}+\dfrac{x-2}{2x^2+x-1}$

(2) $\dfrac{a}{(c-a)(a-b)}+\dfrac{b}{(a-b)(b-c)}+\dfrac{c}{(b-c)(c-a)}$

(3) $\left(\dfrac{a+b}{a-b}+\dfrac{a-b}{a+b}\right)\div\left(\dfrac{b}{a}+\dfrac{a}{b}\right)$

(4) $\dfrac{1}{a-1}-\dfrac{1}{a+1}-\dfrac{2}{a^2+1}-\dfrac{4}{a^4+1}$

***28** 次の式を計算せよ。 ↩ 例題12

$$\frac{1}{x(x-2)}+\frac{1}{x(x+2)}+\frac{1}{(x+2)(x+4)}$$

29 次の分数式を簡単にせよ。

(1) $\dfrac{1}{1-\dfrac{x}{x+1}}$　(2) $\dfrac{1-\dfrac{1}{x}}{x-\dfrac{1}{x}}$　(3) $\dfrac{1+\dfrac{1}{x-1}}{x-\dfrac{x}{1-\dfrac{1}{x}}}$

ヒント **28** 部分分数に分解する。

5 複素数

例題 13　複素数の相等　類31

次の等式を満たす実数 x, y の値を求めよ。

$(2x-3y)-(x-6y)i=7-8i$

解　$(2x-3y)-(x-6y)i=7-8i$

$2x-3y$, $x-6y$ は実数であるから

$$\begin{cases} 2x-3y=7 & \cdots\cdots ① \\ x-6y=8 & \cdots\cdots ② \end{cases}$$

連立方程式①, ②を解いて

$\boldsymbol{x=2,\ y=-1}$

虚数単位 i

$i^2=-1$ となる数 i を虚数単位という。

複素数の相等

a, b, c, d が実数のとき

$a+bi=c+di \Longleftrightarrow a=c,\ b=d$

$a+bi=0 \Longleftrightarrow a=0,\ b=0$

エクセル　2つの複素数が等しい ➡ 実部と虚部がそれぞれ等しい

例題 14　複素数の四則計算　類32,33,35

次の計算をせよ。

(1)　$(2+3i)+(5-4i)$　　(2)　$(4-2i)-(3-6i)$

(3)　$(3-5i)(2+i)$　　(4)　$\dfrac{1-2i}{3-i}$

解　(1)　(与式)$=(2+5)+(3-4)i=\boldsymbol{7-i}$

(2)　(与式)$=(4-3)-(2-6)i=\boldsymbol{1+4i}$

(3)　(与式)$=6+3i-10i-5i^2$　← $i^2=-1$

$=6-7i+5=\boldsymbol{11-7i}$

(4)　(与式)$=\dfrac{(1-2i)(3+i)}{(3-i)(3+i)}=\dfrac{3+i-6i-2i^2}{9-i^2}$

$=\dfrac{3-5i+2}{9+1}=\dfrac{5-5i}{10}=\boldsymbol{\dfrac{1}{2}-\dfrac{1}{2}i}$

複素数の除法

$\dfrac{a+bi}{c+di}$ の計算では，分母を実数にするために

共役な複素数

$c+di$ に対し $c-di$

を分母，分子に掛ける。

例題 15　負の数の平方根　類34

次の計算をせよ。

(1)　$(\sqrt{-3}-\sqrt{-12})\times\sqrt{-4}$　　(2)　$\sqrt{-2}\times\sqrt{-16}\div\sqrt{-8}$

解　(1)　(与式)$=(\sqrt{3}i-\sqrt{12}i)\times\sqrt{4}i=(\sqrt{3}i-2\sqrt{3}i)\times 2i$

$=-\sqrt{3}i\times 2i=-2\sqrt{3}i^2=\boldsymbol{2\sqrt{3}}$

(2)　(与式)$=\sqrt{2}i\times\sqrt{16}i\div\sqrt{8}i$

$=\sqrt{2}i\times\sqrt{2}=\boldsymbol{2i}$

負の数の平方根

$a>0$ のとき

$\sqrt{-a}=\sqrt{a}i$

エクセル　根号内が負のとき ➡ 虚数単位 i を用いて表す

A

30 次の複素数の実部と虚部をいえ。また，共役な複素数をいえ。

(1) $6+2i$　(2) $\dfrac{-3-i}{2}$　(3) 4　(4) $\sqrt{3}\,i$

31 次の等式を満たす実数 x，y の値を求めよ。 ↩ 例題13

(1) $(x-3)+(2y+4)i=0$　(2) $(x+2y)-xi=3+i$

32 次の計算をせよ。 ↩ 例題14

*(1) $(1+4i)+(5-2i)$　(2) $(2-5i)-(3-i)$　*(3) $(2-3i)-(-7-6i)$

(4) $(3+2i)^2$　*(5) $(3+5i)(3-5i)$　(6) $(1+3i)(2i-3)$

33 次の計算をせよ。 ↩ 例題14

(1) $\dfrac{3+i}{3-i}$　*(2) $\dfrac{2-\sqrt{3}\,i}{2+\sqrt{3}\,i}$　(3) $\dfrac{2+\sqrt{6}\,i}{-3+\sqrt{6}\,i}$

(4) $\dfrac{1}{1+\sqrt{2}\,i}+\dfrac{1}{1-\sqrt{2}\,i}$　(5) $\dfrac{1-i}{5i}-\dfrac{i}{2-i}$　(6) $\dfrac{1+3i}{1-2i}+\dfrac{1-2i}{1+3i}$

34 次の計算をせよ。 ↩ 例題15

(1) $\sqrt{-9}\sqrt{-27}$　*(2) $(\sqrt{-6}-\sqrt{-24})\times\sqrt{-9}$　(3) $\dfrac{\sqrt{-125}}{\sqrt{-5}}$　(4) $\dfrac{\sqrt{-72}}{\sqrt{12}}$

B

35 次の計算をせよ。 ↩ 例題14

(1) $i^3+i^{25}+i^{50}+i^{100}$　(2) $(2-i)^3+(2+i)^3$

(3) $\left(\dfrac{1}{i}+i\right)\left(\dfrac{1}{i}-i\right)$　(4) $\left(\dfrac{2+i}{1+i}\right)^2+\dfrac{2+i}{1-i}$

36 次の等式を満たす実数 x，y の値を求めよ。

*(1) $(2+3i)x-(3-2i)y=-4+7i$　(2) $(x-2i)(2-i)=4+yi$

(3) $(x+i)^2+(1-yi)^2=1+2i$

37 x，y が実数のとき，$(x+yi)^2=3+4i$ となる複素数 $x+yi$ を求めよ。

38 $a+bi$ と $3+2i$ の和が純虚数，積が実数となるように，実数 a，b の値を定めよ。

6 2次方程式の解と判別式／解と係数の関係

例題16 2次方程式の虚数解 類39

次の2次方程式を解け。

(1) $2x^2+5x+4=0$　(2) $3x^2-6x+5=0$

解 (1) 解の公式より

$$x=\frac{-5\pm\sqrt{5^2-4\cdot2\cdot4}}{2\cdot2}=\frac{-5\pm\sqrt{7}i}{4}$$

(2) 解の公式より

$$x=\frac{-(-3)\pm\sqrt{(-3)^2-3\cdot5}}{3}=\frac{3\pm\sqrt{6}i}{3}$$

2次方程式の解の公式

$ax^2+bx+c=0$ の解は

$$x=\frac{-b\pm\sqrt{b^2-4ac}}{2a}$$

$ax^2+2b'x+c=0$ の解は

$$x=\frac{-b'\pm\sqrt{b'^2-ac}}{a}$$

例題17 解の判別と判別式 類40,41

k を実数の定数とするとき，次の2次方程式の解を判別せよ。

$2x^2+2(k-2)x-k+6=0$

解 $\frac{D}{4}=(k-2)^2-2(-k+6)=(k-4)(k+2)$ より

$D>0$ すなわち $k<-2,\ 4<k$ のとき　異なる2つの実数解

$D=0$ すなわち $k=-2,\ 4$ のとき　重解

$D<0$ すなわち $-2<k<4$ のとき　異なる2つの虚数解

判別式

$ax^2+bx+c=0$	$ax^2+2b'x+c=0$
$D=b^2-4ac$	$\frac{D}{4}=b'^2-ac$

$D>0 \iff$ 異なる2つの実数解

$D=0 \iff$ 重解

$D<0 \iff$ 異なる2つの虚数解

エクセル 2次方程式の解の判別 ➡ $D>0$，$D=0$，$D<0$ に場合分けする

例題18 2次方程式の解と係数の関係 類42,44

2次方程式 $2x^2-4x+5=0$ の2つの解が α，β のとき，次の式の値を求めよ。

(1) $\alpha^2+\beta^2$　(2) $\alpha^3+\beta^3$

解 解と係数の関係より

$$\alpha+\beta=-\frac{-4}{2}=2,\quad \alpha\beta=\frac{5}{2}$$

(1) $\alpha^2+\beta^2=(\alpha+\beta)^2-2\alpha\beta$

$=2^2-2\cdot\frac{5}{2}=-1$

(2) $\alpha^3+\beta^3=(\alpha+\beta)^3-3\alpha\beta(\alpha+\beta)$

$=2^3-3\cdot\frac{5}{2}\cdot2=-7$

解と係数の関係

$ax^2+bx+c=0$ の2つの解を α，β とすると

$$\alpha+\beta=-\frac{b}{a},\quad \alpha\beta=\frac{c}{a}$$

対称式の変形

$\alpha^2+\beta^2=(\alpha+\beta)^2-2\alpha\beta$

$\alpha^3+\beta^3=(\alpha+\beta)^3-3\alpha\beta(\alpha+\beta)$

エクセル 2次方程式の2つの解が α，β のとき ➡ 解と係数の関係を利用する

A

39 次の 2 次方程式を解け。 ↩ 例題16

*(1) $x^2-x-3=0$ *(2) $2x^2+3x-1=0$

(3) $5x^2-7x+3=0$ *(4) $x^2-2x+5=0$

*(5) $4x^2+8x+1=0$ (6) $3x^2-4\sqrt{3}x+4=0$

40 次の 2 次方程式の解を判別せよ。 ↩ 例題17

*(1) $x^2-3x+5=0$ (2) $2x^2+6x+7=0$

(3) $4x^2-4\sqrt{3}x+3=0$ *(4) $-x^2-\frac{1}{2}x+2=0$

41 k を実数の定数とするとき，次の 2 次方程式の解を判別せよ。 ↩ 例題17

*(1) $x^2+2x+k-1=0$ (2) $x^2-kx-k+3=0$

***42** 2 次方程式 $x^2-3x-2=0$ の 2 つの解が α, β のとき，次の式の値を求めよ。

↩ 例題18

(1) $\alpha+\beta$ (2) $\alpha\beta$ (3) $\alpha^2+\beta^2$ (4) $\alpha^3+\beta^3$

B

43 2 つの 2 次方程式 $x^2-ax+1=0$, $x^2+x+a=0$ について，次の条件を満たすように実数 a の値の範囲を定めよ。

(1) ともに虚数解をもつ。 (2) 一方だけが虚数解をもつ。

***44** 2 次方程式 $2x^2-4x+3=0$ の 2 つの解が α, β のとき，次の式の値を求めよ。

↩ 例題18

(1) $\alpha^2+\beta^2$ (2) $\alpha^3+\beta^3$ (3) $\alpha^2\beta+\alpha\beta^2$

(4) $(\alpha-\beta)^2$ (5) $(1+\alpha)(1+\beta)$ (6) $\frac{\beta^2}{\alpha}+\frac{\alpha^2}{\beta}$

***45** a を実数の定数とするとき，次の 2 次方程式の解を判別せよ。

(1) $x^2+x+a^2+1=0$ (2) $x^2-(2a-3)x+a(a-3)=0$

46 k を実数の定数とするとき，方程式 $kx^2-4x+k-3=0$ の解を判別せよ。

ヒント **46** $k=0$ のときは，$kx^2-4x+k-3=0$ が 2 次方程式にならない。

7 解の条件と解と係数の関係

例題 19 解の条件と解と係数の関係 類47

2次方程式 $x^2-(k-1)x+8=0$ の2つの解の比が $1:2$ であるとき，定数 k の値と2つの解を求めよ。

解 2つの解を α, 2α とすると，解と係数の関係から

$$\begin{cases}\alpha+2\alpha=k-1 & \cdots① \\ \alpha\cdot 2\alpha=8 & \cdots②\end{cases}$$

②より　$\alpha=2,\ -2$　　①に代入して

$\alpha=2$ のとき　$\boldsymbol{k=7}$，解は　$\boldsymbol{x=2,\ 4}$

$\alpha=-2$ のとき　$\boldsymbol{k=-5}$，解は　$\boldsymbol{x=-2,\ -4}$

解と係数の関係

$ax^2+bx+c=0$ の2つの解を α, β とすると

$\alpha+\beta=-\dfrac{b}{a}$, $\alpha\beta=\dfrac{c}{a}$

エクセル　解に条件が与えられているとき，2つの解のおき方は ➡
- 解の比が $m:n \longrightarrow m\alpha$ と $n\alpha$
- 解の差が $d \longrightarrow \alpha$ と $\alpha+d$
- 1つの解が他の解の平方 $\longrightarrow \alpha$ と α^2

例題 20 2つの数の和・積と2次方程式 類48,49

和が6，積が6であるような2つの数を求めよ。

解 2つの数を α, β とすると　$\alpha+\beta=6$, $\alpha\beta=6$

より，α, β は2次方程式　$x^2-6x+6=0$

の解であるから

$x=-(-3)\pm\sqrt{(-3)^2-6}=3\pm\sqrt{3}$

よって，求める2つの数は　$\boldsymbol{3+\sqrt{3},\ 3-\sqrt{3}}$

← 2つの数の和と積がわかれば2次方程式を作れる $x^2-(\alpha+\beta)x+\alpha\beta=0$

← 解の公式

エクセル　2つの数の(和)と(積)がわかれば ➡ x^2-(和)$x+$(積)$=0$ を利用

例題 21 解と係数の関係と2次方程式 類50

2次方程式 $x^2-3x-2=0$ の2つの解を α, β とするとき，$2\alpha-1$, $2\beta-1$ を2つの解とする2次方程式を1つつくれ。

解 解と係数の関係から

$\alpha+\beta=3$, $\alpha\beta=-2$　← $x^2-3x-2=0$ の解が α, β

求める2次方程式の解の和と積は

和：$(2\alpha-1)+(2\beta-1)=2(\alpha+\beta)-2$

$=2\cdot3-2=4$

積：$(2\alpha-1)(2\beta-1)=4\alpha\beta-2(\alpha+\beta)+1$

$=4\cdot(-2)-2\cdot3+1=-13$

よって，求める2次方程式の1つは　$\boldsymbol{x^2-4x-13=0}$　← $2\alpha-1$, $2\beta-1$ を解とする2次方程式

p, q を解とする2次方程式

$x^2-(p+q)x+pq=0$

A

47 次の条件を満たすような定数 k の値を求めよ。また，2 つの解を求めよ。

例題19

*(1) 2 次方程式 $x^2+(k+1)x-k=0$ の 2 つの解の比が $2:3$ である。

*(2) 2 次方程式 $x^2-kx+24=0$ の 2 つの解の差が 2 である。

(3) 2 次方程式 $x^2-6x+k=0$ の 1 つの解が他の解の 2 乗である。

48 次の 2 つの数を解とする 2 次方程式を 1 つつくれ。ただし，係数は整数とする。

例題20

*(1) 3，-6　(2) $2+\sqrt{2}$，$2-\sqrt{2}$　*(3) $3-2i$，$3+2i$

49 和と積が次のように与えられた 2 つの数を求めよ。

例題20

*(1) 和が 2，積が -2　*(2) 和が -1，積が 1　(3) 和が -10，積が 34

***50** 2 次方程式 $x^2-3x+5=0$ の 2 つの解を α，β とするとき，次の 2 つの数を解とする 2 次方程式を 1 つつくれ。

例題21

(1) $\alpha-1$，$\beta-1$　(2) 2α，2β　(3) α^2，β^2

51 次の 2 次式を複素数の範囲で因数分解せよ。

(1) x^2+1　(2) x^2-6x+3

(3) $3x^2+2x+1$　(4) $2x^2-\sqrt{6}x+1$

B

52 2 次方程式 $x^2+ax+b=0$ の 2 つの解を α，β とする。このとき，$\alpha+1$，$\beta+1$ を解にもつ 2 次方程式が $x^2+bx+a=0$ であるという。定数 a，b の値を求めよ。

53 次の式を，(ア)有理数　(イ)実数　(ウ)複素数の各範囲で因数分解せよ。

(1) x^4-25　(2) $2x^4-5x^2-3$

54 解の公式を用いて，次の 2 次式を因数分解せよ。

(1) $x^2-xy+3x-y+2$　(2) $2x^2-3xy+y^2+x-1$

Step UP 8

2次方程式と解の条件

Step UP 例題 22　1つの解が $a+bi$ のときの2次方程式

2次方程式 $x^2+mx+n=0$ の解の1つが $2+3i$ であるとき，実数の定数 m，n の値を求めよ。

解　方程式の係数が実数であるから，

$2+3i$ が解のとき $2-3i$ も解である。

解と係数の関係より

$(2+3i)+(2-3i)=-m$　…①

$(2+3i)(2-3i)=n$　…②

①より　$m=-4$

②より　$n=4-9i^2=13$

よって　$\boldsymbol{m=-4,\ n=13}$

2次方程式の解

解と係数の関係

$ax^2+bx+c=0$ の2つの解を α，β とすると

$\alpha+\beta=-\dfrac{b}{a}$，$\alpha\beta=\dfrac{c}{a}$

エクセル　係数が実数の2次方程式 ➡ $a+bi$ が解なら $a-bi$ も解である

55　2次方程式 $x^2+mx+n=0$ の解の1つが次の値であるとき，実数の定数 m，n の値を求めよ。

(1)　$1-2i$　　(2)　$2+\sqrt{3}\,i$

Step UP 例題 23　係数に虚数を含む2次方程式

次の2次方程式を満たす実数 x の値を求めよ。

$(1+i)x^2+(5-i)x+2(2-i)=0$

解　$(x^2+5x+4)+(x^2-x-2)i=0$ と変形できる。

x^2+5x+4，x^2-x-2 は実数であるから

$x^2+5x+4=0$　…①

$x^2-x-2=0$　…②

①より　$(x+1)(x+4)=0$　よって　$x=-1,\ -4$

②より　$(x+1)(x-2)=0$　よって　$x=-1,\ 2$

x は①，②を同時に満たすから　$\boldsymbol{x=-1}$

実部と虚部に分ける

$A+Bi=0$ （A，B は実数） $\Longleftrightarrow \begin{cases} A=0 \\ B=0 \end{cases}$

エクセル　係数に虚数を含む2次方程式の実数解 ➡ $A+Bi=0$ の形に変形 $A=0$ かつ $B=0$ を解く

56　次の2次方程式を満たす実数 x の値を求めよ。

(1)　$(1+i)x^2+(3-i)x+2(1-i)=0$

(2)　$(1+i)x^2-(5+4i)x+(6+3i)=0$

Step UP 例題 24　解の配置と解と係数の関係

2 次方程式 $x^2-2mx+6-m=0$ が次の条件を満たすように，定数 m の値の範囲を定めよ。

(1)　異なる 2 つの正の解をもつ。　(2)　正の解と負の解をもつ。

(3)　1 より大きな異なる 2 つの解をもつ。

解　$x^2-2mx+6-m=0$ の解を α, β とすると，解と係数の関係から

$\alpha+\beta=2m$, $\alpha\beta=6-m$

(1)　異なる 2 つの正の解をもつ条件は，判別式を D とすると

$\frac{D}{4}=m^2-(6-m)=(m+3)(m-2)>0$ より

$m<-3$, $2<m$　…①

$\alpha+\beta=2m>0$　より　$m>0$　…②

$\alpha\beta=6-m>0$　より　$m<6$　…③

①，②，③の共通範囲であるから

$2<m<6$

$\alpha+\beta>0$, $\alpha\beta>0$ だけでは虚数解のときも含まれてしまうから $D>0$ の条件が必要

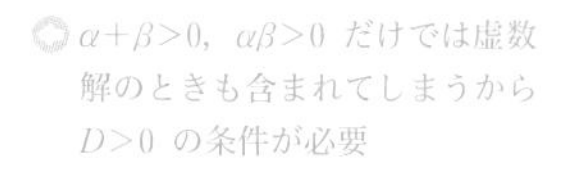

(2)　正の解と負の解をもつ条件は

$\alpha\beta<0$

よって，$\alpha\beta=6-m<0$　より

$m>6$

$\alpha\beta<0$ のとき，解と係数の関係より

$\alpha\beta=\frac{c}{a}=\frac{ac}{a^2}<0$

であるから　$ac<0$

よって，$D=b^2-4ac>0$ を満たす

(3)　$D>0$ より，(1)から　$m<-3$, $2<m$　…①

α, β がともに 1 より大きいとき

$\alpha-1>0$, $\beta-1>0$　であるから

$(\alpha-1)+(\beta-1)>0$　より

$2m-2>0$　すなわち　$m>1$　…④

$(\alpha-1)(\beta-1)>0$　より　$\alpha\beta-(\alpha+\beta)+1>0$

$6-m-2m+1>0$　ゆえに　$m<\frac{7}{3}$　…⑤

①，④，⑤の共通範囲であるから

$2<m<\frac{7}{3}$

1 より大きな解は正の解

α, β がともに 1 より大きいから $\alpha-1$, $\beta-1$ として考える

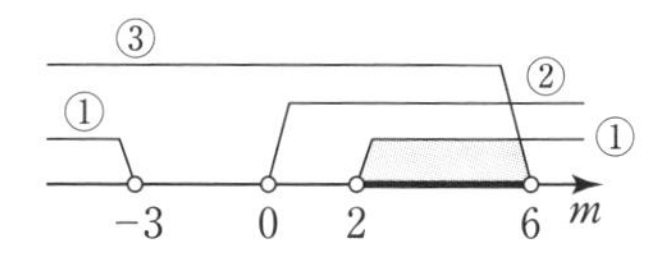

57　2 次方程式 $x^2-(m-3)x+m=0$ が次の条件を満たすように，定数 m の値の範囲を定めよ。

(1)　異なる 2 つの正の解をもつ。　(2)　異なる 2 つの負の解をもつ。

(3)　正の解と負の解をもつ。　(4)　2 より大きな異なる 2 つの解をもつ。

9 剰余の定理・因数定理

例題 25 剰余の定理 類59

整式 $P(x)=ax^3-x-1$ について，次の問いに答えよ。

(1) $x-1$ で割った余りが3であるような a の値を求めよ。

(2) $2x+1$ で割り切れるような a の値を求めよ。

解 (1) $P(1)=3$ が成り立てばよいから

$a-1-1=3$ より $\boldsymbol{a=5}$

(2) $P\left(-\frac{1}{2}\right)=0$ が成り立てばよいから

$-\frac{a}{8}+\frac{1}{2}-1=0$ より $\boldsymbol{a=-4}$

剰余の定理

整式 $P(x)$ を
$x-\alpha$ で割った余りは $P(\alpha)$
$ax-b$ で割った余りは $P\left(\frac{b}{a}\right)$

例題 26 剰余の定理と余りの決定 類60,64

整式 $P(x)$ を $x-2$ で割ると4余り，$x+1$ で割ると -5 余る。
$P(x)$ を $(x-2)(x+1)$ で割ったときの余りを求めよ。

解 $P(x)$ を $(x-2)(x+1)$ で割ったときの商を $Q(x)$，余りを $ax+b$ とおくと

$P(x)=(x-2)(x+1)Q(x)+ax+b$

$x-2$ で割ると4余るから　$P(2)=2a+b=4$ …①

$x+1$ で割ると -5 余るから　$P(-1)=-a+b=-5$ …②

①，②を解いて　$a=3$，$b=-2$

よって，求める余りは　$\boldsymbol{3x-2}$

⇦ 2次式で割ったときの余りは1次以下の整式

⇦ 整式 $P(x)$ を $x-\alpha$ で割った余りは $P(\alpha)$

エクセル 整式 $P(x)$ を $(x-\alpha)(x-\beta)$ で割ったときの余りは

➡ $P(x)=\underbrace{(x-\alpha)(x-\beta)}_{2\text{次式}}Q(x)+\underbrace{ax+b}_{1\text{次式}}$ とおく

例題 27 因数定理 類61

因数定理を用いて，次の式を因数分解せよ。

(1) x^3-6x+4　　(2) $2x^3+x^2+x-1$

解 (1) $P(x)=x^3-6x+4$ とおくと　$P(2)=0$

よって，$P(x)$ は $x-2$ を因数にもつ。

ゆえに　$P(x)=\boldsymbol{(x-2)(x^2+2x-2)}$

(2) $P(x)=2x^3+x^2+x-1$ とおくと　$P\left(\frac{1}{2}\right)=0$

よって，$P(x)$ は $2x-1$ を因数にもつ。

ゆえに　$P(x)=\boldsymbol{(2x-1)(x^2+x+1)}$

因数定理

整式 $P(x)$ について，$P(\alpha)=0$
⇕
$P(x)$ は $x-\alpha$ を因数にもつ

⇦ $P\left(\frac{b}{a}\right)=0$ のとき，$ax-b$ で割り切れる

エクセル 整式 $P(x)$ を $ax-b$ で割った余り R は ➡ $R=P\left(\frac{b}{a}\right)$

A

58 次の式を［　］内の式で割ったときの余りを求めよ。

*(1) x^2+3x+5 ［$x-1$］　　(2) x^3-3x-2 ［$x-2$］

(3) x^3+2x^2-3x+1 ［$x+1$］　　*(4) $2x^3+3x^2-4$ ［$2x-1$］

***59** 整式 $P(x)=4x^3-ax-2$ について次の問いに答えよ。 ↩ 例題25

(1) $x+1$ で割り切れるような a の値を求めよ。

(2) $2x-3$ で割った余りが 7 であるような a の値を求めよ。

***60** 整式 $P(x)$ を $(x+1)(x-2)$ で割ると，余りが $2x+5$ である。
$P(x)$ を $x+1$ および $x-2$ で割ったときの余りを，それぞれ求めよ。

↩ 例題26

61 因数定理を用いて，次の式を因数分解せよ。 ↩ 例題27

*(1) x^3-2x+1　　(2) x^3+4x^2+x-6

*(3) $x^3+6x^2+11x+6$　　(4) $4x^3+x+1$

B

62 整式 $P(x)=x^3+2ax^2+bx-2$ を $x-2$ で割ると割り切れ，$x-1$ で割ると 6 余る。このとき，a，b の値を求めよ。

63 整式 $P(x)=x^3+mx^2+x+n$ を x^2-x-2 で割ると割り切れる。このとき，m，n の値を求めよ。

64 整式 $P(x)$ を $x-1$ で割ると 3 余り，$x+3$ で割ると 11 余る。
$P(x)$ を $(x-1)(x+3)$ で割ったときの余りを求めよ。 ↩ 例題26

65 整式 $P(x)$ を $x-1$ で割ると 4 余り，$x-2$ で割ると 3 余り，$x-3$ で割ると割り切れる。$P(x)$ を $(x-1)(x-2)(x-3)$ で割ったときの余りを求めよ。

66 整式 $P(x)$ を x^2-1 で割ると $2x+3$ 余り，x^2-4 で割ると $3x-2$ 余る。$P(x)$ を x^2+3x+2 で割ったときの余りを求めよ。

ヒント **65** $P(x)$ を $(x-1)(x-2)(x-3)$ で割ったときの余りは ax^2+bx+c とおける。

10 高次方程式

例題 28 公式，因数定理の利用　類68,69

次の方程式を解け。

(1) $x^3-8=0$　　(2) $x^3-5x+2=0$

解 (1) $(x-2)(x^2+2x+4)=0$

よって　$\boldsymbol{x=2,\ -1\pm\sqrt{3}\,i}$

(2) $P(x)=x^3-5x+2$ とおくと

$P(2)=8-10+2=0$ であるから

$P(x)=(x-2)(x^2+2x-1)=0$

よって　$\boldsymbol{x=2,\ -1\pm\sqrt{2}}$

因数分解の公式

$a^3+b^3=(a+b)(a^2-ab+b^2)$
$a^3-b^3=(a-b)(a^2+ab+b^2)$

◀ $P(x)$ の定数項が 2 であるから，2 の約数 ±1，±2 を代入してみる

エクセル $x=\alpha$ が方程式 $P(x)=0$ の解 ➡ $x=\alpha$ を代入すると $P(\alpha)=0$

例題 29 方程式の解と係数決定 (1)　類70,73

4 次方程式 $x^4+ax^3-9x^2+bx+2=0$ が 2 と -1 を解にもつとき，定数 a，b の値を求めよ。また，他の解を求めよ。

解 $x=2$ と $x=-1$ を方程式に代入して

$16+8a-36+2b+2=0$ より　$4a+b=9$　…①

$1-a-9-b+2=0$ より　$a+b=-6$　…②

①，②を解いて　$\boldsymbol{a=5,\ b=-11}$

このとき　$x^4+5x^3-9x^2-11x+2=0$

$(x-2)(x+1)(x^2+6x-1)=0$

よって　$x=2,\ -1,\ -3\pm\sqrt{10}$　ゆえに，求める他の解は $\boldsymbol{x=-3\pm\sqrt{10}}$

◀ 解を代入すれば，方程式は成り立つ

◀ $x=2,\ -1$ を解にもつから $(x-2)(x+1)$ を因数にもつ

例題 30 方程式の解と係数決定 (2)　類74

3 次方程式 $x^3+ax^2+bx-5=0$ の解の 1 つが $2+i$ であるとき，実数の定数 a，b の値を求めよ。また，他の解を求めよ。

解 $x=2+i$ を方程式に代入して

$(2+i)^3+a(2+i)^2+b(2+i)-5=0$

$(3a+2b-3)+(4a+b+11)i=0$

$3a+2b-3$，$4a+b+11$ は実数であるから

$3a+2b-3=0$　…①　　$4a+b+11=0$　…②

①，②を解いて　$\boldsymbol{a=-5,\ b=9}$

このとき　$x^3-5x^2+9x-5=0$

$(x-1)(x^2-4x+5)=0$

よって　$x=1,\ 2\pm i$　ゆえに，求める他の解は　$\boldsymbol{x=1,\ 2-i}$

◀ 解を代入すれば，方程式は成り立つ

◀ 実部と虚部に分ける

複素数の相等

A，B が実数のとき
$A+Bi=0 \iff A=0,\ B=0$

A

67　次の方程式を解け。

*(1)　$(x-1)(x-2)(x-3)=0$　　(2)　$(x+1)(x^2-2x+2)=0$

(3)　$(x^2+5x+6)(x^2-5x+6)=0$　　*(4)　$(x^2+4)(2x^2-x+1)=0$

68　因数分解を利用して，次の方程式を解け。　↩ 例題28

*(1)　$x^3+1=0$　　(2)　$2x^3=54$

(3)　$x^3-3x^2+3x-1=0$　　*(4)　$x^4-4x^2=0$

(5)　$x^4-13x^2+36=0$　　(6)　$x^4+x^2+1=0$

69　因数定理を利用して，次の方程式を解け。　↩ 例題28

*(1)　$x^3-7x+6=0$　　(2)　$x^3-x^2-4=0$

(3)　$x^3-8x+3=0$　　*(4)　$2x^3-x^2-4x-1=0$

(5)　$4x^3+x+1=0$　　(6)　$2x^3+x^2+3x-2=0$

***70**　3次方程式 $x^3+2x^2+mx-6=0$ が2を解にもつとき，定数 m の値を求めよ。また，他の解を求めよ。　↩ 例題29

B

71　次の方程式を解け。

*(1)　$x^4-4x^3+4x^2+x-2=0$　　(2)　$4x^4-4x^3+3x^2+x-1=0$

72　$x^2+2x=t$ とおいて，次の方程式を解け。

(1)　$(x^2+2x)^2-(x^2+2x)-6=0$　　(2)　$(x^2+2x-4)(x^2+2x-7)-4=0$

(3)　$x(x-1)(x+2)(x+3)+2=0$

***73**　4次方程式 $x^4-x^3+ax^2+bx-6=0$ が1と -2 を解にもつとき，定数 a，b の値を求めよ。また，他の解を求めよ。　↩ 例題29

***74**　3次方程式 $x^3+ax^2+bx+5=0$ の解の1つが $1+2i$ であるとき，実数の定数 a，b の値を求めよ。また，他の解を求めよ。　↩ 例題30

75　a を実数の定数とするとき，整式 $P(x)=x^3+(1-a^2)x-a$ について，次の問いに答えよ。

(1)　$P(x)$ を因数分解せよ。

(2)　$P(x)=0$ が虚数解をもつとき，a の値の範囲を求めよ。

Step UP 11

いろいろな方程式

Step UP 例題 31　3次方程式の実数解の個数

3次方程式 $x^3+(k-4)x-2k=0$ が異なる3つの実数解をもつように，定数 k の値の範囲を定めよ。

解　$P(x)=x^3+(k-4)x-2k$ とおくと $P(2)=0$ より，

与式は　$(x-2)(x^2+2x+k)=0$　と因数分解できる。

よって　$x-2=0$,　　← $x=2$ が1つの解だとわかる

$x^2+2x+k=0$　…①　　← $x=2$ ではない実数解を2つもつ

①が異なる2つの実数解をもつのは　$\dfrac{D}{4}=1-k>0$　より　$k<1$　のときである。

また，①が $x=2$ を解にもつとき　$2^2+2\cdot2+k=0$　より　$k=-8$

ゆえに，異なる3つの実数解をもつのは　$\boldsymbol{k<-8,\ -8<k<1}$

エクセル　3次方程式が異なる実数解をもつ ➡ 重解をもつ場合に注意！

76　3次方程式 $x^3+(k-1)x^2-(k-4)x-4=0$ が次の解をもつように，定数 k の値の範囲を定めよ。

(1)　虚数解　　(2)　異なる3つの実数解　　(3)　重解

Step UP 例題 32　立方根 $x^3=1$ の性質

方程式 $x^3=1$ の虚数解の1つを ω とするとき，次の問いに答えよ。

(1)　$x^3=1$ の解は $1,\ \omega,\ \omega^2$ であることを示せ。

(2)　$\omega^3,\ \omega^2+\omega+1$ の値を求めよ。

証明　(1)　$x^3=1$　より　$(x-1)(x^2+x+1)=0$

$x-1=0$ または $x^2+x+1=0$　　よって　$x=1,\ \dfrac{-1\pm\sqrt{3}i}{2}$　　← $x^3=1$ の解を1の立方根という

$\omega=\dfrac{-1+\sqrt{3}i}{2}$ とすると　$\omega^2=\left(\dfrac{-1+\sqrt{3}i}{2}\right)^2=\dfrac{-2-2\sqrt{3}i}{4}=\dfrac{-1-\sqrt{3}i}{2}$

$\omega=\dfrac{-1-\sqrt{3}i}{2}$ とすると　$\omega^2=\left(\dfrac{-1-\sqrt{3}i}{2}\right)^2=\dfrac{-2+2\sqrt{3}i}{4}=\dfrac{-1+\sqrt{3}i}{2}$

ゆえに，$x^3=1$ の解は　$1,\ \omega,\ \omega^2$　である。 終

2乗すると　$\dfrac{-1+\sqrt{3}i}{2}$ → $\dfrac{-1-\sqrt{3}i}{2}$　2乗すると（逆も同様）

解　(2)　ω は $x^3=1$ の解であるから代入すると　$\boldsymbol{\omega^3=1}$

また，ω は $x^2+x+1=0$ の解であるから代入すると　$\boldsymbol{\omega^2+\omega+1=0}$

エクセル　$x^3=1$ の解 $1,\ \omega,\ \omega^2$ の性質 ➡ $\omega^3=1,\ \omega^2+\omega+1=0$ が成り立つ

77　方程式 $x^3=1$ の虚数解の1つを ω とするとき，次の値を求めよ。

(1)　$1+\omega^5+\omega^{10}$　　(2)　$\omega^3+\omega^4+\omega^5$　　(3)　$\dfrac{1}{\omega}+\dfrac{1}{\omega^2}$

Step UP 例題 33　3次方程式の解と係数の関係

3次方程式 $x^3-3x^2+2x+1=0$ の3つの解を α, β, γ とするとき，次の値を求めよ。

(1) $\alpha^2+\beta^2+\gamma^2$　　(2) $\alpha^3+\beta^3+\gamma^3$

解　3次方程式の解と係数の関係から

$\alpha+\beta+\gamma=3$, $\alpha\beta+\beta\gamma+\gamma\alpha=2$, $\alpha\beta\gamma=-1$

(1) $\alpha^2+\beta^2+\gamma^2=(\alpha+\beta+\gamma)^2-2(\alpha\beta+\beta\gamma+\gamma\alpha)$

$=3^2-2\cdot 2=\mathbf{5}$

(2) α, β, γ は $x^3-3x^2+2x+1=0$ の解であるから

$\alpha^3-3\alpha^2+2\alpha+1=0$　より

$\alpha^3=3\alpha^2-2\alpha-1$

同様に　$\beta^3=3\beta^2-2\beta-1$, $\gamma^3=3\gamma^2-2\gamma-1$

これらを辺々加えて

$\alpha^3+\beta^3+\gamma^3=3(\alpha^2+\beta^2+\gamma^2)-2(\alpha+\beta+\gamma)-3$

$=3\cdot 5-2\cdot 3-3=\mathbf{6}$

別解　$\alpha^3+\beta^3+\gamma^3-3\alpha\beta\gamma=(\alpha+\beta+\gamma)(\alpha^2+\beta^2+\gamma^2-\alpha\beta-\beta\gamma-\gamma\alpha)$

よって　$\alpha^3+\beta^3+\gamma^3=3(5-2)+3\cdot(-1)=\mathbf{6}$

3次方程式の解と係数の関係

$ax^3+bx^2+cx+d=0$ の3つの解を α, β, γ とすると

$\alpha+\beta+\gamma=-\frac{b}{a}$

$\alpha\beta+\beta\gamma+\gamma\alpha=\frac{c}{a}$

$\alpha\beta\gamma=-\frac{d}{a}$

78　3次方程式 $x^3-x^2+3x+2=0$ の3つの解を α, β, γ とするとき，次の値を求めよ。

(1) $\alpha^2+\beta^2+\gamma^2$　　(2) $\alpha^3+\beta^3+\gamma^3$　　(3) $\alpha^4+\beta^4+\gamma^4$

Step UP 例題 34　対称式の連立方程式と解と係数の関係

連立方程式 $\begin{cases} 2xy+x+y=4 & \cdots① \\ xy=5 & \cdots② \end{cases}$ を解け。

解　②を①に代入して　$x+y=4-2\cdot 5=-6$

$x+y=-6$, $xy=5$　となるから

x, y は，$t^2+6t+5=0$ の2つの解である。

$(t+1)(t+5)=0$　より　$t=-1, -5$

よって　$(\boldsymbol{x}, \boldsymbol{y})=(-1, -5), (-5, -1)$

①，②は x, y の対称式であるから $x+y=u$, $xy=v$ と表せる

2数の和と積がわかれば t^2-㊉$t+$積$=0$ の2次方程式から求められる

79　$x+y=u$, $xy=v$ とおいて，次の連立方程式を解け。

(1) $\begin{cases} x^2+y^2=14 \\ xy=1 \end{cases}$　　(2) $\begin{cases} x^2+y^2=5 \\ x+y-xy=1 \end{cases}$

12 恒等式

例題35 恒等式　類81,84

等式 $x^2-x-3=a(x-1)^2+b(x-1)+c$ が x についての恒等式となるように，定数 a，b，c の値を定めよ。

解　$x^2-x-3=a(x-1)^2+b(x-1)+c$　　右辺を整理する

$x^2-x-3=ax^2-(2a-b)x+(a-b+c)$

x についての恒等式であるから

$a=1$ …①，　$2a-b=1$ …②

$a-b+c=-3$ …③

①，②，③を解いて　$\boldsymbol{a=1,\ b=1,\ c=-3}$

別解　任意の x について成り立つから，

$x=0,\ 1,\ 2$ を代入して

$x=0$ のとき　$a-b+c=-3$ …①

$x=1$ のとき　$c=-3$ …②

$x=2$ のとき　$a+b+c=-1$ …③

①，②，③を解いて　$\boldsymbol{a=1,\ b=1,\ c=-3}$

（このとき与式は恒等式になる。）

係数比較法

x についての恒等式で

$ax^2+bx+c=a'x^2+b'x+c'$

⇓

$a=a',\ b=b',\ c=c'$

数値代入法

任意の x について等式が成り立つ

⇓

x に適当な値を代入し，係数に関する方程式をたてる

最後に恒等式になることの確認の文章を忘れないこと

例題36 分数式の恒等式　類82,84

$\dfrac{3x-5}{(x+1)(x-3)}=\dfrac{a}{x+1}+\dfrac{b}{x-3}$ が x についての恒等式となるように，定数 a，b の値を定めよ。

解　両辺に $(x+1)(x-3)$ を掛けて分母を払うと　　分数式の恒等式は分母を払って整式に

$3x-5=a(x-3)+b(x+1)$　すなわち　$3x-5=(a+b)x-(3a-b)$

これが x についての恒等式であるから　$a+b=3$ …①，$3a-b=5$ …②

①，②を解いて　$\boldsymbol{a=2,\ b=1}$

エクセル　分数式の恒等式 ➡ 分母を払って整式の恒等式で考える

例題37 恒等式となる条件　類83

$(k+2)x-(2k+3)y-3k-5=0$ が，k の値にかかわらず成り立つように，x，y の値を定めよ。

解　与式から　$(x-2y-3)k+(2x-3y-5)=0$　　k について整理する

k についての恒等式と考えて　$x-2y-3=0$ …①，$2x-3y-5=0$ …②

①，②を解いて　$\boldsymbol{x=1,\ y=-1}$

エクセル　k がどんな値でも成り立つ ➡ k についての恒等式

A

80 次の等式のうち，恒等式はどれか。

① $(a+b)^2=a^2+2ab+b^2$　② $x^2-1=(x-1)^2$

③ $\sqrt{x^2}=x$　④ $x^3+y^3=(x+y)^3-3xy(x+y)$

⑤ $\sqrt{a}+\sqrt{b}=\sqrt{a+b}$　⑥ $\dfrac{1}{x}+\dfrac{1}{y}=\dfrac{x+y}{xy}$

81 次の等式が x についての恒等式となるように，定数 a，b，c の値を定めよ。

(1) $(x-1)a+(x+1)b+2=0$　↩ 例題35

*(2) $2x^2-2=(a+b)x^2+(2b-c)x+c$　*(3) $a(x+1)^2+b(x+1)+c=x^2-x$

(4) $a(x+1)^2-b(x+1)(x+3)+c(x+3)^2=4x^2$

(5) $x^3+1=(x-1)(x-2)(x-3)+a(x-1)(x-2)+b(x-1)+c$

82 次の等式が x についての恒等式となるように，定数 a，b の値を定めよ。

*(1) $\dfrac{3x-4}{(x+1)(x+2)}=\dfrac{a}{x+1}+\dfrac{b}{x+2}$　↩ 例題36

(2) $\dfrac{1}{3x^2-5x+2}=\dfrac{a}{x-1}-\dfrac{b}{3x-2}$

83 次の等式が k の値にかかわらず成り立つように，x，y の値を定めよ。

*(1) $(2k-1)x-(k-2)y-3=0$　↩ 例題37

(2) $(k+2)x+(k+1)y-(k+3)=0$

B

84 次の等式が x についての恒等式となるように，定数 a，b，c，d の値を定めよ。

(1) $x^3=(x-1)^3+a(x-1)^2+b(x-1)+c$　↩ 例題35,36

(2) $ax^3+bx^2+6x-20=(x-1)(x+5)(cx+d)$

(3) $\dfrac{a}{x-1}+\dfrac{bx+c}{x^2+x+1}=\dfrac{1}{x^3-1}$　(4) $\dfrac{a}{x}+\dfrac{b}{x+1}+\dfrac{c}{x-1}=\dfrac{2x^2+5x-1}{x^3-x}$

85 次の条件に適するように，定数 a，b の値を定めよ。

(1) x^3+x^2+ax+1 を x^2+2x+b で割ると余りが $3x+5$ である。

(2) x^3+ax^2-5x+b が $(x-1)^2$ で割り切れる。

86 任意の実数 x，y について，$(x+y)a^2+(x-y)b=3x+5y$ が成り立つとき，a，b の値を求めよ。

87 $x-y-z=1$，$x-2y-3z=0$ を満たすすべての実数 x，y，z に対して，$ayz+bzx+cxy=12$ が成り立つように，定数 a，b，c の値を定めよ。

ヒント **86** $(A)x+(B)y=0$ と変形。恒等式になる条件は $A=0$，$B=0$

87 $x-y-z=1$ と $x-2y-3z=0$ から x，y を z で表して与式に代入。z の恒等式にする。

13 等式の証明

例題 38 等式の証明 類88

次の等式を証明せよ。

$(x+y)^2+(x-y)^2=2x^2+2y^2$

証明 $(\text{左辺})=x^2+2xy+y^2+x^2-2xy+y^2$

$=2x^2+2y^2=(\text{右辺})$

よって，成り立つ。 終

注意 次のように変形してはいけない。

$(x+y)^2+(x-y)^2=2x^2+2y^2$

$x^2+2xy+y^2+x^2-2xy+y^2=2x^2+2y^2$

$2x^2+2y^2=2x^2+2y^2$

等式 $A=B$ の証明

① A または B を変形して，他方(B または A)を導く。
② A，B をそれぞれ変形して同じ式 C を導く。
③ $A-B=0$ を示す。

結論にあたる式をそのまま変形してはいけない

エクセル 等式の証明 ➡ (左辺)=(右辺)のまま両辺を変形しない

例題 39 条件つきの等式の証明 類89

$a+b=2$ のとき，$a^2+2b=b^2+2a$ であることを証明せよ。

証明 $a+b=2$ より，$b=2-a$ として代入すると

条件式から1文字を消去

$(\text{左辺})=a^2+2(2-a)=a^2-2a+4$

$(\text{右辺})=(2-a)^2+2a=a^2-2a+4$

よって，(左辺)=(右辺) となり，成り立つ。 終

別解 $(\text{左辺})-(\text{右辺})=a^2+2b-b^2-2a$

$=(a+b)(a-b)-2(a-b)$

$=(a+b-2)(a-b)=0$

エクセル 条件つきの等式の証明 ➡ 条件式を用いて，1つの文字を消去する

例題 40 条件式が比例式のときの証明 類90

$\dfrac{a}{b}=\dfrac{c}{d}$ のとき，$\dfrac{a+2c}{b+2d}=\dfrac{3a-2c}{3b-2d}$ であることを証明せよ。

証明 $\dfrac{a}{b}=\dfrac{c}{d}=k$ とおくと $a=bk$，$c=dk$

これを代入すると $(\text{左辺})=\dfrac{bk+2dk}{b+2d}=\dfrac{(b+2d)k}{b+2d}=k$

$(\text{右辺})=\dfrac{3bk-2dk}{3b-2d}=\dfrac{(3b-2d)k}{3b-2d}=k$

よって，(左辺)=(右辺) となり，成り立つ。 終

エクセル 条件式が比例式 ➡ $\dfrac{a}{b}=\dfrac{c}{d}=k$ とおき，$a=bk$，$c=dk$ として代入

A

88 次の等式を証明せよ。 ↩ 例題38

*(1) $(a+2b)^2+(a-2b)^2=2(a^2+4b^2)$

(2) $x^4-1=(x-1)(x^3+x^2+x+1)$

(3) $(x^2+1)(x^2-1)-2(x^2-1)=(x^2-1)^2$

***89** $x+y=1$ のとき，次の等式を証明せよ。 ↩ 例題39

(1) $x^2-x=y^2-y$ (2) $x^2+y^2+1=2(x+y-xy)$

***90** $\dfrac{a}{b}=\dfrac{c}{d}$ のとき，次の等式を証明せよ。 ↩ 例題40

(1) $\dfrac{a+2b}{a-b}=\dfrac{c+2d}{c-d}$ (2) $\dfrac{ac}{a^2-c^2}=\dfrac{bd}{b^2-d^2}$

91 $x:y:z=a:b:c$ のとき，次の等式を証明せよ。

(1) $\dfrac{x+y}{a+b}=\dfrac{y+z}{b+c}=\dfrac{z+x}{c+a}$ (2) $\dfrac{x^2+y^2+z^2}{a^2+b^2+c^2}=\dfrac{xy+yz+zx}{ab+bc+ca}$

B

92 $a+b+c=0$ のとき，次の等式を証明せよ。

(1) $ab(a+b)+bc(b+c)+ca(c+a)=-3abc$

(2) $a^3+b^3+c^3=-3(a+b)(b+c)(c+a)$

(3) $a\left(\dfrac{1}{b}+\dfrac{1}{c}\right)+b\left(\dfrac{1}{c}+\dfrac{1}{a}\right)+c\left(\dfrac{1}{a}+\dfrac{1}{b}\right)=-3$ （ただし，$abc \neq 0$）

93 $3x+y-3z=0$，$x-3y+z=0$ のとき，等式 $x^2+y^2=z^2$ が成り立つことを証明せよ。

94 $2x=3y=4z \neq 0$ のとき，$\dfrac{xy+yz+zx}{x^2+y^2+z^2}$ の値を求めよ。

95 次の等式を証明せよ。

(1) $abc=1$ のとき $\dfrac{a}{ab+a+1}+\dfrac{b}{bc+b+1}+\dfrac{c}{ca+c+1}=1$

(2) $x+\dfrac{1}{y}=1$，$y+\dfrac{1}{z}=1$ のとき $z+\dfrac{1}{x}=1$

14 不等式の証明

例題 41 不等式の証明（$(実数)^2 \geqq 0$） 類96,100

次の不等式を証明せよ。また，等号が成り立つのはどのようなときか。

(1) $x^2+9 \geqq 6x$　　(2) $a^2-2ab+3b^2 \geqq 0$

証明 (1) $(x^2+9)-6x=(x-3)^2 \geqq 0$

よって　$x^2+9 \geqq 6x$

等号が成り立つのは $x=3$ のとき。 終

(2) $a^2-2ab+3b^2=(a-b)^2+2b^2 \geqq 0$

等号が成り立つのは，$a-b=0$，$b=0$ より $a=b=0$ のとき。 終

不等式の証明
(大きい方)−(小さい方)>0
を示す。

← a の2次式とみて平方完成

エクセル $A \geqq B$ の証明 ➡ $A-B$ が2次式ならば $(\quad)^2 \geqq 0$ を考える（平方完成）

例題 42 根号を含む不等式の証明 類98

$a>b>0$ のとき，次の不等式を証明せよ。

$\sqrt{a-b}>\sqrt{a}-\sqrt{b}$

証明 両辺の平方の差を考えると

$$(\sqrt{a-b})^2-(\sqrt{a}-\sqrt{b})^2=a-b-(a-2\sqrt{a}\sqrt{b}+b)$$
$$=2\sqrt{ab}-2b$$
$$=2\sqrt{b}(\sqrt{a}-\sqrt{b})>0$$

よって　$(\sqrt{a-b})^2>(\sqrt{a}-\sqrt{b})^2$

$\sqrt{a-b}>0$，$\sqrt{a}-\sqrt{b}>0$ であるから　$\sqrt{a-b}>\sqrt{a}-\sqrt{b}$ 終

正の数の大小比較
$a>0$，$b>0$ のとき
$a>b \iff a^2>b^2$

← 両辺が正であることを確認する

エクセル 根号のついた不等式の証明 ➡ 平方の差を考える

例題 43 (相加平均)≧(相乗平均) の利用(1) 類99

$x>0$ のとき，不等式 $x+\dfrac{4}{x} \geqq 4$ を証明せよ。また，等号が成り立つのはどのようなときか。

証明 $x>0$，$\dfrac{4}{x}>0$ であるから，相加平均と相乗平均の関係より

$x+\dfrac{4}{x} \geqq 2\sqrt{x \cdot \dfrac{4}{x}}$　　よって　$x+\dfrac{4}{x} \geqq 4$

等号が成り立つのは $x=\dfrac{4}{x}$，すなわち $x^2=4$

のときで，$x>0$ であるから　$x=2$ のとき。 終

(相加平均)≧(相乗平均)
$a>0$，$b>0$ のとき
相加平均：$\dfrac{a+b}{2}$
相乗平均：$\sqrt{ab}$
$\dfrac{a+b}{2} \geqq \sqrt{ab}$ （等号成立は $a=b$ のとき）

エクセル (相加平均)≧(相乗平均)
➡ $a>0$，$b>0$ のとき，$a+b \geqq 2\sqrt{ab}$（等号成立は $a=b$ のとき）

A

*96　x, y が実数のとき，次の不等式を証明せよ。また，等号が成り立つのはどのようなときか。
例題41

(1)　$x^2-2x+3>0$　　(2)　$x^2-6xy+9y^2 \geqq 0$

(3)　$x^2-4xy+5y^2 \geqq 0$　　(4)　$x^2+y^2-4x+2y+5 \geqq 0$

97　次の不等式を証明せよ。

(1)　$x>y$ のとき，$\dfrac{3x-y}{2}>\dfrac{4x-y}{3}$

(2)　$a>b$ のとき，$b<\dfrac{a+2b}{3}<a$

(3)　$a>1$，$b>2$ のとき，$ab+2>2a+b$

*98　$a>0$，$b>0$ のとき，次の不等式を証明せよ。
例題42

(1)　$1+a>\sqrt{1+2a}$　　(2)　$2\sqrt{a}+3\sqrt{b}>\sqrt{4a+9b}$

*99　$a>0$，$b>0$ のとき，次の不等式を証明せよ。また，等号が成り立つのはどのようなときか。
例題43

(1)　$a+\dfrac{3}{a} \geqq 2\sqrt{3}$　　(2)　$\dfrac{b}{a}+\dfrac{a}{b} \geqq 2$

B

100　次の不等式を証明せよ。
例題41

(1)　$a^3-b^3>2ab(a-b)$　$(a>b)$　　(2)　$x^4+y^4 \geqq x^3y+xy^3$

*101　a, b, c が実数のとき，$3(a^2+b^2+c^2) \geqq (a+b+c)^2$ を証明せよ。

102　次の不等式を証明せよ。

(1)　$a+b+\dfrac{1}{a}+\dfrac{1}{b} \geqq 4$　$(a>0,\ b>0)$

(2)　$a+\dfrac{1}{a+2} \geqq 0$　$(a>-2)$

103　$a>0$，$b>0$ のとき，次の不等式を証明せよ。

$$\frac{2ab}{a+b} \leqq \sqrt{ab} \leqq \frac{a+b}{2} \leqq \sqrt{\frac{a^2+b^2}{2}}$$

104　$a>0$，$b>0$ のとき，$(3a+2b)\left(\dfrac{2}{a}+\dfrac{3}{b}\right) \geqq 24$ を証明せよ。

等式・不等式の証明

Step UP 例題44 （相加平均）≧（相乗平均）の利用(2)

$x>0$, $y>0$ のとき，$\left(x+\dfrac{1}{y}\right)\left(y+\dfrac{4}{x}\right)$ の最小値を求めよ。

解 $\left(x+\dfrac{1}{y}\right)\left(y+\dfrac{4}{x}\right)=xy+4+1+\dfrac{4}{xy}$

$=xy+\dfrac{4}{xy}+5$

相加平均と相乗平均の関係を使える形に整理する

$x>0$, $y>0$ より $xy>0$, $\dfrac{4}{xy}>0$ であるから

相加平均と相乗平均の関係より

$$xy+\frac{4}{xy}\geqq 2\sqrt{xy\cdot\frac{4}{xy}}=2\sqrt{4}=4$$

よって $\left(x+\dfrac{1}{y}\right)\left(y+\dfrac{4}{x}\right)=xy+\dfrac{4}{xy}+5\geqq 4+5=9$

等号が成立するのは $xy=\dfrac{4}{xy}$，すなわち $(xy)^2=4$ のときで，

$xy>0$ であるから $xy=2$ のとき。

したがって，$xy=2$ のとき，最小値 9 をとる。

(注意) 間違いやすい例

$$x+\frac{1}{y}\geqq 2\sqrt{\frac{x}{y}}\ \cdots①,\qquad y+\frac{4}{x}\geqq 2\sqrt{\frac{4y}{x}}=4\sqrt{\frac{y}{x}}\ \cdots②$$

①，②の辺々を掛けて $\left(x+\dfrac{1}{y}\right)\left(y+\dfrac{4}{x}\right)\geqq 2\sqrt{\dfrac{x}{y}}\cdot 4\sqrt{\dfrac{y}{x}}=8\ \cdots③$

としてはいけない。

①，②の等号成立条件を考えると，

①は $x=\dfrac{1}{y}$ より $xy=1$,

②は $y=\dfrac{4}{x}$ より $xy=4$

となり，これを同時に満たす x, y は存在せず，③の等号は成り立たないからである。

105 $x>-1$ のとき，$x-1+\dfrac{4}{x+1}$ の最小値とそのときの x の値を求めよ。

106 $x>0$, $y>0$ のとき，次の値を求めよ。

(1) $xy=12$ のとき，$x+3y$ の最小値

(2) $5x+2y=20$ のとき，xy の最大値

Step UP 例題45 条件式と大小比較

$0<a<b$, $a+b=1$ のとき，b, $2ab$, a^2+b^2 の大小を比較せよ。

解 $a=\frac{1}{3}$, $b=\frac{2}{3}$ とすると $2ab=2\cdot\frac{1}{3}\cdot\frac{2}{3}=\frac{4}{9}$, $a^2+b^2=\frac{1}{9}+\frac{4}{9}=\frac{5}{9}$

したがって $2ab<a^2+b^2<b$ と予想される。

$a+b=1$ かつ $0<a<b$ より $\frac{1}{2}<b<1$

$$b-(a^2+b^2)=b-(1-b)^2-b^2=-2b^2+3b-1$$
$$=-(2b-1)(b-1)=(2b-1)(1-b)>0$$
$$(a^2+b^2)-2ab=(a-b)^2>0 \quad (0<a<b)$$

よって $\boldsymbol{2ab<a^2+b^2<b}$

条件を満たす適当な a, b を代入して，予想を立てる

$a=1-b$ より
$0<a<b$
$0<1-b<b$
$0<1-b$ から $b<1$
$1-b<b$ から $\frac{1}{2}<b$

エクセル 条件式がある場合の大小比較 ➡ 適当な値を代入して，予想を立てる

107 $0<a<b$, $a+b=2$ のとき，1, a, b, ab, $\frac{a^2+b^2}{2}$ の大小を比較せよ。

Step UP 例題46 絶対値を含む不等式の証明

次の不等式が成り立つことを示せ。

(1) $|2a+3b|\leqq|2a|+|3b|$　(2) $|2a|-|3b|\leqq|2a-3b|$

証明 (1) 両辺の平方の差を考えると

$$(|2a|+|3b|)^2-|2a+3b|^2$$
$$=(4a^2+12|a||b|+9b^2)-(4a^2+12ab+9b^2)=12(|ab|-ab)$$

$|A|^2=A^2$

$|a||b|=|ab|$

$|ab|\geqq ab$ であるから $12(|ab|-ab)\geqq 0$

よって $|2a+3b|^2\leqq(|2a|+|3b|)^2$

$|2a+3b|\geqq 0$, $|2a|+|3b|\geqq 0$ であるから

$|2a+3b|\leqq|2a|+|3b|$ 終

両辺が0以上であることを確認する

(2) (1)の不等式で $2a$ の代わりに $2a-3b$ とおくと

$$|(2a-3b)+3b|\leqq|2a-3b|+|3b|$$
$$|2a|\leqq|2a-3b|+|3b|$$

よって $|2a|-|3b|\leqq|2a-3b|$ 終

(1)と同様に2乗して考えると $|2a|-|3b|$ が正か負かで場合分けが必要となる

エクセル 絶対値を含む不等式 ➡ 平方の差を考える。両辺ともに負でないことも確認する

108 次の問いに答えよ。

(1) $|a+2b|\leqq|a|+|2b|$ を証明せよ。

(2) (1)の結果を用いて，$|a+2b+2c|\leqq|a|+|2b|+|2c|$ を証明せよ。

16 図形と点の座標

例題 47　2点から等距離にある点　類110,111

2点 A$(-1,\ 3)$，B$(2,\ 4)$ から等距離にある x 軸上の点 P，および y 軸上の点 Q の座標を求めよ。

解　P$(x,\ 0)$ とおくと　　⇦ x 軸上の点は $(x,\ 0)$ とおける

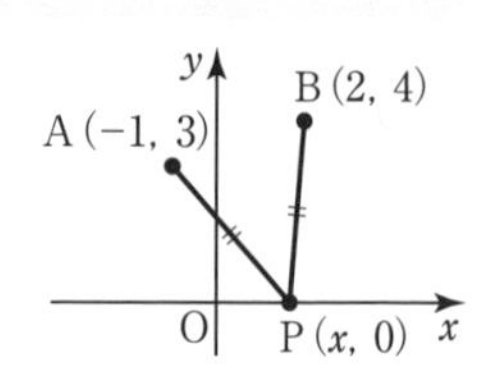

AP＝BP であるから　$\mathrm{AP}^2=\mathrm{BP}^2$

$$(x+1)^2+(0-3)^2=(x-2)^2+(0-4)^2$$

これを解くと　$x=\dfrac{5}{3}$

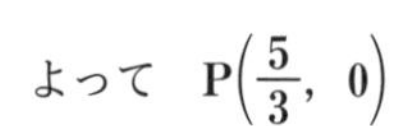

よって　$\mathbf{P\left(\dfrac{5}{3},\ 0\right)}$

Q$(0,\ y)$ とおくと　　⇦ y 軸上の点は $(0,\ y)$ とおける

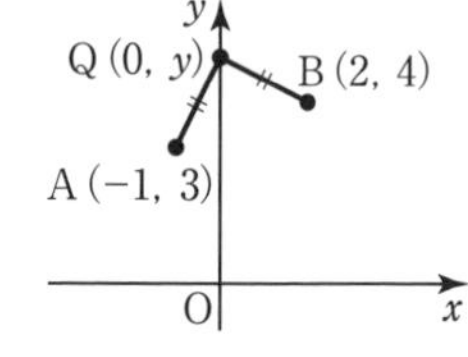

AQ＝BQ であるから　$\mathrm{AQ}^2=\mathrm{BQ}^2$

$$(0+1)^2+(y-3)^2=(0-2)^2+(y-4)^2$$

これを解くと　$y=5$

よって　**Q(0, 5)**

エクセル　x 軸上の点 ➡ $(x,\ 0)$ とおく　　y 軸上の点 ➡ $(0,\ y)$ とおく

例題 48　図形への応用　類114,115

△ABC において辺 BC を 1：2 に内分する点を D とするとき，次の等式が成り立つことを証明せよ。

$$2\mathrm{AB}^2+\mathrm{AC}^2=3(\mathrm{AD}^2+2\mathrm{BD}^2)$$

証明　右の図のように，点 D を原点とし，直線 BC を x 軸とする。

三角形の頂点をそれぞれ

A$(a,\ b)$，B$(-c,\ 0)$，C$(2c,\ 0)$

とおくと

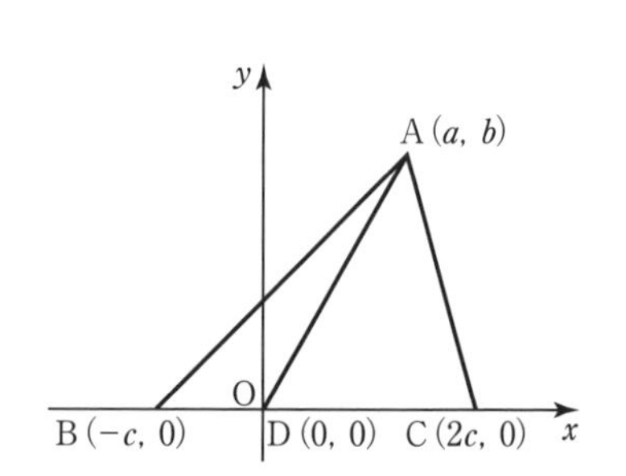

$2\mathrm{AB}^2=2\{(a+c)^2+b^2\}$

$\mathrm{AC}^2=(a-2c)^2+b^2$

よって　$2\mathrm{AB}^2+\mathrm{AC}^2=3(a^2+b^2+2c^2)$

また，D$(0,\ 0)$ より

$\mathrm{AD}^2=a^2+b^2$

$2\mathrm{BD}^2=2c^2$

よって　$3(\mathrm{AD}^2+2\mathrm{BD}^2)=3(a^2+b^2+2c^2)$

ゆえに　$2\mathrm{AB}^2+\mathrm{AC}^2=3(\mathrm{AD}^2+2\mathrm{BD}^2)$　終

エクセル　座標を使っての図形の証明 ➡ 原点，座標軸を活用（0 を多くする）

A

109　次の 2 点間の距離を求めよ。

(1)　(2, 1), (6, 4)　　(2)　原点 O, (5, −12)

(3)　(−3, 6), (3, −2)　　(4)　(3, 3), (−2, 2)

110　次の点の座標を求めよ。　例題47

(1)　2 点 A(1, 2), B(3, 4) から等距離にある x 軸上の点 P

(2)　2 点 A(3, 5), B(7, 1) から等距離にある y 軸上の点 Q

111　2 点 A(2, 0), B(0, 3) から等距離にある直線 $y=x$ 上の点 R の座標を求めよ。　例題47

B

112　A(0, 0), B(2, 4), C(4, −2) のとき，3 点 A, B, C から等距離にある点 P の座標を求めよ。

113　3 点 A, B(2, 1), C(4, 5) を頂点とする △ABC が AB=AC=5 である二等辺三角形のとき，頂点 A の座標を求めよ。

114　平面上に長方形 ABCD と点 P がある。
長方形 ABCD の対角線の交点を O とするとき，等式

$$AP^2+BP^2+CP^2+DP^2=4(OP^2+OA^2)$$

が成り立つことを証明せよ。　例題48

115　△ABC の辺 BC 上に点 D をとるとき，等式

$$AB^2+AC^2=2AD^2+BD^2+CD^2$$

が成り立つならば，点 D はどのような点であるか。右の図を用いて調べよ。　例題48

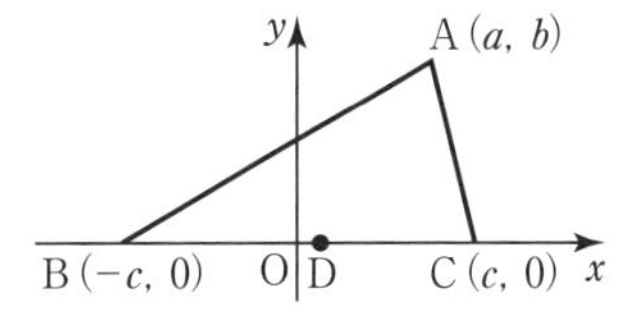

ヒント　**111**　直線 $y=x$ 上の点は $(t,\ t)$ とおく。

114　正方形や長方形について考えるときは，図形の対称性を利用して，図形の中央を原点にとるとわかりやすくなることが多い。

115　D$(x,\ 0)$ とおいて，等式が成り立つような x を求める。

17 内分点・外分点の座標

例題 49　座標平面上の内分点・外分点　類117,118

2点 A$(-3,\ 8)$, B$(6,\ 2)$ について，次の点の座標を求めよ。

(1) 線分 AB を 2：1 に内分する点 P

(2) 線分 AB を 1：4 に外分する点 Q

(3) 点 B に関して，点 A と対称な点 R

解 (1) P$(x,\ y)$ とすると

$$x=\frac{1\cdot(-3)+2\cdot 6}{2+1}=3,\quad y=\frac{1\cdot 8+2\cdot 2}{2+1}=4$$

よって **P(3, 4)**

(2) Q$(x,\ y)$ とすると

$$x=\frac{-4\cdot(-3)+1\cdot 6}{1-4}=-6$$

$$y=\frac{-4\cdot 8+1\cdot 2}{1-4}=10$$

よって **Q(−6, 10)**

(3) R$(x,\ y)$ とすると，点 B が線分 AR の中点であるから

$$\frac{-3+x}{2}=6 \quad より \quad x=15,\quad \frac{8+y}{2}=2 \quad より \quad y=-4$$

よって **R(15, −4)**

内分点，外分点

A$(x_1,\ y_1)$, B$(x_2,\ y_2)$ で，線分 AB を $m:n$ に

内分する点

$$\left(\frac{nx_1+mx_2}{m+n},\ \frac{ny_1+my_2}{m+n}\right)$$

外分する点

$$\left(\frac{-nx_1+mx_2}{m-n},\ \frac{-ny_1+my_2}{m-n}\right)$$

線分 AB の中点 $\left(\frac{x_1+x_2}{2},\ \frac{y_1+y_2}{2}\right)$

例題 50　三角形の重心　類119

3点 A$(0,\ 4)$, B$(-1,\ -1)$, C$(5,\ 3)$ を頂点とする三角形は，どのような形の三角形か。また，△ABC の重心 G の座標を求めよ。

解

$$AB=\sqrt{(-1-0)^2+(-1-4)^2}=\sqrt{26}$$

$$BC=\sqrt{\{5-(-1)\}^2+\{3-(-1)\}^2}=\sqrt{52}$$

$$CA=\sqrt{(0-5)^2+(4-3)^2}=\sqrt{26}$$

AB=CA かつ $BC^2=AB^2+CA^2$ が成り立つから，**∠A=90° の直角二等辺三角形**

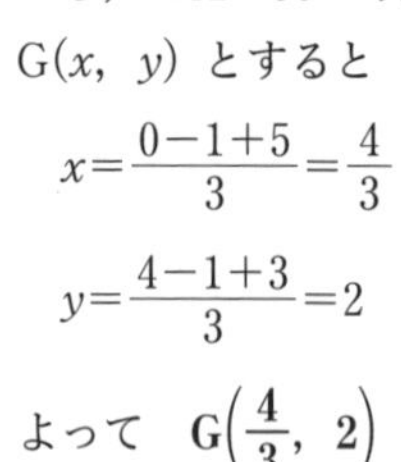

G$(x,\ y)$ とすると

$$x=\frac{0-1+5}{3}=\frac{4}{3}$$

$$y=\frac{4-1+3}{3}=2$$

よって **G$\left(\frac{4}{3},\ 2\right)$**

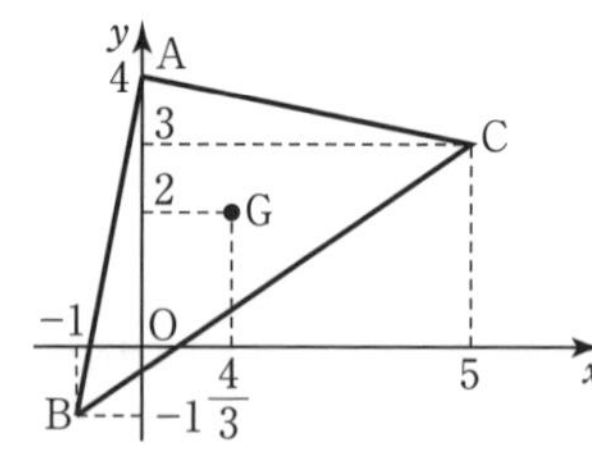

2点間の距離

A$(x_1,\ y_1)$, B$(x_2,\ y_2)$ 間の距離は

$$AB=\sqrt{(x_2-x_1)^2+(y_2-y_1)^2}$$

三角形の重心

三角形の重心の座標は

$$\left(\frac{x_1+x_2+x_3}{3},\ \frac{y_1+y_2+y_3}{3}\right)$$

エクセル　三角形の形状 ➡ 辺の長さで，直角三角形，正三角形，二等辺三角形を考える

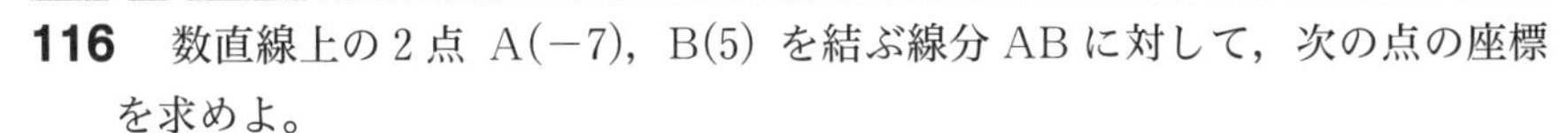

116　数直線上の 2 点 A(-7)，B(5) を結ぶ線分 AB に対して，次の点の座標を求めよ。

(1)　3：1 に内分する点 C　　　　(2)　1：3 に外分する点 D

*__117__　次の点の座標を求めよ。　↩ 例題49

(1)　A$(-1,\ 6)$，B$(5,\ 4)$ を結ぶ線分 AB の中点 M

(2)　A$(2,\ -6)$，B$(7,\ 4)$ を結ぶ線分 AB を 2：3 に内分する点 P

(3)　A$(5,\ 8)$，B$(3,\ 2)$ を結ぶ線分 AB を 5：3 に外分する点 Q

*__118__　点 A$(-2,\ 1)$ に関して，点 P$(3,\ -4)$ と対称な点 Q の座標を求めよ。

↩ 例題49

119　3 点 A$(1,\ 3)$，B$(3,\ 6)$，C$(4,\ 1)$ を頂点とする三角形はどのような形の三角形か。また，△ABC の重心 G の座標を求めよ。　↩ 例題50

*__120__　△ABC の頂点 A，B の座標が A$(-4,\ 3)$，B$(6,\ -1)$ で，重心 G の座標が G$(1,\ -1)$ であるとき，頂点 C の座標を求めよ。

B

121　4 点 A$(1,\ 3)$，B$(-2,\ -2)$，C$(6,\ 0)$，D を頂点とする平行四辺形 ABCD がある。次の点の座標を求めよ。

(1)　対角線の交点 P　　　(2)　頂点 D

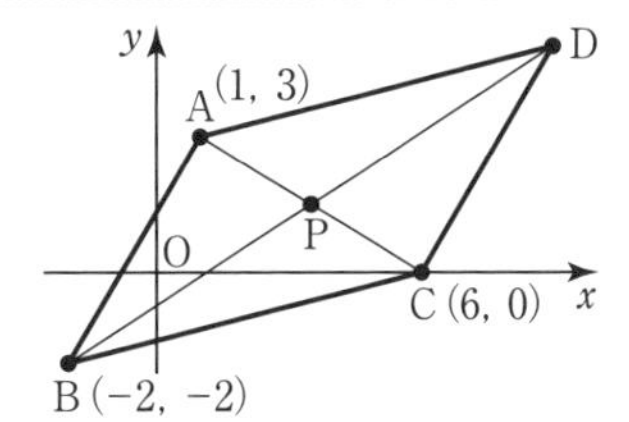

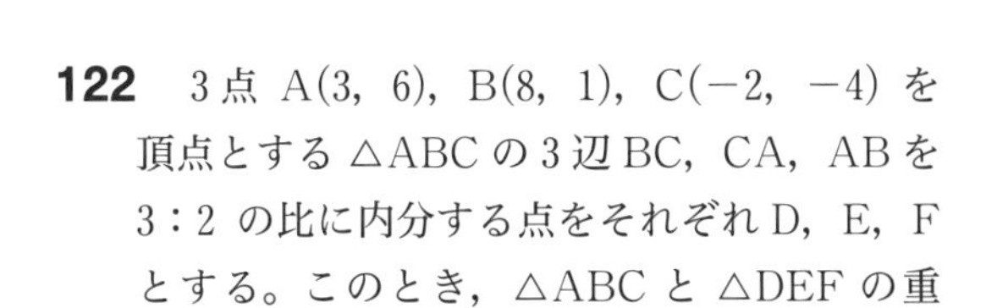

122　3 点 A$(3,\ 6)$，B$(8,\ 1)$，C$(-2,\ -4)$ を頂点とする △ABC の 3 辺 BC，CA，AB を 3：2 の比に内分する点をそれぞれ D，E，F とする。このとき，△ABC と △DEF の重心は一致することを示せ。

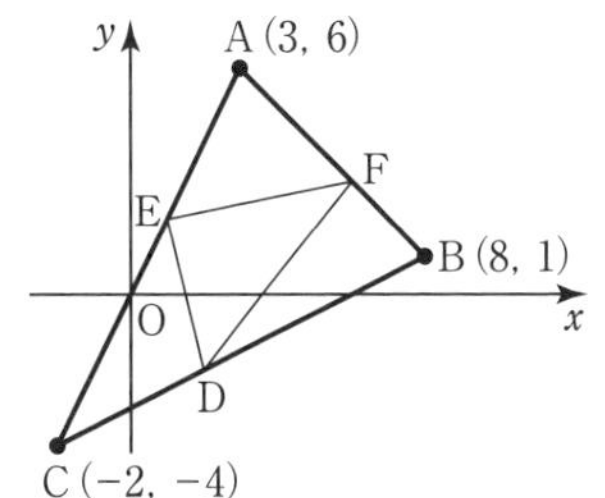

18 直線の方程式

例題 51　直線の方程式　類123,124

次の直線の方程式を求めよ。

(1) 点 $(1,\ -2)$ を通り，傾きが3　(2) 2点 $(-1,\ 9)$，$(2,\ -6)$ を通る。

(3) 2点 $(3,\ 1)$，$(3,\ -4)$ を通る。

解 (1) $y-(-2)=3(x-1)$　よって　$\boldsymbol{y=3x-5}$

(2) $y-9=\dfrac{-6-9}{2-(-1)}(x+1)$　よって　$\boldsymbol{y=-5x+4}$

(3) 2点の x 座標が3で等しいから　$\boldsymbol{x=3}$

直線の方程式

点 $(x_1,\ y_1)$ を通り，傾き m
$y-y_1=m(x-x_1)$

2点 $(x_1,\ y_1)$，$(x_2,\ y_2)$ を通る
$y-y_1=\dfrac{y_2-y_1}{x_2-x_1}(x-x_1)$ $(x_1 \neq x_2)$

例題 52　2直線の平行と垂直　類125

点 $(2,\ -3)$ を通り，直線 $y=2x+1$ に平行な直線と垂直な直線の方程式をそれぞれ求めよ。

解 直線 $y=2x+1$ の傾きは2

平行な直線の傾きは2であるから

$y-(-3)=2(x-2)$　よって　$\boldsymbol{y=2x-7}$

垂直な直線の傾き m は

$2\cdot m=-1$　より　$m=-\dfrac{1}{2}$ であるから

$y-(-3)=-\dfrac{1}{2}(x-2)$　よって　$\boldsymbol{y=-\dfrac{1}{2}x-2}$

平行条件・垂直条件

$l_1 : y=mx+n$
$l_2 : y=m'x+n'$ において
$l_1 /\!/ l_2 \iff m=m'$
$l_1 \perp l_2 \iff mm'=-1$

例題 53　点と直線の距離　類126,127

点 $\mathrm{A}(8,\ 1)$ と直線 $l : x+3y-6=0$ がある。l と x 軸，y 軸との交点をそれぞれB，Cとする。このとき，△ABC の面積を求めよ。

解 B，C の座標は $(6,\ 0)$，$(0,\ 2)$ である。

$\mathrm{BC}=\sqrt{6^2+2^2}=2\sqrt{10}$

また点Aから直線 l に引いた垂線と l の交点をHとすると

$\mathrm{AH}=\dfrac{|1\cdot8+3\cdot1-6|}{\sqrt{1^2+3^2}}=\dfrac{5}{\sqrt{10}}$

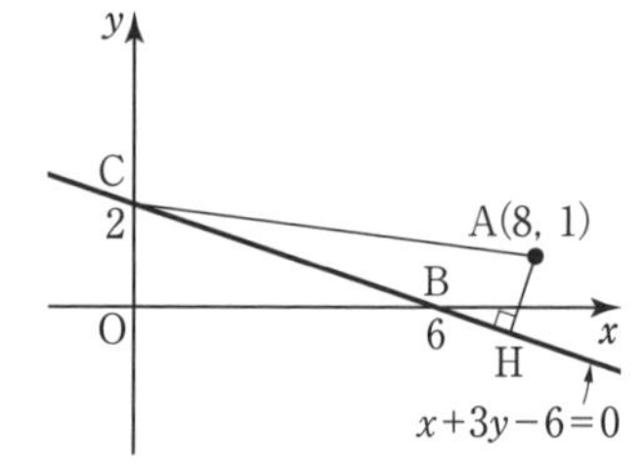

よって　$\triangle\mathrm{ABC}=\dfrac{1}{2}\times2\sqrt{10}\times\dfrac{5}{\sqrt{10}}=\boldsymbol{5}$　底辺は BC，高さは AH

エクセル 点 $(x_1,\ y_1)$ と直線 $ax+by+c=0$ との距離 ➡ $\dfrac{|ax_1+by_1+c|}{\sqrt{a^2+b^2}}$

*123 次の直線の方程式を求めよ。 ↩ 例題51

(1) 傾きが3で，y 切片が5

(2) 点 $(1,\ 4)$ を通り，傾きが -2

(3) 点 $(3,\ -1)$ を通り，x 軸に平行

(4) 点 $(2,\ 3)$ を通り，x 軸に垂直

*124 次の直線の方程式を求めよ。 ↩ 例題51

(1) 2点 $(-3,\ 4)$，$(6,\ 1)$ を通る。

(2) 2点 $(1,\ -1)$，$(2,\ 8)$ を通る。

(3) 2点 $(2,\ 6)$，$(-1,\ 6)$ を通る。

(4) 2点 $(5,\ 2)$，$(5,\ -4)$ を通る。

(5) x 切片が3，y 切片が2

*125 次の直線の方程式を求めよ。 ↩ 例題52

(1) 点 $(1,\ 3)$ を通り，直線 $y=3x-1$ に平行な直線，垂直な直線

(2) 点 $(3,\ 2)$ を通り，直線 $5x-3y+1=0$ に平行な直線，垂直な直線

(3) 2点 $(4,\ 0)$，$(0,\ 2)$ を結ぶ線分の垂直二等分線

126 次の点と直線の距離を求めよ。 ↩ 例題53

*(1) 原点と直線 $3x-4y+20=0$　　(2) 点 $(3,\ 2)$ と直線 $x+2y+3=0$

*(3) 点 $(3,\ 1)$ と直線 $y=-3x+2$

B

*127 3点 $A(1,\ 1)$，$B(5,\ 3)$，$C(4,\ 5)$ とする。次の問いに答えよ。 ↩ 例題53

(1) 直線 AB の方程式を求めよ。

(2) $\triangle ABC$ の面積を求めよ。

128 直線 $kx+2y+3k=0$ が次の条件を満たすように，定数 k の値を定めよ。

(1) 直線 $3x+(k+1)y-1=0$ と平行になる。

(2) 直線 $(k+2)x-4y+2=0$ と垂直になる。

ヒント 128 2直線 $ax+by+c=0$，$a'x+b'y+c'=0$ の「平行」「垂直」条件

平行 $\Leftrightarrow ab'-a'b=0$，垂直 $\Leftrightarrow aa'+bb'=0$

Step UP 19 図形と直線の方程式

Step UP 例題 54 直線に関する対称点

直線 $l: x-2y-1=0$ に関して，点 $\mathrm{P}(2,\ 3)$ と対称な点 Q の座標を求めよ。

解 $\mathrm{Q}(a,\ b)$ とすると，直線 PQ と l は垂直であるから

$\dfrac{b-3}{a-2}\cdot\dfrac{1}{2}=-1$ より $2a+b-7=0$ …①

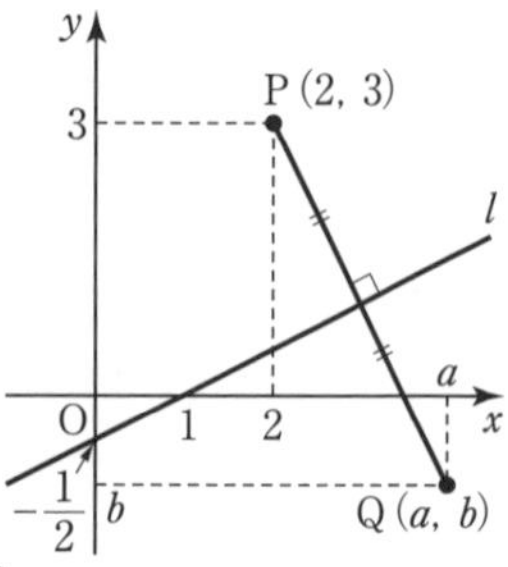

また，線分 PQ の中点は $\left(\dfrac{a+2}{2},\ \dfrac{b+3}{2}\right)$

これが直線 l 上にあるから

$\dfrac{a+2}{2}-2\cdot\dfrac{b+3}{2}-1=0$ より $a-2b-6=0$ …②

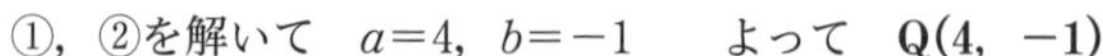
①，②を解いて $a=4,\ b=-1$ よって $\mathbf{Q(4,\ -1)}$

エクセル 点 P，Q が直線 l に関して対称 ➡ $\mathrm{PQ}\perp l$，PQ の中点が l 上

129 次の点の座標を求めよ。

*(1) 直線 $y=2x-1$ に関して，点 $\mathrm{P}(-2,\ 5)$ と対称な点 Q

(2) 直線 $x-2y+2=0$ に関して，点 $\mathrm{P}(1,\ 4)$ と対称な点 Q

130 直線 $l: y=-2x+1$ について，次の問いに答えよ。

(1) 直線 l に関して，点 $(3,\ 0)$ と対称な点の座標を求めよ。

(2) 直線 l に関して，直線 $x+y=3$ と対称な直線の方程式を求めよ。

Step UP 例題 55 3 点が同一直線上・3 直線が 1 点で交わる

次の条件を満たすように，定数 a の値を定めよ。

(1) 3 点 $(3,\ 6)$，$(1,\ a)$，$(a,\ 4)$ が一直線上にある。

(2) 3 直線 $x-y=1$，$2x+y=5$，$ax-2y=4$ がただ 1 点で交わる。

解 (1) 2 点 $(3,\ 6)$，$(1,\ a)$ を通る直線の方程式は

$y-6=\dfrac{a-6}{1-3}(x-3)$ より $-2(y-6)=(a-6)(x-3)$

点 $(a,\ 4)$ がこの直線上にあればよいから

$-2(4-6)=(a-6)(a-3)$ より $a^2-9a+14=0$

$(a-2)(a-7)=0$ よって $\boldsymbol{a=2,\ 7}$

⇦ $x=a$，$y=4$ を $-2(y-6)=(a-6)(x-3)$ に代入する

(2) 2 直線 $x-y=1$，$2x+y=5$ の交点は $(2,\ 1)$

⇦ 連立方程式を解く

直線 $ax-2y=4$ も点 $(2,\ 1)$ を通ればよいから $2a-2=4$

よって $\boldsymbol{a=3}$（このとき，どの 2 直線も平行でない）

エクセル 3 点が一直線上にある ➡ 2 点を通る直線が，第 3 の点を通る

131　次の条件を満たすように，定数 a の値を定めよ。

(1)　3 点 $(1,\ 2)$，$(0,\ a)$，$(2a,\ -3)$ が一直線上にある。

(2)　3 直線 $2x-y-4=0$, $3x+2y+1=0$, $x+ay+3=0$ がただ 1 点で交わる。

(3)　3 直線 $x+3y=5$，$2x-y=3$，$ax+y=0$ が三角形をつくらない。

Step UP 例題 56　2 直線の交点を通る直線

2 直線 $3x-2y+4=0$，$x+5y-3=0$ の交点を通り，点 $(2,\ -1)$ を通る直線の方程式を求めよ。

解　2 直線の交点を通る直線は

$(3x-2y+4)+k(x+5y-3)=0$　…①　と表せる。

点 $(2,\ -1)$ を通るから

$\{3\cdot2-2\cdot(-1)+4\}+k\{2+5\cdot(-1)-3\}=0$　より　$k=2$

①に $k=2$ を代入して，整理すると　$\boldsymbol{5x+8y-2=0}$

エクセル　2 直線 $ax+by+c=0$，$a'x+b'y+c'=0$ の交点を通る直線

➡ $(ax+by+c)+k(a'x+b'y+c')=0$

***132**　点 $(-2,\ 1)$ を通り，傾き k の直線 l について，次の問いに答えよ。

(1)　直線 l の方程式を k を用いて表せ。

(2)　直線 l と点 $(3,\ 1)$ との距離が 1 となるとき，k の値を求めよ。

***133**　次の直線は，定数 k の値にかかわらず定点を通る。その定点の座標を求めよ。

(1)　$y=kx-2k+3$　　(2)　$(x-y+1)+k(2x-y)=0$

(3)　$(1+2k)x+(2-k)y=k+1$

***134**　2 直線 $3x-y+3=0$，$x+2y-3=0$ の交点を通り，さらに次の条件を満たす直線の方程式を求めよ。

(1)　点 $(-4,\ 1)$ を通る。　　(2)　直線 $y=x$ に平行

(3)　直線 $2x+y+3=0$ に垂直

135　3 点 O$(0,\ 0)$，A$(4,\ 0)$，B$(2,\ 2)$ を頂点とする △OAB がある。次の直線が △OAB の面積を 2 等分するとき，定数 a，b の値を求めよ。

(1)　$y=ax$　　(2)　$y=x-b$

ヒント　**133**　k についての恒等式とみて，x，y の値を求める。

20 円の方程式

例題 57 円の方程式・3点を通る円 類136,138

次の円の方程式を求めよ。

(1) 2点 A$(-3,\ 4)$，B$(-1,\ 2)$ を直径の両端とする円

(2) 3点 $(2,\ 1)$，$(-2,\ -1)$，$(5,\ 0)$ を通る円

解 (1) 円の中心は線分 AB の中点であるから

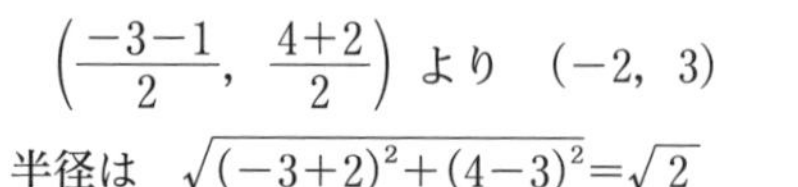

$\left(\dfrac{-3-1}{2},\ \dfrac{4+2}{2}\right)$ より $(-2,\ 3)$

半径は $\sqrt{(-3+2)^2+(4-3)^2}=\sqrt{2}$

よって $\boldsymbol{(x+2)^2+(y-3)^2=2}$

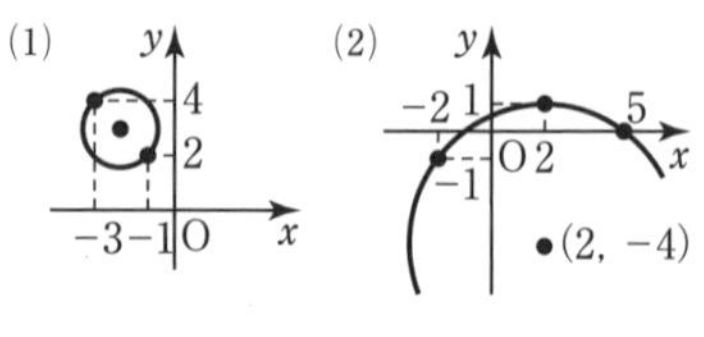

(2) 円の方程式を $x^2+y^2+lx+my+n=0$ とおくと

点 $(2,\ 1)$ を通るから $2l+m+n=-5$ …①

点 $(-2,\ -1)$ を通るから $2l+m-n=5$ …②

点 $(5,\ 0)$ を通るから $5l+n=-25$ …③

①，②，③を解いて $l=-4$，$m=8$，$n=-5$

よって $\boldsymbol{x^2+y^2-4x+8y-5=0}$

参考 (2)は，このとき $(x-2)^2+(y+4)^2=25$

であるから，中心 $(2,\ -4)$，半径5の円となる。

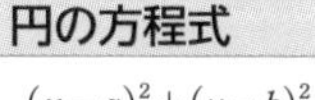

円の方程式

$(x-a)^2+(y-b)^2=r^2$

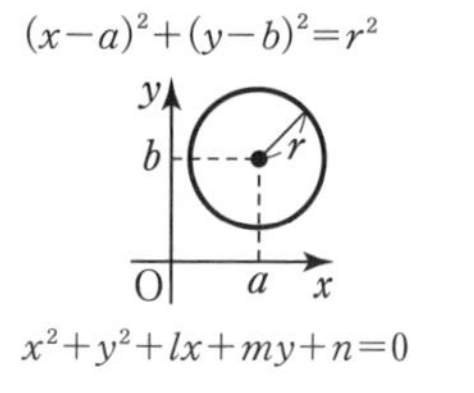

$x^2+y^2+lx+my+n=0$

例題 58 いろいろな円の方程式の決定 類139

中心が直線 $y=-x$ 上にあり，2点 $(5,\ 2)$，$(-2,\ 3)$ を通る円の方程式を求めよ。

解 中心が直線 $y=-x$ 上にあるから，中心は $(a,\ -a)$ とおける。

したがって，半径を r とすると，求める円の方程式は

$(x-a)^2+(y+a)^2=r^2$

これが2点 $(5,\ 2)$，$(-2,\ 3)$ を通るから

$(5-a)^2+(2+a)^2=r^2$

より $2a^2-6a+29=r^2$ …①

$(-2-a)^2+(3+a)^2=r^2$

より $2a^2+10a+13=r^2$ …②

①−②より $-16a+16=0$ よって $a=1$

これを①に代入すると $r^2=25$

ゆえに $\boldsymbol{(x-1)^2+(y+1)^2=25}$

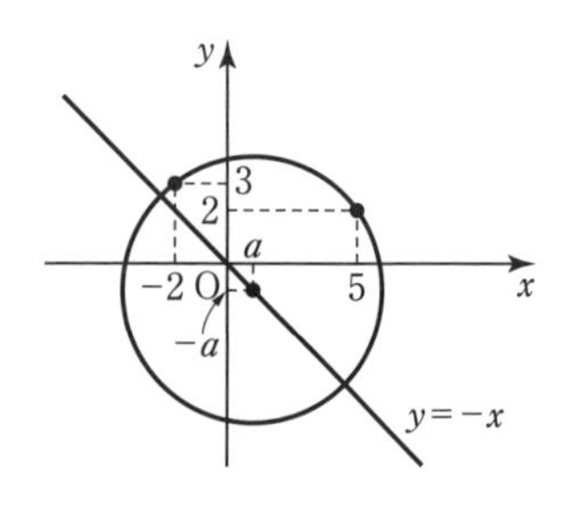

エクセル 円の方程式 ➡ 中心と半径が決まれば $(x-a)^2+(x-b)^2=r^2$ で解決

***136** 次の円の方程式を求めよ。 ↩ 例題57

(1) 中心 $(2,\ -1)$，半径 2 の円

(2) 中心が $(5,\ 2)$ で，点 $(4,\ -1)$ を通る円

(3) 中心が $(-3,\ 4)$ で，x 軸に接する円

(4) 2 点 $\mathrm{A}(4,\ -2)$，$\mathrm{B}(-2,\ 6)$ を直径の両端とする円

137 次の円の中心の座標と半径を求めよ。

*(1) $x^2+y^2+2x=0$

(2) $x^2+y^2+8x-6y=0$

*(3) $x^2+y^2-3x+5y+4=0$

(4) $4x^2+4y^2-24x+8y+15=0$

138 次の 3 点を通る円の方程式を求めよ。 ↩ 例題57

(1) $(-2,\ 0)$，$(8,\ 0)$，$(0,\ 4)$

*(2) $(-5,\ -1)$，$(3,\ 5)$，$(-1,\ -3)$

B

***139** 次の条件を満たす円の方程式を求めよ。 ↩ 例題58

(1) 中心が直線 $y=-x-1$ 上にあり，2 点 $(1,\ 1)$，$(2,\ 4)$ を通る円

(2) 直線 $y=x$ に関して，円 $x^2+y^2-4x+2y+4=0$ と対称な円

(3) 点 $(-2,\ 4)$ を通り，x 軸と y 軸両方に接する円

(4) 円 $(x-3)^2+(y-3)^2=2$ 上に中心があり，x 軸と y 軸両方に接する円

(5) 中心が点 $(4,\ -1)$ で，直線 $x+2y+3=0$ に接する円

140 3 直線 $x-7y+31=0$，$7x+y+17=0$，$4x-3y-1=0$ がつくる三角形の外接円の中心の座標と半径を求めよ。

141 方程式 $x^2+y^2-2kx-2y+2k^2-2k-2=0$ が円を表すように，定数 k の値の範囲を定めよ。また，半径の最大値を求めよ。

ヒント **139** (3) 求める円の中心は第 2 象限にある。

140 3 直線の交点を求め，その交点を通る円の方程式を求める。

21 円と直線，放物線と直線(1)

例題 59 円と直線の位置関係 類143,144

円 $x^2+y^2=5$ と直線 $y=3x+n$ との共有点の個数は，定数 n の値によってどのように変わるか調べよ。

解 $y=3x+n$ を $x^2+y^2=5$ に代入して整理すると

$10x^2+6nx+n^2-5=0$

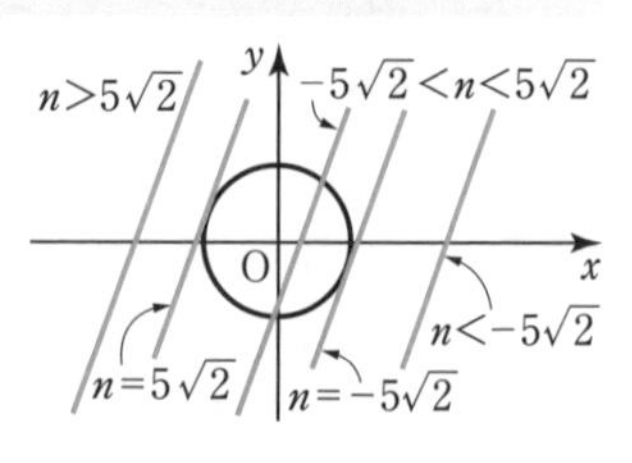

この 2 次方程式の判別式を D とすると

$$\frac{D}{4}=(3n)^2-10(n^2-5)=-(n+5\sqrt{2})(n-5\sqrt{2})$$

よって，共有点の個数は

$D>0$ すなわち $\boldsymbol{-5\sqrt{2}<n<5\sqrt{2}}$ のとき，**2 個**

$D=0$ すなわち $\boldsymbol{n=\pm5\sqrt{2}}$ のとき，**1 個**

$D<0$ すなわち $\boldsymbol{n<-5\sqrt{2},\ 5\sqrt{2}<n}$ のとき，**0 個**

(別解) 円の中心と直線 $3x-y+n=0$ との距離が半径に等しいときに接する。

点と直線の距離の公式より $\dfrac{|3\cdot0-0+n|}{\sqrt{3^2+(-1)^2}}=\sqrt{5}$

よって $|n|=5\sqrt{2}$ すなわち $n=\pm5\sqrt{2}$ を基準に分類。

エクセル 円と直線の共有点の個数 ➡ 判別式 D の符号で分類する
または点と直線の距離を利用する

例題 60 円の弦の長さ 類147

円 $(x-4)^2+(y+1)^2=5$ と直線 $x+y-1=0$ との 2 つの交点を P，Q とするとき，弦 PQ の長さを求めよ。

解 円の中心 $(4,\ -1)$ から直線までの距離 AH は

$$\mathrm{AH}=\frac{|4-1-1|}{\sqrt{1+1}}=\sqrt{2}$$

三平方の定理より $\mathrm{PH}=\sqrt{(\sqrt{5})^2-(\sqrt{2})^2}=\sqrt{3}$

よって $\mathrm{PQ}=2\mathrm{PH}=\boldsymbol{2\sqrt{3}}$

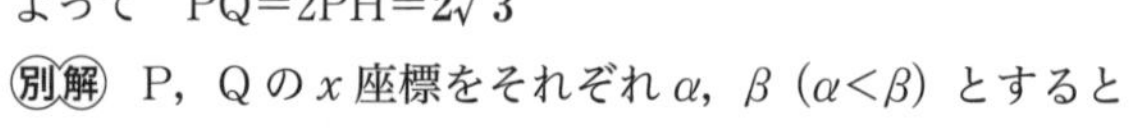

(別解) P，Q の x 座標をそれぞれ α，β $(\alpha<\beta)$ とすると

$x+y-1=0$ 上の点なので $\mathrm{P}(\alpha,\ -\alpha+1)$，$\mathrm{Q}(\beta,\ -\beta+1)$ より

$$\mathrm{PQ}^2=(\beta-\alpha)^2+\{(-\beta+1)-(-\alpha+1)\}^2=2(\beta-\alpha)^2$$

ここで，$y=-x+1$ を円の方程式に代入し，整理すると $2x^2-12x+15=0$

よって $x=\dfrac{6\pm\sqrt{6}}{2}$ であるから $\beta-\alpha=\dfrac{6+\sqrt{6}}{2}-\dfrac{6-\sqrt{6}}{2}=\sqrt{6}$

ゆえに $\mathrm{PQ}=\sqrt{2}\times\sqrt{6}=\boldsymbol{2\sqrt{3}}$

エクセル 円が切り取る弦の長さ ➡ 三平方の定理を使う

A

142 次の円と直線は共有点をもつか。共有点をもつ場合は，その座標を求めよ。

(1) $x^2+y^2=1$, $x+y=1$　　(2) $x^2+y^2-2y-1=0$, $x-2y+3=0$

(3) $x^2+y^2=5$, $2x-y-5=0$　　(4) $(x-1)^2+(y+2)^2=1$, $y=2x+1$

143 円 $x^2+y^2=2$ と直線 $y=x+a$ が共有点をもつように，定数 a の値の範囲を定めよ。

↩ 例題59

144 円 $(x-2)^2+y^2=1$ と直線 $y=ax+1$ との共有点の個数は，定数 a の値によってどのように変わるか調べよ。

↩ 例題59

***145** 次の放物線と直線で，共有点があればその座標を求めよ。

(1) $y=x^2$, $y=-2x+3$　　(2) $y=4x^2-x+2$, $y=3x+1$

***146** 次の放物線と直線との共有点の個数は，定数 a の値によってどのように変わるか調べよ。

(1) $y=x^2-2ax+1$, $y=2x-3$

(2) $y=x^2-2x-3$, $y=a(x-3)+1$

B

147 円 $(x-2)^2+y^2=9$ と直線 $y=x$ の 2 つの交点を A，B とするとき，弦 AB の長さを求めよ。

↩ 例題60

148 直線 $y=x+m$ が円 $x^2+y^2=3$ によって切り取られる弦の長さが 2 となるような定数 m の値を求めよ。

***149** 原点を通る直線が，放物線 $y=-x^2+3$ によって切り取られる線分の長さが $4\sqrt{5}$ であるとき，この直線の方程式を求めよ。

150 放物線 $(1+k)y=x^2+kx+2k$ は k の値にかかわらず定点を通る。その定点の座標を求めよ。ただし，$k \neq -1$ とする。

151 放物線 $y=x^2-2x$ と直線 $y=x+1$ の 2 つの交点と，点 $(4, 2)$ を通る放物線の方程式を求めよ。

152 放物線 $y=x^2$ に，点 A$(1, -3)$ から 2 本の接線を引き，その接点を B，C とする。次の問いに答えよ。

(1) 接線の方程式と接点の座標を求めよ。

(2) $\triangle$ABC の面積を求めよ。

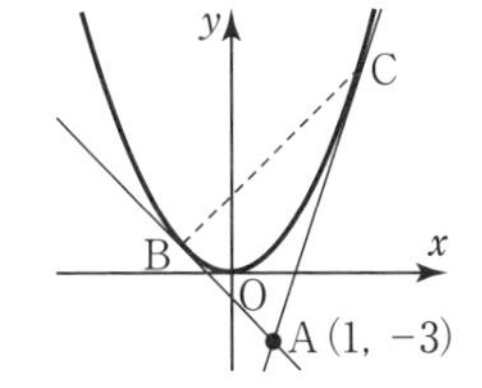

22 円の接線

例題 61 円上の与えられた点における接線の方程式 類153

円 $(x-3)^2+(y+2)^2=8$ 上の点 $(1,\ -4)$ における接線の方程式を求めよ。

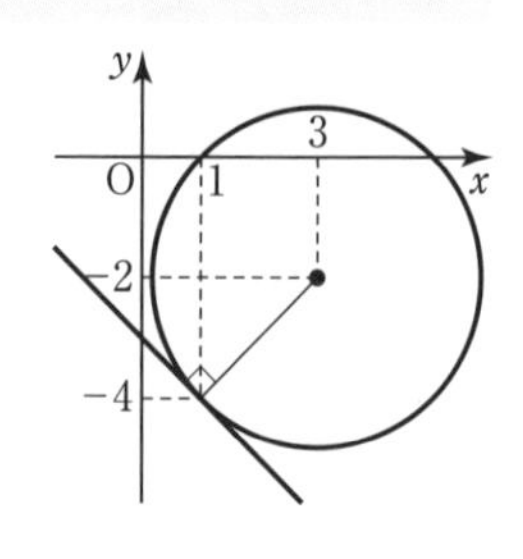

解 円の中心は $(3,\ -2)$ である。

接線は，接点 $(1,\ -4)$ と中心 $(3,\ -2)$ を結んだ直線に垂直である。

$(1,\ -4)$ と $(3,\ -2)$ を結んだ直線の傾きは

$\dfrac{-2-(-4)}{3-1}=1$ であるから，求める接線は，

傾き -1，点 $(1,\ -4)$ を通る直線である。

$y=-(x-1)-4$ より $\boldsymbol{y=-x-3}$

エクセル 円の接線は接点を通る半径に垂直である

中心が原点のとき ➡ 公式 $x_1x+y_1y=r^2$ を利用する

例題 62 円外の点から引いた接線の方程式 類156

点 $(1,\ 5)$ を通り，円 $x^2+y^2=13$ に接する直線の方程式を求めよ。

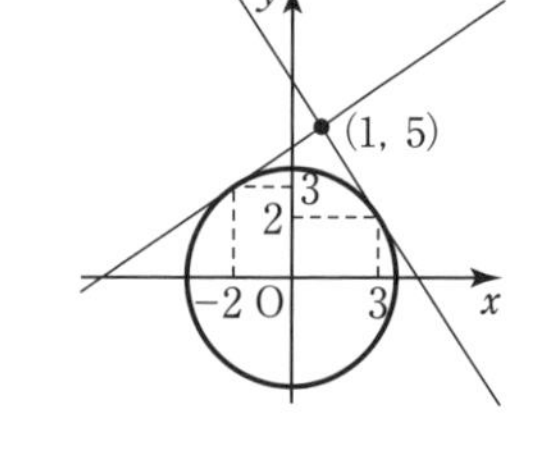

解 接点の座標を $(x_1,\ y_1)$ とすると，接線の方程式は

$x_1x+y_1y=13$ …①

この直線が点 $(1,\ 5)$ を通るから

$x_1+5y_1=13$ …②

また，$(x_1,\ y_1)$ は円上の点であるから

$x_1{}^2+y_1{}^2=13$ …③

②，③を連立させて解くと $\begin{cases} x_1=-2 \\ y_1=3 \end{cases}$，$\begin{cases} x_1=3 \\ y_1=2 \end{cases}$

①に代入して $\boldsymbol{-2x+3y=13,\ 3x+2y=13}$

別解 点 $(1,\ 5)$ を通り，傾き m の直線の方程式は $y=m(x-1)+5$

原点からこの直線までの距離が，円の半径 $\sqrt{13}$ に等しいから

$$\frac{|-m+5|}{\sqrt{m^2+(-1)^2}}=\sqrt{13}$$

$$(-m+5)^2=13(m^2+1)$$

$$(3m-2)(2m+3)=0$$

よって $m=\dfrac{2}{3},\ -\dfrac{3}{2}$ ゆえに $\boldsymbol{y=\dfrac{2}{3}x+\dfrac{13}{3},\ y=-\dfrac{3}{2}x+\dfrac{13}{2}}$

エクセル 円の接線の方程式 ➡「判別式 $D=0$」や公式 $x_1x+y_1y=r^2$ または

「点と直線の距離」の公式を利用する

153 次の円上の与えられた点における接線の方程式を求めよ。 ↩ 例題61

(1) $x^2+y^2=5$, 点 $(2,\ -1)$　(2) $x^2+y^2=9$, 点 $(2,\ -\sqrt{5})$

(3) $x^2+y^2=4$, 点 $(0,\ 2)$　(4) $x^2+y^2=25$, 点 $(5,\ 0)$

154 円 $x^2+y^2=1$ と直線 $y=-2x+k$ が接するように，定数 k の値を定めよ。

*__155__ 次の円の接線の方程式を求めよ。

(1) 円 $x^2+y^2=4$ に接し，傾きが 1

(2) 円 $x^2+y^2=1$ に接し，y 切片が 2

156 次の直線の方程式を求めよ。 ↩ 例題62

*(1) 点 $(7,\ -1)$ を通り，円 $x^2+y^2=25$ に接する直線

(2) 点 $(-2,\ 4)$ を通り，円 $x^2+y^2=10$ に接する直線

157 円 $x^2+y^2=4$ 上の 2 点 $(-1,\ \sqrt{3})$, $(\sqrt{3},\ -1)$ における 2 つの接線の交点の座標を求めよ。

B

*__158__ 次の接線の方程式を求めよ。

(1) 円 $(x-2)^2+(y+1)^2=25$ 上の点 $(-1,\ 3)$ における接線

(2) 点 $(4,\ 1)$ から円 $x^2+y^2+6x-4y-12=0$ に引いた接線

159 円 $x^2-4x+y^2+3=0$ に接する傾き 2 の直線の方程式とその接点の座標を求めよ。

160 点 A$(3,\ 1)$ から円 $x^2+y^2=4$ に 2 本の接線を引き，2 つの接点を B，C とする。このとき，次の問いに答えよ。

(1) AB の長さを求めよ。

(2) 2 つの接点 B，C を通る直線の方程式を求めよ。

(3) 3 点 A，B，C を通る円の方程式を求めよ。

ヒント **160** (2) 接点を B$(x_1,\ y_1)$，C$(x_2,\ y_2)$ とおくと，2 本の接線は $x_1x+y_1y=4$，$x_2x+y_2y=4$，点 A$(3,\ 1)$ を通るから $3x_1+y_1=4$，$3x_2+y_2=4$

Step UP
23 2つの円

Step UP 例題 63 円に接する円

点 C$(-1,\ -2)$ を中心とし，円 $(x-2)^2+(y-2)^2=4$ に接する円の方程式を求めよ。

解 与えられた円の中心は $(2,\ 2)$，半径は 2，点 C と円の中心との距離は 5 であるから，求める円の半径を r とすると，与えられた円が

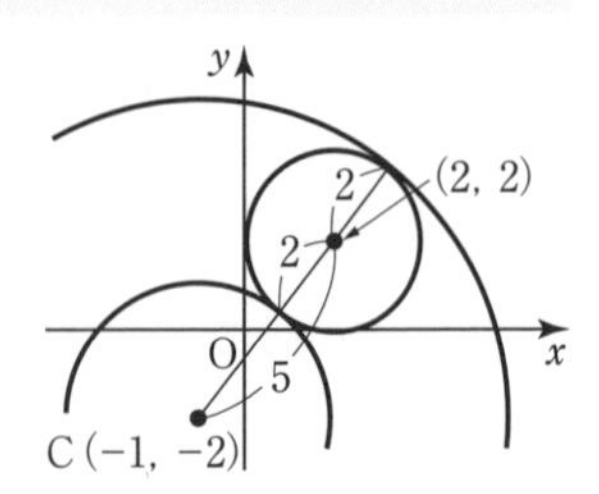

外接するとき　$r+2=5$　すなわち　$r=3$

内接するとき　$r-2=5$　すなわち　$r=7$

よって

$\boldsymbol{(x+1)^2+(y+2)^2=9,\ (x+1)^2+(y+2)^2=49}$

エクセル　2円の位置関係 ➡ 中心間の距離と半径の和・差を比較

---

*161　点 C$(-2,\ 5)$ を中心とし，円 $x^2+y^2-8x+6y+16=0$ に接する円の方程式を求めよ。

162　次の 2 円 C_1，C_2 が 2 点で交わるように，正の数 k の値の範囲を定めよ。

(1)　$C_1：x^2+y^2=9$　$C_2：(x-3)^2+(y-4)^2=k^2$

(2)　$C_1：(x-1)^2+y^2=1$　$C_2：x^2+(y-k)^2=36$

Step UP 例題 64 2曲線の共有点

次の 2 つの円の共有点の座標を求めよ。

$x^2+y^2=10,\ x^2+y^2+2x-2y=14$

解 共有点の座標は，次の連立方程式の実数解である。

$$\begin{cases} x^2+y^2=10 & \cdots① \\ x^2+y^2+2x-2y=14 & \cdots② \end{cases}$$

②−①より　$2x-2y=4$

よって　$y=x-2$

①に代入して整理すると

$x^2-2x-3=0$　より　$x=-1,\ 3$

$y=x-2$ に代入すると，$x=-1$ のとき $y=-3$，$x=3$ のとき $y=1$

ゆえに，共有点の座標は $\boldsymbol{(-1,\ -3),\ (3,\ 1)}$

エクセル　2曲線の共有点 ➡ 連立方程式の実数解を考える

---

*163　次の 2 つの曲線の共有点の座標を求めよ。

(1)　$x^2+y^2=10,\ x^2+y^2-4x+2y=0$　　(2)　$x^2+(y-1)^2=1,\ y=x^2$

Step UP 例題 65　2円の共有点を通る図形

2円 $C_1: x^2+y^2-4=0$, $C_2: x^2+y^2-4x+2y+2=0$ について，次の問いに答えよ。

(1)　C_1，C_2 の共有点と，点 $(3,\ 1)$ を通る円 C_3 の方程式を求めよ。

(2)　C_1，C_2 の共有点を通る直線(共通弦)の方程式を求めよ。

解　2円 C_1，C_2 は交わるから，共有点を通る図形の方程式は

$(x^2+y^2-4)+k(x^2+y^2-4x+2y+2)=0$　…①

とおける。

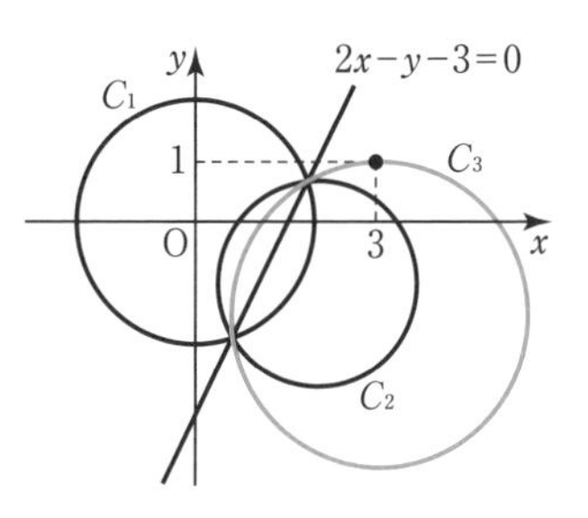

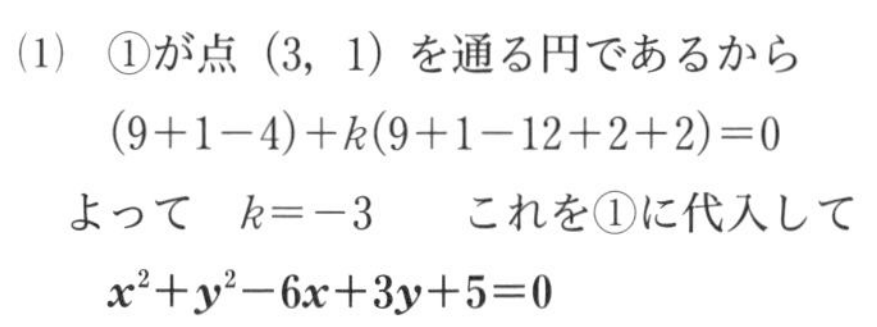

(1)　①が点 $(3,\ 1)$ を通る円であるから

$(9+1-4)+k(9+1-12+2+2)=0$

よって　$k=-3$　　これを①に代入して

$\boldsymbol{x^2+y^2-6x+3y+5=0}$

(2)　①に $k=-1$ を代入して　$\boldsymbol{2x-y-3=0}$

エクセル　$(x^2+y^2+ax+by+c)+k(x^2+y^2+a'x+b'y+c')=0$

➡ 2円の共有点を通る図形（$k \neq 1$ のとき円，$k=1$ のとき直線）

---

*164　2円 $C_1: x^2+y^2-2x-3=0$, $C_2: x^2+y^2-8x-2y+8=0$ について，次の問いに答えよ。

(1)　2つの共有点を通る直線の方程式を求めよ。

(2)　2つの共有点と，点 $(1,\ 4)$ を通る円 C_3 の方程式を求めよ。

Step UP 例題 66　2円の共通接線

2円 $C_1: x^2+y^2=4$, $C_2: (x-5)^2+y^2=25$ の共通接線の方程式を求めよ。

解　共通接線を $y=mx+n$ とすると，2円 C_1，C_2 と接するから

$\dfrac{|n|}{\sqrt{m^2+1}}=2$　…①　　$\dfrac{|5m+n|}{\sqrt{m^2+1}}=5$　…②

①×5−②×2　より

$5|n|=2|5m+n|$　　よって　$5n=\pm 2(5m+n)$

ゆえに　$10m=3n$　…③　または　$10m=-7n$　…④

①を2乗して　$n^2=4(m^2+1)$　…⑤

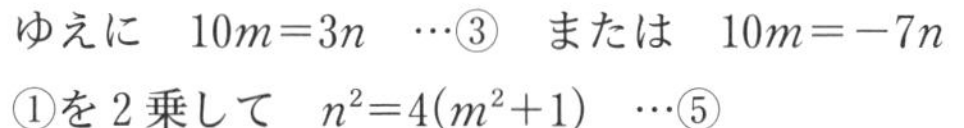

③と⑤より　$m=\pm\dfrac{3}{4}$，$n=\pm\dfrac{5}{2}$（複号同順）　④，⑤からの実数解はない。

よって　$\boldsymbol{y=\dfrac{3}{4}x+\dfrac{5}{2}}$，$\boldsymbol{y=-\dfrac{3}{4}x-\dfrac{5}{2}}$

165　次の2円の共通接線のうち，傾きが正であるものの方程式を求めよ。

*(1)　$x^2+y^2=1$，$(x-4)^2+y^2=1$　　(2)　$x^2+y^2=1$，$x^2+y^2-6y=0$

Step UP 24

円と直線，放物線と直線(2)

Step UP 例題 67　円上の点と直線上の点との距離

円 $C: x^2+y^2=5$ 上の点を P，直線 $l: x+2y-10=0$ 上の点を Q とする。線分 PQ の長さの最小値と，そのときの点 P の座標を求めよ。

解　直線 l に垂直で円 C の中心 $(0,\ 0)$ を通る直線 $y=2x$ を l' とする。
l' と C の交点を P，l' と l の交点を Q とするとき，PQ の長さは最小になる。

$\mathrm{OQ}=\dfrac{|-10|}{\sqrt{1^2+2^2}}=2\sqrt{5}$　より

$\mathrm{PQ}=\mathrm{OQ}-\mathrm{OP}=2\sqrt{5}-\sqrt{5}=\sqrt{5}$

また，このとき $y=2x$，$x^2+y^2=5$ を連立して

$x=\pm1$，$y=\pm2$（複号同順）

右の図より　**P(1，2)**

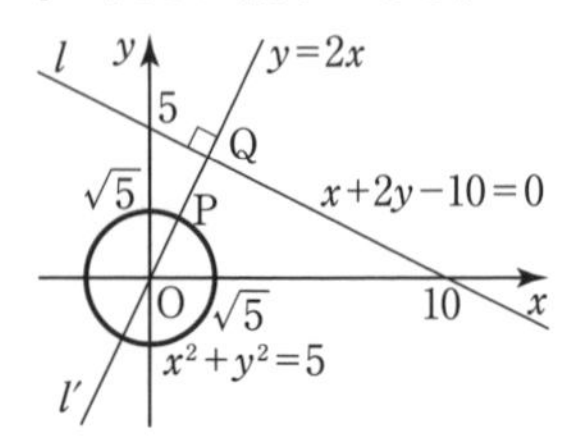

*166　円 $(x+2)^2+(y+1)^2=10$ 上の点を P，直線 $y=-\dfrac{1}{3}x+5$ 上の点を Q とする。線分 PQ の長さの最小値と，そのときの点 P，Q の座標を求めよ。

Step UP 例題 68　放物線上の点と直線上の点との距離

放物線 $y=x^2+2x$ 上の点と直線 $x-y=1$ 上の点を結ぶ線分の長さの最小値を求めよ。

解　放物線上の任意の点を P とし，その x 座標を t とおくと，点 P の座標は $(t,\ t^2+2t)$ とおける。
直線 $x-y=1$ と点 P の距離を d とする。

$d=\dfrac{|t-t^2-2t-1|}{\sqrt{1^2+(-1)^2}}=\dfrac{1}{\sqrt{2}}\left|-\left(t+\dfrac{1}{2}\right)^2-\dfrac{3}{4}\right|$

よって，$t=-\dfrac{1}{2}$ のとき d は最小となる。

ゆえに　d の最小値は $\dfrac{1}{\sqrt{2}}\left|-\dfrac{3}{4}\right|=\dfrac{3}{4\sqrt{2}}=\boldsymbol{\dfrac{3\sqrt{2}}{8}}$

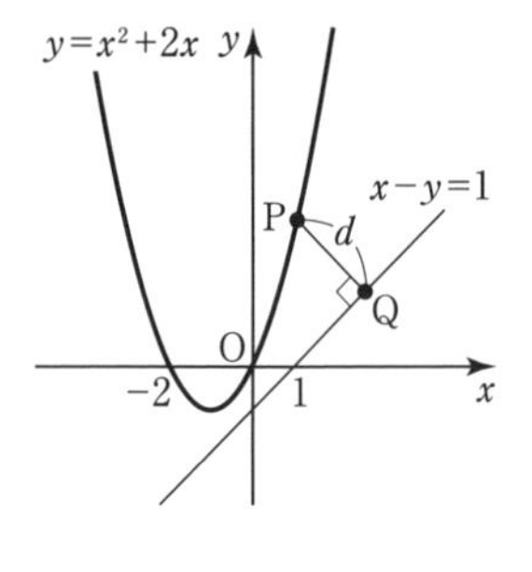

エクセル　曲線上の点を変数 t を用いて表す

*167　放物線 $y=-x^2+4$ 上に定点 A$(-2,\ 0)$，B$(1,\ 3)$ をとる。点 P が，放物線上の AB 間を動くとき，△ABP の面積を最大にする点 P の座標を求めよ。

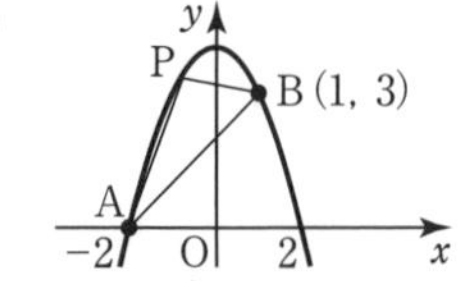

168　放物線 $y=x^2$ 上の点 P と，y 軸上の定点 A$(0,\ a)$ を結ぶ線分 AP の長さの最小値を求めよ。

Step UP 例題 69　放物線と線分が交わる条件

2 定点 A$(-1,\ 1)$, B$(2,\ 4)$ と放物線 $y=x^2-(a-1)x+3$ がある。この放物線が線分 AB と両端を除く 2 点で交わるように，定数 a の値の範囲を定めよ。

解　直線 AB の方程式は　$y=x+2$　…①

放物線の方程式は

$$y=x^2-(a-1)x+3 \quad \cdots ②$$

①と②が $-1<x<2$ の範囲で解を 2 つもてばよい。

①，②より　$x^2-(a-1)x+3=x+2$

$$x^2-ax+1=0$$

ここで，$f(x)=x^2-ax+1$　とおいて，

$y=f(x)$ のグラフが $-1<x<2$ で，x 軸と異なる 2 点で交わる条件を考える。

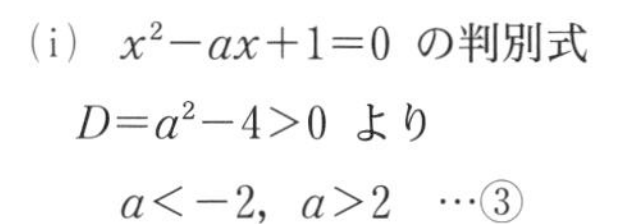

(i)　$x^2-ax+1=0$ の判別式

$D=a^2-4>0$ より

$a<-2,\ a>2$　…③

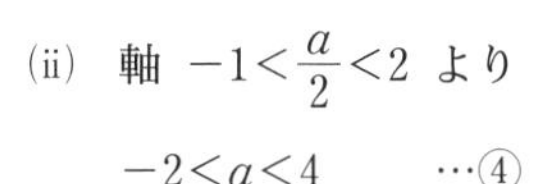

(ii)　軸 $-1<\dfrac{a}{2}<2$ より

$-2<a<4$　…④

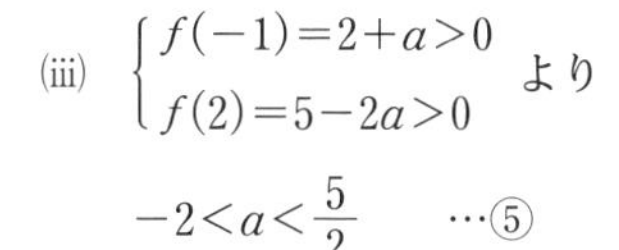

(iii)　$\begin{cases} f(-1)=2+a>0 \\ f(2)=5-2a>0 \end{cases}$ より

$-2<a<\dfrac{5}{2}$　…⑤

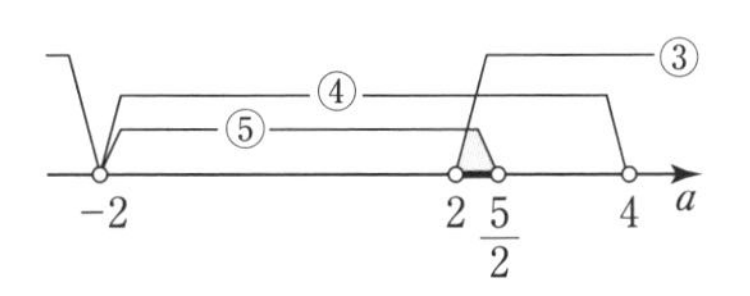

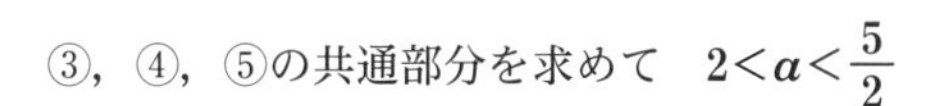

③，④，⑤の共通部分を求めて　$\boldsymbol{2<a<\dfrac{5}{2}}$

***169**　直線 $y=x$ 上に 3 つの定点 O$(0,\ 0)$, A$(2,\ 2)$, B$(3,\ 3)$ がある。放物線 $y=x^2-ax+1$ が直線 $y=x$ と OA 間に 1 点，AB 間に 1 点を共有するように，定数 a の値の範囲を定めよ。

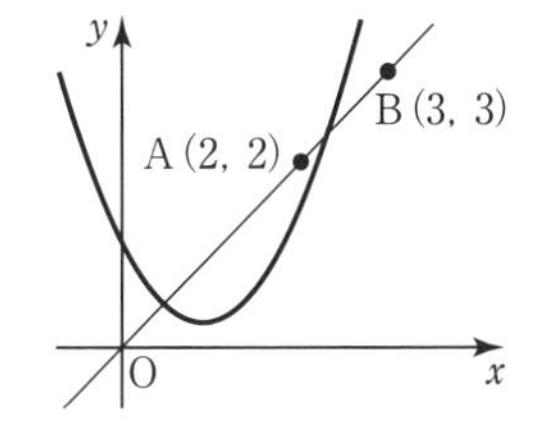

170　放物線 $y=x^2$ と円 $x^2+(y-a)^2=a^2$ $(a>0)$ が原点以外にも共有点をもつように，定数 a の値の範囲を定めよ。

ヒント　**169**　$x^2-ax+1=x$ の方程式が，$0<x<2$，$2<x<3$ の間に 1 つずつ解をもつ条件を考える。

25 軌跡と方程式

例題 70　2定点から等距離にある点の軌跡　類171

2点 A$(-1,\ 2)$，B$(3,\ -1)$ から等距離にある点Pの軌跡を求めよ。

解　点 P$(x,\ y)$ とする。点Pは

2点 A$(-1,\ 2)$，B$(3,\ -1)$ から等距離にあるから

　AP$=$BP　　よって　AP$^2=$BP^2

ゆえに　　$(x+1)^2+(y-2)^2=(x-3)^2+(y+1)^2$

整理すると　$8x-6y-5=0$

したがって，求める軌跡は，直線 $\boldsymbol{8x-6y-5=0}$

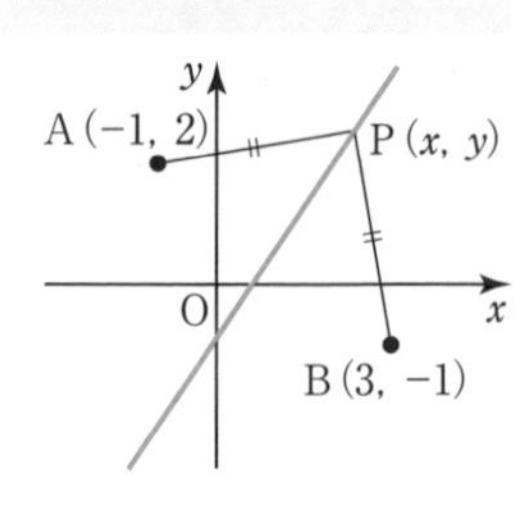

エクセル　点Pの軌跡 ➡ P$(x,\ y)$ とおき，条件から x，y の関係式をつくる

例題 71　2点からの距離条件を満たす点の軌跡　類173

2点 A$(-1,\ 0)$，B$(2,\ 0)$ に対し，PA：PB$=2:1$ を満たす点 P$(x,\ y)$ の軌跡を求めよ。

解　PA$=$2PB の両辺を2乗すると　PA$^2=$4PB^2

$(x+1)^2+y^2=4\{(x-2)^2+y^2\}$

$x^2+2x+1+y^2=4x^2-16x+16+4y^2$

$x^2+y^2-6x+5=0$　　よって　$(x-3)^2+y^2=4$

ゆえに，求める軌跡は，中心 $(3,\ 0)$，半径2の円

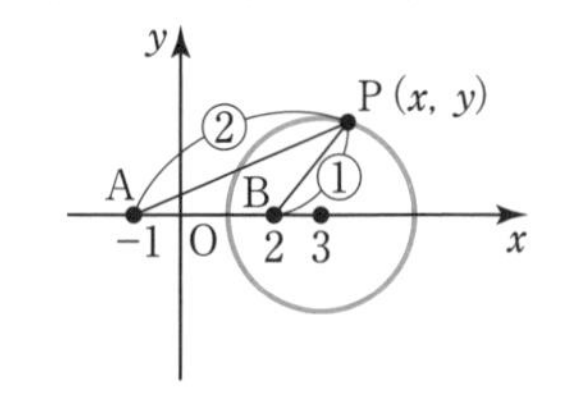

エクセル　距離の関係で動く点P ➡ P$(x,\ y)$ とおいて，距離の公式を使う

例題 72　動点によって定まる点の軌跡　類176,177

原点Oと円 $(x-4)^2+y^2=4$ がある。点Pがこの円上を動くとき，線分OPの中点Qの軌跡を求めよ。

解　P$(s,\ t)$，Q$(x,\ y)$ とおくと，

Pは円上を動くから　$(s-4)^2+t^2=4$　…①

QはOPの中点より　$x=\dfrac{s}{2}$　すなわち　$s=2x$　…②

$y=\dfrac{t}{2}$　すなわち　$t=2y$　…③

②，③を①に代入して　$(2x-4)^2+4y^2=4$

よって，求める軌跡は，円 $\boldsymbol{(x-2)^2+y^2=1}$

両辺を4で割るとき $(\ \ )^2$ 内は2で割る

エクセル　動点 $(s,\ t)$ にともなう点 $(x,\ y)$ の軌跡 ➡ s，t を消去して x，y の関係式を導く

*171　2点 A$(-4,\ 1)$，B$(2,\ 4)$ から等距離にある点Pの軌跡を求めよ。

↩ 例題70

172　x，y が変数 t を用いて次のように表されるとき，点 $(x,\ y)$ はどのような図形上にあるか。

(1) $\begin{cases} x=t-1 \\ y=3t+1 \end{cases}$　　*(2) $\begin{cases} x=2t+1 \\ y=2t^2-3t \end{cases}$

173　次の条件を満たす点Pの軌跡を求めよ。

↩ 例題71

*(1) A$(1,\ 0)$，B$(6,\ 0)$ とするとき，PA : PB$=3:2$ を満たす点P

(2) A$(-3,\ 0)$，B$(1,\ 0)$ とするとき，PA : PB$=1:2$ を満たす点P

174　次の条件を満たす点Pの軌跡を求めよ。

(1) A$(2,\ 1)$，B$(-2,\ 3)$ とするとき，$\text{PA}^2+\text{PB}^2=12$ を満たす点P

(2) 3点 A$(0,\ 0)$，B$(4,\ 0)$，C$(0,\ 4)$ とするとき，$2\text{AP}^2=\text{BP}^2+\text{CP}^2$ を満たす点P

B

*175　次の方程式を求めよ。

(1) 定点 A$(0,\ 2)$ と x 軸から等距離にある点Pの軌跡

(2) 2直線 $x-3y+3=0$ と $3x+y-1=0$ のなす角の二等分線

176　点 A$(2,\ 0)$ と放物線 $y=x^2+2x+4$ がある。点Pが放物線上を動くとき，線分APの中点Mの軌跡を求めよ。

↩ 例題72

*177　点 A$(4,\ 1)$ と円 $(x+2)^2+(y-1)^2=9$ がある。点Pが円上を動くとき，線分APを $2:1$ に内分する点Qの軌跡を求めよ。

↩ 例題72

178　実数 a が変化するとき，点 A$(a,\ 8)$，B$(8,\ a)$ を結ぶ線分ABを $3:1$ に外分する点Pの軌跡を求めよ。

179　次の軌跡を求めよ。

(1) 2定点A，Bを通る円の中心の軌跡

(2) 2定点A，Bに対し，$\angle\text{APB}=90^\circ$ を満たしながら動く点Pの軌跡

ヒント　175 (2) 角の二等分線は，2直線から等しい距離にある点の集合。

Step UP 26

動点によって定まる点の軌跡

Step UP 例題 73 円上の動点と 2 定点によって定まる点の軌跡

2 点 A(5, −3), B(1, 6) と円 $x^2+y^2=9$ がある。点 P がこの円周上を動くとき，△ABP の重心 G の軌跡を求めよ。

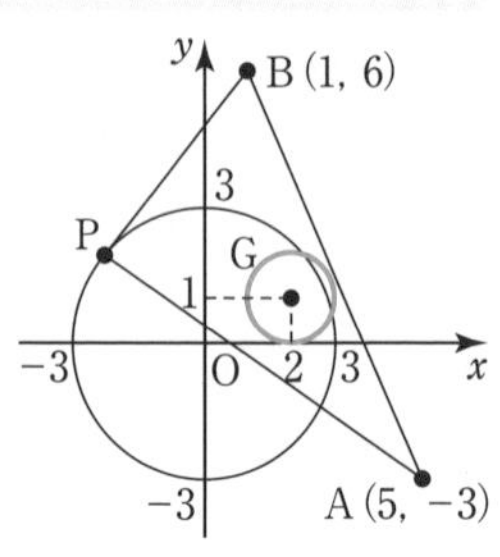

解 P, G の座標をそれぞれ P(s, t), G(x, y) とすると，

P は円周上の点であるから　$s^2+t^2=9$ …①

G は重心であるから

$x=\dfrac{5+1+s}{3}$ …②　　$y=\dfrac{-3+6+t}{3}$ …③

②より　$s=3x-6$, ③より　$t=3y-3$

これらを①に代入して　$(3x-6)^2+(3y-3)^2=9$

よって　$(x-2)^2+(y-1)^2=1$　　ゆえに，**中心 (2, 1)，半径 1 の円**

エクセル 動点 (s, t) にともなう点 (x, y) の軌跡 ➡ s, t を消去して x, y の関係式を導く

*__180__ 2 点 A(0, 6), B(6, −6) と円 $x^2+y^2=4$ がある。点 P がこの円周上を動くとき，△ABP の重心 G の軌跡を求めよ。

Step UP 例題 74 放物線の頂点の軌跡

実数 a の値が変化するとき，放物線 $y=x^2-2ax+2a$ の頂点の軌跡を求めよ。

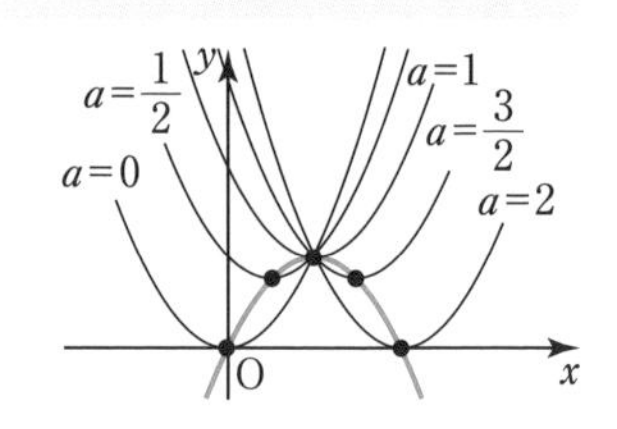

解 $y=(x-a)^2-a^2+2a$ より

頂点を (x, y) とおくと

$x=a$, $y=-a^2+2a$

a を消去して　$y=-x^2+2x$

よって，**放物線 $y=-x^2+2x$**

エクセル 変数で表される点 (x, y) の軌跡 ➡ 変数を消去して x, y の関係式を導く

*__181__ 実数 a の値が変化するとき，放物線 $y=-x^2+2ax+1$ の頂点の軌跡を求めよ。

182 放物線 $y=x^2-2ax+a$ のグラフが x 軸と異なる 2 点で交わるように実数 a の値が変化するとき，頂点の軌跡を求めよ。

183 $C:x^2+y^2+2ax-2(a+1)y+3a^2-2=0$ について，次の問いに答えよ。

(1) C が円を表すとき，a の値の範囲を定めよ。

(2) (1)の範囲で実数 a の値が変化するとき，円の中心の軌跡を求めよ。

Step UP 例題 75　放物線によって切り取られる線分の中点の軌跡

点 $(-1,\ 0)$ を通り，放物線 $y=x^2$ と2点A，Bで交わる直線を引く。線分ABの中点Mの軌跡を求めよ。

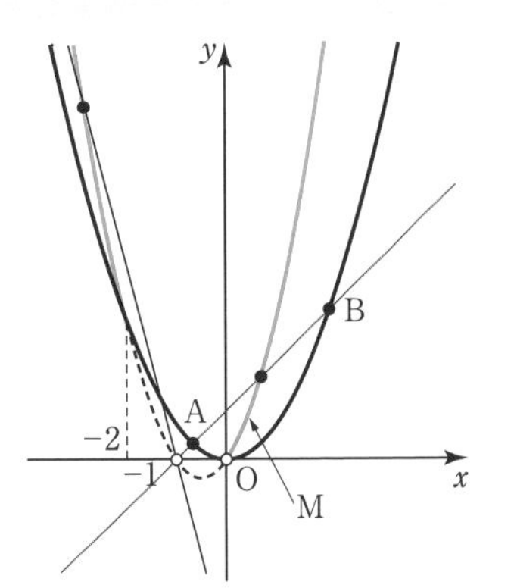

解　$(-1,\ 0)$ を通る直線の傾きを m とすると，
直線の方程式は　$y=m(x+1)$
これを $y=x^2$ に代入して　$m(x+1)=x^2$
整理すると　$x^2-mx-m=0$　…①
$y=m(x+1)$ と $y=x^2$ が2点で交わるためには
①が異なる2つの解をもたなければならない。
①の判別式を D とすると
$D=m^2+4m=m(m+4)>0$
より　$m<-4,\ 0<m$　…②
①の2つの解を $\alpha,\ \beta$ とすると
$\alpha+\beta=m,\ \alpha\beta=-m$　　解と係数の関係
ABの中点を $M(x,\ y)$ とおくと，A，Bの x 座標はそれぞれ $\alpha,\ \beta$ であるから
$x=\dfrac{\alpha+\beta}{2}=\dfrac{m}{2}$　すなわち　$m=2x$　…③
また，Mは直線 $y=m(x+1)$ 上の点であるから
$y=m(x+1)$　…④
③を④に代入して整理すると　$y=2x^2+2x$
また，③を②に代入して整理すると　　②で求めた m の条件を忘れやすいので注意する
$x<-2,\ 0<x$
よって，放物線 $\boldsymbol{y=2x^2+2x}$ $\boldsymbol{(x<-2,\ 0<x)}$

***184**　原点を通る直線が円 $(x-3)^2+y^2=25$ によって切り取られる弦ABの中点Pの軌跡を求めよ。

185　実数 k が変化するとき，2直線 $kx+y=-k$，$x-ky=1$ の交点の軌跡を求めよ。

186　実数 m が変化するとき，点 $A(1,\ 0)$ の直線 $y=mx$ に関して対称な点 $P(x,\ y)$ の軌跡を求めよ。

ヒント　**185**　直接 k を消去して，x，y の関係式を導く。または，2直線は定点を通り，互いに垂直なことから図形的に求める。
186　StepUp 例題54の対称点の求め方で x，y，m の関係式をつくる。

27 不等式の表す領域

例題 76 不等式の表す領域

類187,188

次の不等式の表す領域を図示せよ。

(1) $x+2y-2>0$　　(2) $x^2+y^2+2x \geqq 0$

解 (1) $y>-\frac{1}{2}x+1$ より

直線 $y=-\frac{1}{2}x+1$ の上側

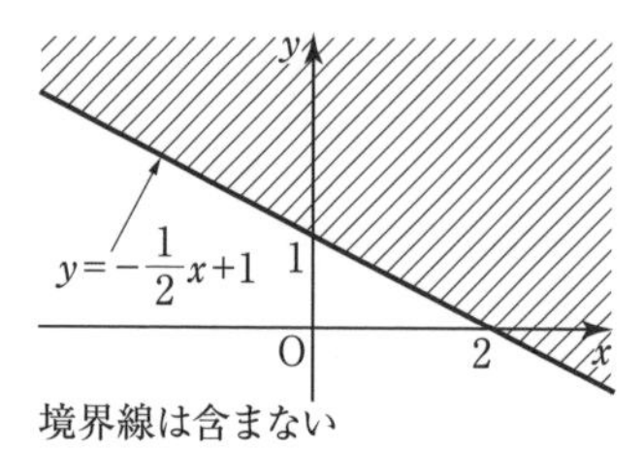

(2) $(x+1)^2+y^2 \geqq 1$ より

円 $(x+1)^2+y^2=1$ の周および外部

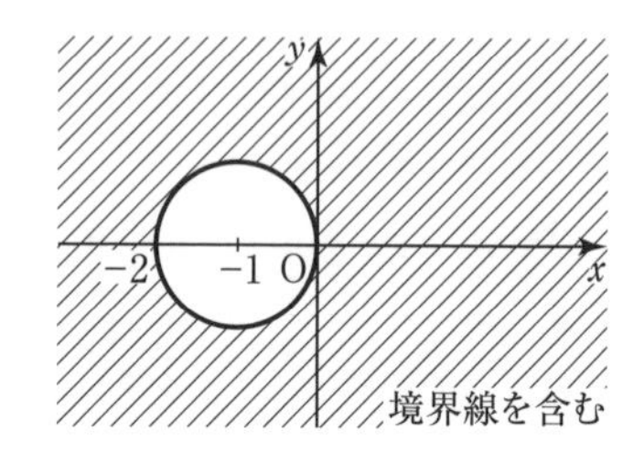

例題 77 連立不等式の表す領域

類189,190,192

次の不等式の表す領域を図示せよ。

(1) $\begin{cases} x+2y-2 \geqq 0 \\ 2x-y+2 \geqq 0 \end{cases}$　　(2) $(x+2y-2)(2x-y+2)>0$

解 (1) $x+2y-2 \geqq 0$ かつ $2x-y+2 \geqq 0$ より

$y \geqq -\frac{1}{2}x+1$ かつ $y \leqq 2x+2$ である。

よって，下の図の斜線部分。ただし，境界線を含む。

(2) $\begin{cases} x+2y-2>0 \\ 2x-y+2>0 \end{cases}$ または $\begin{cases} x+2y-2<0 \\ 2x-y+2<0 \end{cases}$ である。

よって，下の図の斜線部分。ただし，境界線は含まない。

領域

$y>f(x)$ は
曲線 $y=f(x)$ の上側
$y<f(x)$ は
曲線 $y=f(x)$ の下側

(1)

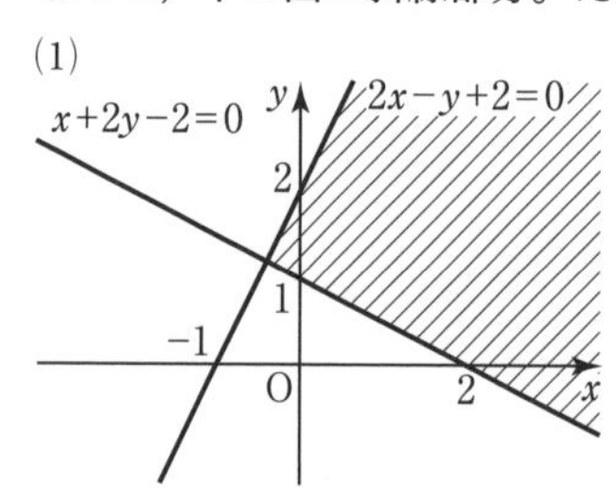

(2)

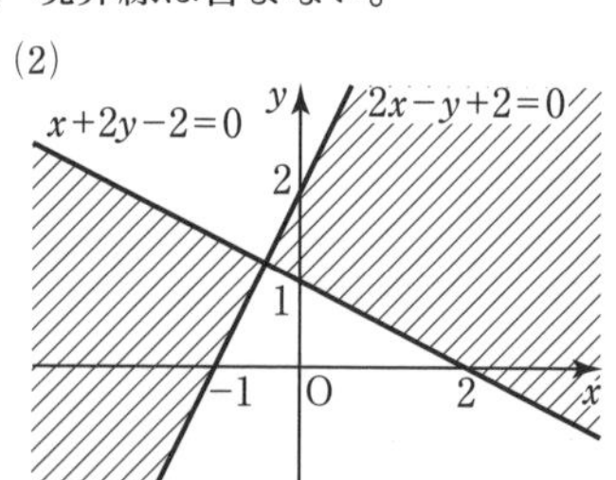

エクセル 不等式 $\begin{matrix} AB>0 \\ AB<0 \end{matrix}$ の表す領域 ➡ $\begin{matrix} A>0,\ B>0 \text{ または } A<0,\ B<0 \\ A>0,\ B<0 \text{ または } A<0,\ B>0 \end{matrix}$

A

***187** 次の不等式の表す領域を図示せよ。 ↩ 例題76

(1) $y>2x-1$　(2) $x-2y+2 \leqq 0$　(3) $y>-1$

(4) $x \leqq 2$　(5) $x^2+y^2<4$　(6) $y \geqq x^2-2$

***188** 次の不等式の表す領域を図示せよ。 ↩ 例題76

(1) $x^2+y^2-2x+4y-4 \leqq 0$　(2) $x^2+y^2>-4x+6y-9$

(3) $y<2x^2+4x+3$　(4) $y \leqq -x^2+6x-4$

***189** 次の連立不等式の表す領域を図示せよ。 ↩ 例題77

(1) $\begin{cases} x+2y-4 \geqq 0 \\ 3x-y-4 \geqq 0 \end{cases}$　(2) $\begin{cases} x+y>0 \\ x^2+y^2<9 \end{cases}$　(3) $\begin{cases} y<2x+2 \\ y>x^2 \end{cases}$

190 次の不等式の表す領域を図示せよ。 ↩ 例題77

(1) $-2<3x-y<2$　(2) $4 \leqq x^2+y^2<16$

***191** 次の図の斜線部分の領域(境界線は含まない)を表す連立不等式を求めよ。

(1)

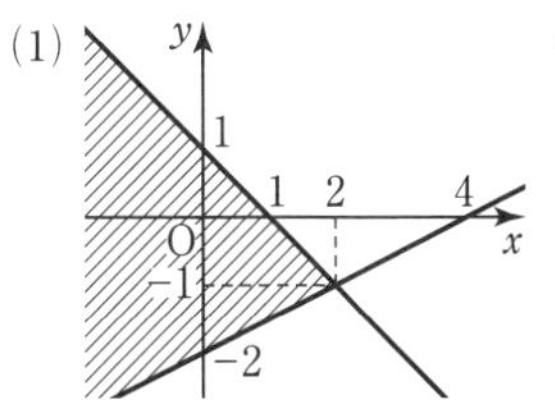

(2)

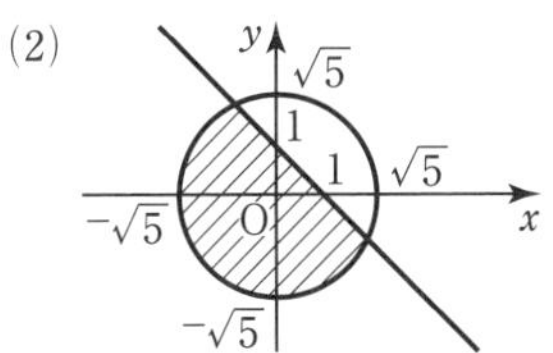

(3)

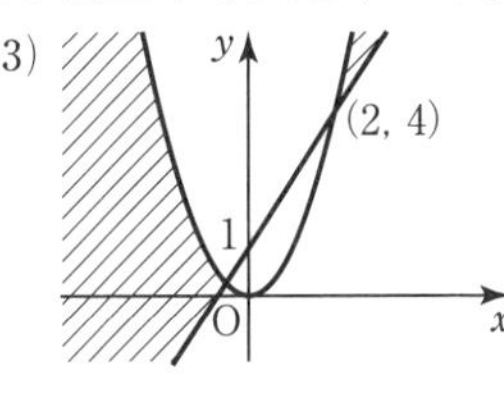

B

***192** 次の不等式の表す領域を図示せよ。 ↩ 例題77

(1) $(x-2y+4)(3x+y-9)<0$　(2) $x^2-y^2>0$

193 不等式 $y>|x-1|$ の表す領域を図示せよ。

194 3点 A(1, 5), B(3, 1), C(5, 7) を頂点とする三角形の内部を連立不等式で表せ。

195 次の連立不等式を満たす整数の組 $(x,\ y)$ は何個あるか答えよ。

(1) $y \leqq 2x+6,\ x \leqq 0,\ y \geqq 0$　(2) $y \geqq x^2-4,\ y \leqq x+2$

ヒント **193** (i) $x \geqq 1$ と(ii) $x<1$ で場合分けして考える。

195 (1) $x=k$ $(k=-3,\ -2,\ -1,\ 0)$ 上の整数の組 $(x,\ y)$ を数える。このような整数の組 $(x,\ y)$ で表される点を格子点という。

Step UP 28

領域における最大・最小

Step UP 例題 78　領域における最大・最小(1)

x, y が次の4つの不等式

$x \geqq 0$, $y \geqq 0$, $2x+y \leqq 4$, $x+2y \leqq 5$

を満たすとき，次の式の最大値と最小値を求めよ。

(1) $x+y$　　(2) $3x+y$

解　不等式の表す領域を図示すると，右の図のようになる。

この領域を D とする。

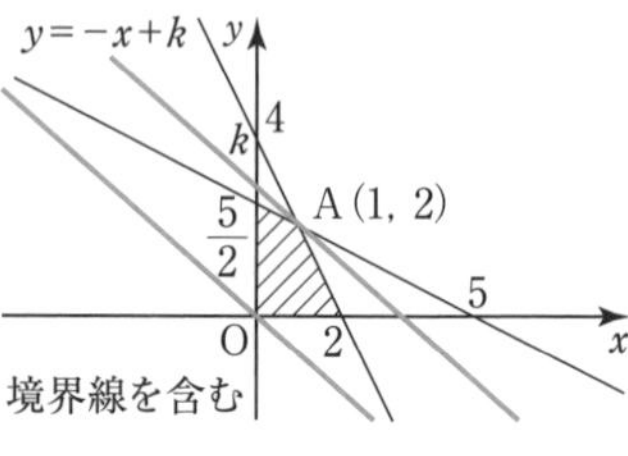

(1) $x+y=k$ とおくと，$y=-x+k$ より，

この式は，傾きが -1，y 切片が k の直線を表す。この直線が領域 D と共有点をもつような k の最大値と最小値を考える。

図より，$y=-x+k$ が

(1, 2) を通るとき k は最大，(0, 0) を通るとき k は最小

よって　$x=1$, $y=2$ のとき　**最大値 3**

$x=0$, $y=0$ のとき　**最小値 0**

(2) $3x+y=k$ とおくと，$y=-3x+k$ より，

この式は傾きが -3，y 切片が k の直線である。図より，$y=-3x+k$ が

(2, 0) を通るとき k は最大，　傾き $-3<-2$

(0, 0) を通るとき k は最小

$x=2$, $y=0$ のとき　**最大値 6**

$x=0$, $y=0$ のとき　**最小値 0**

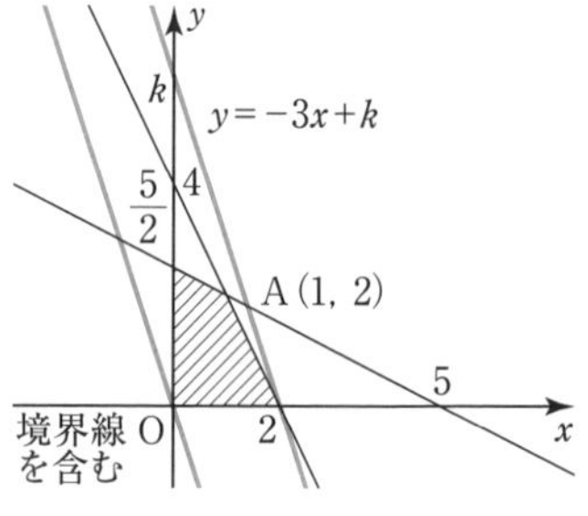

エクセル　領域と最大・最小 ➡ 直線の傾きと端点・接点に注目する

196　x, y が $x \geqq 0$, $y \geqq 0$, $x+2y \leqq 6$, $2x+y \leqq 6$ を満たすとき，$x+y$ の最大値と最小値を求めよ。

*__197__　$x \geqq 0$, $y \geqq 0$, $x+3y \leqq 15$, $2x+y \leqq 10$ を満たす領域を D とし，点 (x, y) はこの領域 D 内を動くものとする。次の問いに答えよ。

(1) 領域 D を図示せよ。

(2) $3x+2y$ の最大値を求めよ。

(3) a を実数とするとき，$ax+y$ の最大値を求めよ。

ヒント　**197** (3) (i) $-a \leqq -2$　(ii) $-2 \leqq -a \leqq -\frac{1}{3}$　(iii) $-\frac{1}{3} \leqq -a$ で場合分けをする。

Step UP 例題 79　領域における最大・最小(2)

x，y が次の 3 つの不等式

$x \leqq 2$，$y \leqq 2$，$x+y \geqq 2$

を満たすとき，次の式の最大値と最小値を求めよ。

(1)　$2x+y$　　　　(2)　x^2+y^2

解　領域を図示すると，右の図のようになる。

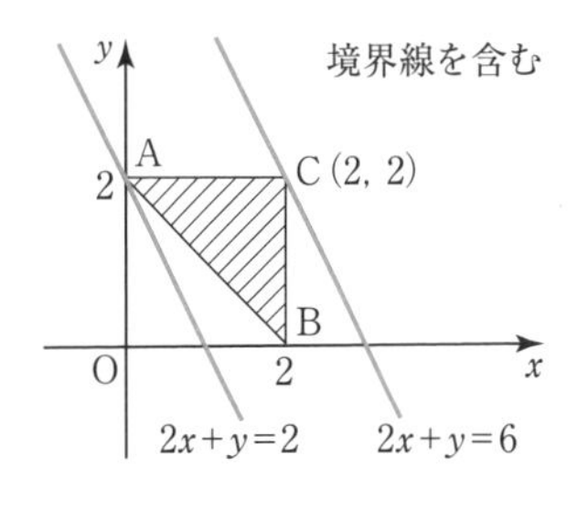

(1)　$2x+y=k$ とおくと　$y=-2x+k$ より，

この式は傾き -2，y 切片 k の直線を表す。

図より，k が最大となるのは，点 C(2, 2) を通るときであるから　$k=2\cdot2+2=6$

同様に，k が最小となるのは，点 A(0, 2) を通るときであるから　$k=2\cdot0+2=2$

したがって　$x=2$，$y=2$ のとき　**最大値 6**

$x=0$，$y=2$ のとき　**最小値 2**

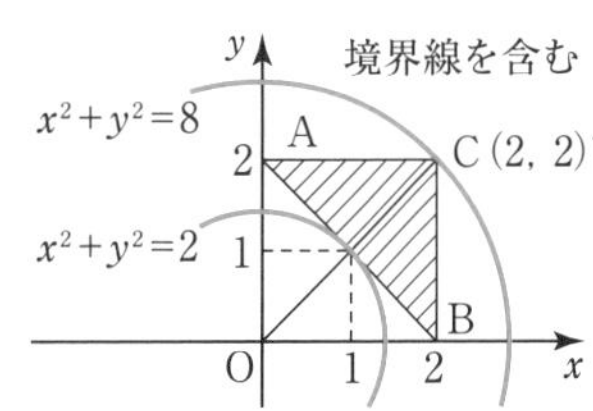

(2)　$x^2+y^2=k$ とおくと，この式は

原点が中心で半径 $\sqrt{k}$ の円を表す。

図より，k が最大となるのは，点 C(2, 2) を通るときである。

このとき　$k=2^2+2^2=8$

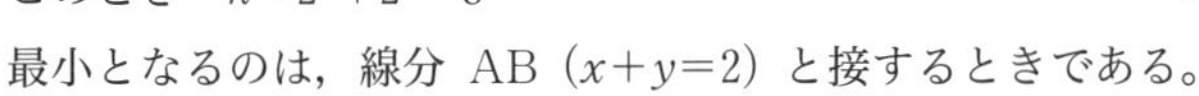

最小となるのは，線分 AB ($x+y=2$) と接するときである。

このとき　$\sqrt{k}=\dfrac{|-2|}{\sqrt{1^2+1^2}}=\sqrt{2}$　より　$k=2$　　点と直線の距離

また，その接点は，連立方程式 $\begin{cases} x^2+y^2=2 \\ x+y=2 \end{cases}$ の解であるから　(1, 1)

よって　$x=2$，$y=2$ のとき　**最大値 8**

$x=1$，$y=1$ のとき　**最小値 2**

198　x，y が $2x+y-5 \geqq 0$ を満たすとき，x^2+y^2 の最小値を求めよ。

199　x，y が $x^2+y^2-4x-6y+12 \leqq 0$ を満たすとき，$\dfrac{y}{x}$ のとりうる値の範囲を求めよ。

*__200__　x，y が $x+y-2 \geqq 0$，$x-y-2 \leqq 0$，$y \leqq 3$ を満たすとき，次の式の最大値と最小値を求めよ。また，そのときの x，y の値を求めよ。

(1)　$(x+1)^2+y^2$　　　　(2)　$y-x^2$

Step UP 29 不等式と領域の応用

Step UP 例題 80 線形計画法

ある会社の製品 P，Q をそれぞれ 1 kg 生産するのに必要な原料 A，B と，その利益は下の表の通りである。いま，原料 A の在庫が 8 kg，原料 B の在庫が 9 kg であるとき，次の問いに答えよ。

(1) 製品 P，Q の製造量を x kg，y kg とするとき，x，y の満たすべき不等式を求め，その領域を図示せよ。

(2) 製品の利益の合計が最大となるとき，その最大値と，そのときの x，y の値を求めよ。

	原料 A	原料 B	利益
製品 P	2 kg	1 kg	1 万円
製品 Q	1 kg	3 kg	1 万円

解 (1) 原料 A の在庫が 8 kg であるから $2x+y\leqq 8$

原料 B の在庫が 9 kg であるから $x+3y\leqq 9$

また $x\geqq 0$，$y\geqq 0$

よって $\begin{cases} x\geqq 0,\ y\geqq 0 \\ 2x+y\leqq 8 \\ x+3y\leqq 9 \end{cases}$

領域は右の図の斜線部分。

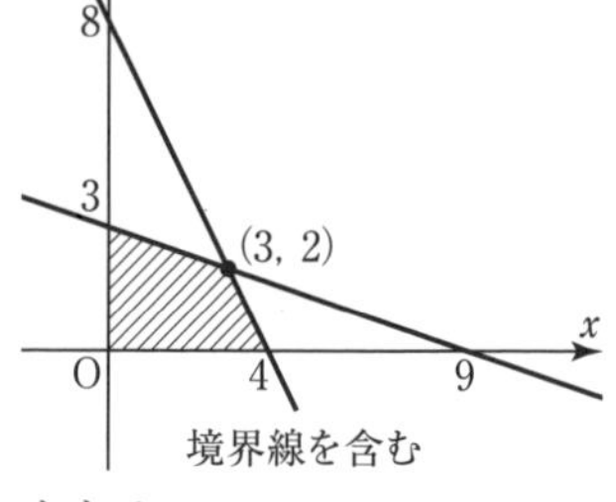

(2) 生産される製品の利益の合計は，$x+y$ (万円) となる。

$x+y=k$ とおくと，

直線 $y=-x+k$ が (3, 2) を通るとき，k は最大となる。

よって **$x=3$，$y=2$ のとき最大値 5 (万円)**

エクセル 線形計画法 ➡ 条件(領域)を図示して考える。直線の傾きに注意

201 2 種類の製品 P，Q がある。それぞれ 1kg 生産するのに必要な原料 A，B，C と，その利益は右の表の通りである。原料 A，B，C の在庫はそれぞれ，32 kg，36 kg，29 kg であるとき，在庫量の範囲で，P，Q をそれぞれ何 kg ずつつくると利益が最大となるか。

	原料 A	原料 B	原料 C	利益
製品 P	1 kg	3 kg	2 kg	1 万円
製品 Q	4 kg	2 kg	3 kg	2 万円

202 2 種類の食品 P，Q がある。その 1 g に含まれる A 成分，B 成分，C 成分の量は右の表の通りである。A 成分，B 成分は 12 mg 以上摂取し，C 成分の摂取量はできるだけ小さくしたい。P，Q をそれぞれ何 g ずつ摂取すればよいか。

	A 成分	B 成分	C 成分
食品 P	1 mg	3 mg	1 mg
食品 Q	3 mg	2 mg	1 mg

Step UP 例題 81 領域と条件

条件 p：$|x|<1$ かつ $|y|<1$

条件 q：$x^2+y^2<k$ $(k>0)$

について，次の条件が成り立つように，k の値の範囲をそれぞれ定めよ。

(1) p が q の十分条件である。　　(2) p が q の必要条件である。

解 p の集合を P，q の集合を Q とする。

(1) $|x|<1$ かつ $|y|<1 \Longrightarrow x^2+y^2<k$

すなわち　$P \subset Q$ が成り立てばよい。

右の図より　$\sqrt{k} \geqq \sqrt{2}$

よって　$\boldsymbol{k \geqq 2}$

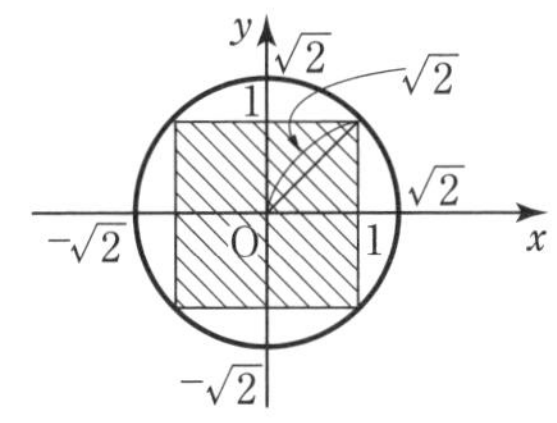

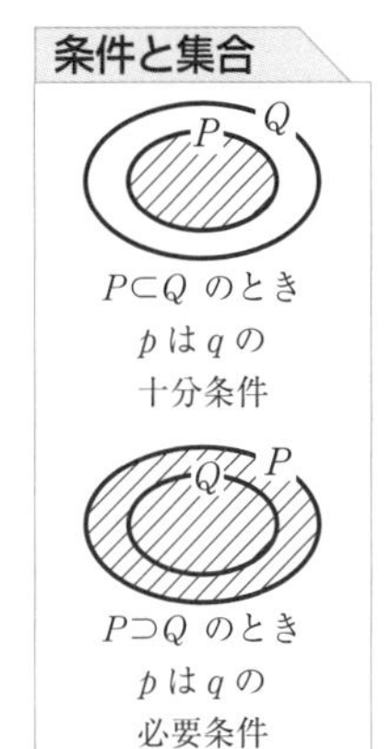

(2) $x^2+y^2<k \Longrightarrow |x|<1$ かつ $|y|<1$

すなわち　$Q \subset P$ が成り立てばよい。

右の図より　$\sqrt{k} \leqq 1$

よって　$\boldsymbol{0<k \leqq 1}$

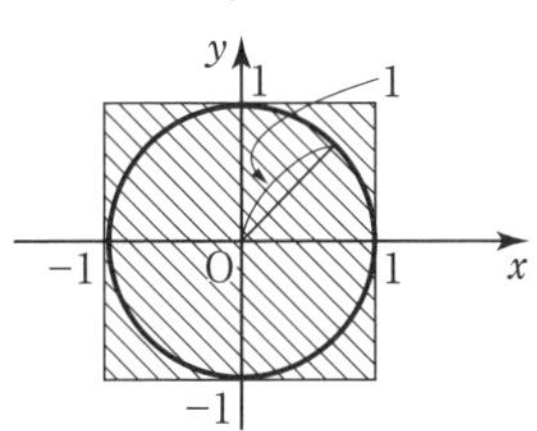

エクセル　領域と条件 ➡ 含まれる方は十分条件，含む方は必要条件

*203　次の条件 p，q について，p は q であるための「必要条件」，「十分条件」，「必要十分条件」，「必要条件でも十分条件でもない」のうち，最も適するものを答えよ。

(1) p：$y \geqq x^2$　　q：$y \geqq 2x-1$

(2) p：$x^2+y^2>2$　　q：$xy>1$

(3) p：$|x| \leqq 1$ かつ $|y| \leqq 2$　　q：$|x|+|y| \leqq 2$

(4) p：$x>0$ または $y>0$　　q：$x+y>0$ または $xy<0$

204　次の条件が成り立つように，a の値の範囲をそれぞれ定めよ。

(1) $y \geqq -x+a$ は $y \geqq x^2-1$ であるための必要条件である。

(2) $|x-3|+|y-2| \leqq 2$ は $x^2+y^2-6x-2y \leqq a-10$ であるための十分条件である。

30 一般角の三角関数

例題 82　弧度法　　類207

次の角の動径の表す一般角 θ を弧度法で表せ。

(1)　780°　　　(2)　-855°

解　(1)　$780^\circ=\dfrac{\pi}{180}\times780$

$=\dfrac{13}{3}\pi=\dfrac{\pi}{3}+4\pi$　より

$\boldsymbol{\theta=\dfrac{\pi}{3}+2n\pi}$ **（n は整数）**

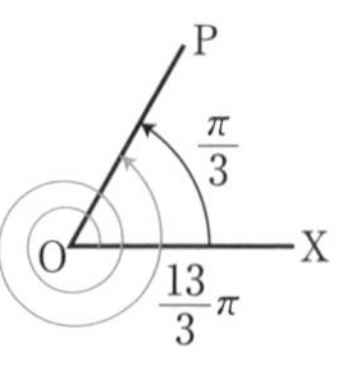

(2)　$-855^\circ=\dfrac{\pi}{180}\times(-855)$

$=-\dfrac{19}{4}\pi=\dfrac{5}{4}\pi-6\pi$　より

$\boldsymbol{\theta=\dfrac{5}{4}\pi+2n\pi}$ **（n は整数）**

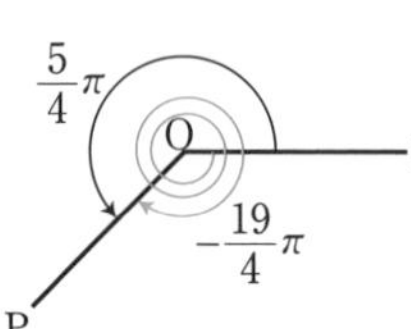

度数法と弧度法

$1^\circ=\dfrac{\pi}{180}$ ラジアン

1 ラジアン$=\dfrac{180^\circ}{\pi}$

一般角

P
α
O　X
$\theta=\alpha+2n\pi$
（nは整数）

例題 83　扇形の弧の長さと面積　　類208

(1)　半径 2，中心角 $\dfrac{3}{4}\pi$ の扇形の弧の長さ l と面積 S を求めよ。

(2)　半径 3，弧の長さ 2 の扇形の中心角 θ を弧度法で求めよ。

解　(1)　$l=r\theta=2\times\dfrac{3}{4}\pi=\boldsymbol{\dfrac{3}{2}\pi}$

$S=\dfrac{1}{2}r^2\theta=\dfrac{1}{2}\times2^2\times\dfrac{3}{4}\pi=\boldsymbol{\dfrac{3}{2}\pi}$

(2)　$\theta=\dfrac{l}{r}=\boldsymbol{\dfrac{2}{3}}$ **（ラジアン）**

扇形の弧の長さと面積

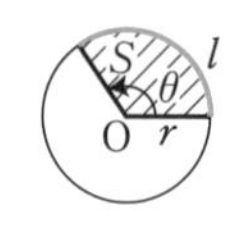

$l=r\theta$

$S=\dfrac{1}{2}r^2\theta$

$=\dfrac{1}{2}rl$

例題 84　三角関数の値　　類209

次の値を求めよ。

(1)　$\sin\dfrac{5}{6}\pi$　　(2)　$\cos\dfrac{10}{3}\pi$　　(3)　$\tan\left(-\dfrac{7}{4}\pi\right)$

解　(1)　$\boldsymbol{\dfrac{1}{2}}$　　(2)　$\boldsymbol{-\dfrac{1}{2}}$　　(3)　**1**

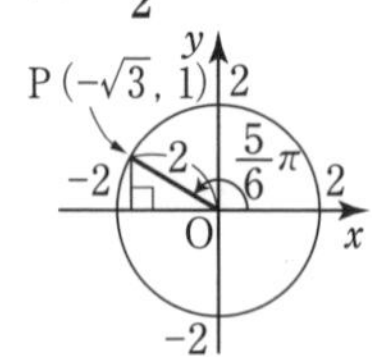

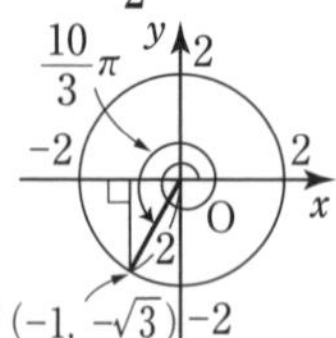

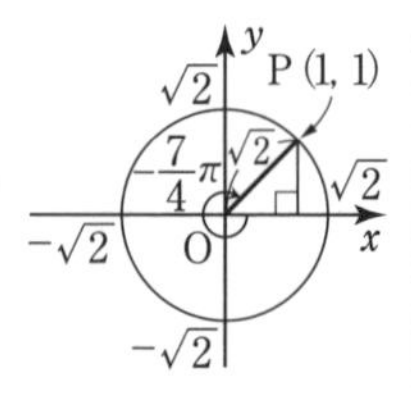

三角関数の定義

$\sin\theta=\dfrac{y}{r}$，$\cos\theta=\dfrac{x}{r}$，

$\tan\theta=\dfrac{y}{x}$

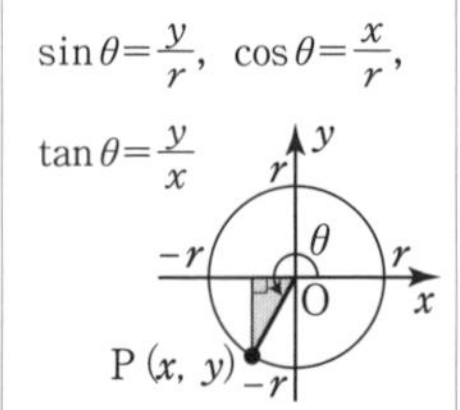

205 次の角の動径をそれぞれ図示せよ。また，それぞれ第何象限の角か。

(1) 210°　　*(2) 400°　　*(3) −250°　　(4) −765°

***206** 次の(1)〜(4)の角を弧度法で表せ。また，(5)〜(8)の角を度数法で表せ。

(1) 30°　　(2) 90°　　(3) −225°　　(4) 420°

(5) $\frac{2}{3}\pi$　　(6) $\frac{\pi}{4}$　　(7) $-\frac{3}{5}\pi$　　(8) $\frac{13}{12}\pi$

207 次の角の動径の表す一般角 θ を弧度法で表せ。 ↩ 例題82

(1) 480°　　*(2) 990°　　(3) −315°　　*(4) −810°

***208** (1) 半径 8，中心角 $\frac{\pi}{3}$ の扇形の弧の長さと面積を求めよ。 ↩ 例題83

(2) 半径 6，弧の長さ 18 の扇形の中心角を弧度法で求めよ。また，この扇形の面積を求めよ。

***209** θ が次の値のとき，$\sin\theta$，$\cos\theta$，$\tan\theta$ の値を求めよ。 ↩ 例題84

(1) $\frac{\pi}{6}$　　(2) $\frac{8}{3}\pi$　　(3) $-\frac{3}{4}\pi$　　(4) $-\frac{13}{6}\pi$

210 次の条件を満たすような θ は第何象限の角か。

(1) $\cos\theta<0$ かつ $\tan\theta<0$　　*(2) $\sin\theta\cos\theta<0$

B

211 右の図のように，2 直線 PA，PB が半径 1 の円に接している。このとき，次の問いに答えよ。

(1) 弧の長さ l を求めよ。

(2) 灰色部分の面積 S を求めよ。

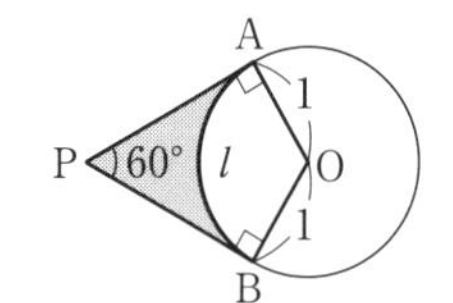

212 *(1) θ が第 4 象限の角のとき，$\frac{\theta}{2}$ の動径が存在する範囲を図示せよ。

(2) 角 α $(0\leqq\alpha<2\pi)$ を 4 倍したら $\frac{2}{3}\pi$ の動径と一致した。α を求めよ。

213 長さ k のひもを使って扇形をつくる。この扇形の面積 S が最大となるときの中心角 θ と半径 r の大きさを求めよ。

ヒント **213** 弧の長さを l とすると $l=k-2r$ これを $S=\frac{1}{2}rl$ に代入する。

31 三角関数の相互関係と性質

例題 85　三角関数の相互関係　類214

θ が第 4 象限の角であり，$\sin\theta=-\dfrac{2}{3}$ のとき，$\cos\theta$, $\tan\theta$ の値を求めよ。

解　$\sin^2\theta+\cos^2\theta=1$ から

$$\cos^2\theta=1-\sin^2\theta=1-\left(-\frac{2}{3}\right)^2=\frac{5}{9}$$

ここで，θ が第 4 象限の角であるから　$\cos\theta>0$

よって　$\cos\theta=\dfrac{\sqrt{5}}{3}$

$$\tan\theta=\frac{\sin\theta}{\cos\theta}=\left(-\frac{2}{3}\right)\div\frac{\sqrt{5}}{3}=-\frac{2}{\sqrt{5}}=-\frac{2\sqrt{5}}{5}$$

三角関数の相互関係

$\tan\theta=\dfrac{\sin\theta}{\cos\theta}$

$\sin^2\theta+\cos^2\theta=1$

$1+\tan^2\theta=\dfrac{1}{\cos^2\theta}$

エクセル　$\sin\theta$, $\cos\theta$, $\tan\theta$ の値 ➡ 1 つわかれば，すべて求められる
ただし，θ の属する象限に注意する

例題 86　三角関数の式の値　類216,219

$\sin\theta-\cos\theta=\dfrac{1}{\sqrt{2}}$ のとき，次の式の値を求めよ。

(1)　$\sin\theta\cos\theta$　　　(2)　$\sin^3\theta-\cos^3\theta$

解　(1)　$\sin\theta-\cos\theta=\dfrac{1}{\sqrt{2}}$ の両辺を 2 乗すると

$$\sin^2\theta-2\sin\theta\cos\theta+\cos^2\theta=\frac{1}{2}$$

← $\sin^2\theta+\cos^2\theta=1$

よって　$1-2\sin\theta\cos\theta=\dfrac{1}{2}$　　ゆえに　$\sin\theta\cos\theta=\dfrac{1}{4}$

(2)　$\sin^3\theta-\cos^3\theta$

$=(\sin\theta-\cos\theta)(\sin^2\theta+\sin\theta\cos\theta+\cos^2\theta)$

← $a^3-b^3=(a-b)(a^2+ab+b^2)$

$=\dfrac{1}{\sqrt{2}}\times\left(1+\dfrac{1}{4}\right)=\dfrac{5}{4\sqrt{2}}=\dfrac{5\sqrt{2}}{8}$

例題 87　三角関数の等式の証明　類217

等式 $1+\dfrac{1}{\tan^2\theta}=\dfrac{1}{\sin^2\theta}$ を証明せよ。

証明　(左辺)$=1+\dfrac{1}{\tan^2\theta}=1+\dfrac{\cos^2\theta}{\sin^2\theta}$

← $\tan\theta=\dfrac{\sin\theta}{\cos\theta}$

$=\dfrac{\sin^2\theta+\cos^2\theta}{\sin^2\theta}=\dfrac{1}{\sin^2\theta}=$(右辺)　終

← $\sin^2\theta+\cos^2\theta=1$

A

*214 次の問いに答えよ。 ↩ 例題85

(1) θ が第2象限の角であり，$\sin\theta=\dfrac{4}{5}$ のとき，$\cos\theta$, $\tan\theta$ の値を求めよ。

(2) θ が第3象限の角であり，$\cos\theta=-\dfrac{12}{13}$ のとき，$\sin\theta$, $\tan\theta$ の値を求めよ。

(3) θ が第4象限の角であり，$\tan\theta=-2$ のとき，$\sin\theta$, $\cos\theta$ の値を求めよ。

*215 $\sin\theta$, $\cos\theta$, $\tan\theta$ のうち1つが次のように与えられたとき，他の2つの値を求めよ。

(1) $\sin\theta=-\dfrac{5}{13}$　(2) $\cos\theta=\dfrac{1}{4}$　(3) $\tan\theta=\dfrac{1}{7}$

*216 $\sin\theta+\cos\theta=\dfrac{1}{\sqrt{5}}$ のとき，次の式の値を求めよ。 ↩ 例題86

(1) $\sin\theta\cos\theta$　(2) $\sin^3\theta+\cos^3\theta$

*217 次の等式を証明せよ。 ↩ 例題87

(1) $(1+\tan\theta)^2+(1-\tan\theta)^2=\dfrac{2}{\cos^2\theta}$　(2) $\dfrac{\cos\theta}{1+\sin\theta}+\tan\theta=\dfrac{1}{\cos\theta}$

B

218 次の式を簡単にせよ。

(1) $\cos\left(\theta+\dfrac{\pi}{2}\right)+\cos(\theta+\pi)-\sin\left(\theta-\dfrac{\pi}{2}\right)-\sin(\theta-\pi)$

(2) $\sin(\theta+\pi)\cos\left(\theta-\dfrac{3}{2}\pi\right)-\cos(\theta-\pi)\sin\left(\theta+\dfrac{\pi}{2}\right)$

*219 $\sin\theta+\cos\theta=\dfrac{1}{\sqrt{3}}$ のとき，次の式の値を求めよ。 ↩ 例題86

(1) $\sin\theta\cos\theta$　(2) $\sin^3\theta+\cos^3\theta$

(3) $\sin\theta-\cos\theta$　(4) $\tan\theta+\dfrac{1}{\tan\theta}$

220 $\dfrac{\pi}{2}<\theta<\pi$ であり，$\sin\theta\cos\theta=-\dfrac{1}{8}$ のとき，$\sin\theta-\cos\theta$ の値を求めよ。

221 2次方程式 $2x^2-(\sqrt{3}+1)x+a=0$ の2つの解が $\sin\theta$, $\cos\theta$ となるように定数 a の値を定め，そのときの θ の値を求めよ。ただし，$0\leqq\theta\leqq\pi$ とする。

ヒント 221 解と係数の関係を利用して，$\sin\theta$, $\cos\theta$ と a の関係を導く。

32 三角関数のグラフ

例題 88　三角関数のグラフ(1)　類222,223,224

次の関数のグラフをかけ。また，その周期と値域をいえ。

(1)　$y=3\sin\theta$　　(2)　$y=\cos\left(\theta+\dfrac{\pi}{3}\right)$　　(3)　$y=\tan 3\theta$

解　(1)　$y=\sin\theta$ のグラフを y 軸方向に 3 倍に拡大したものである。

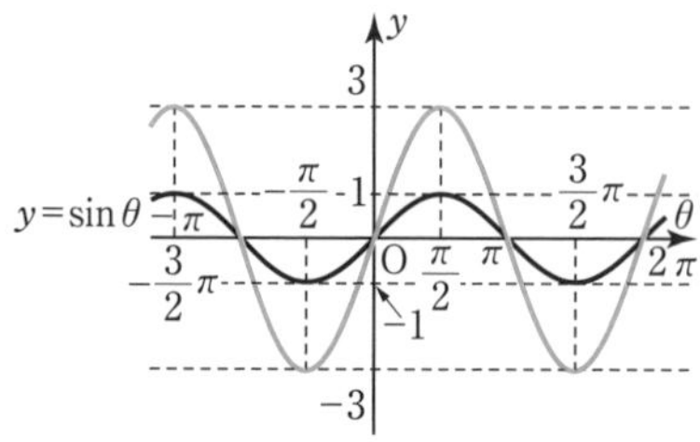

$y=\sin\theta$ のグラフ

周期 2π，値域 $-1\leqq y\leqq 1$
原点に関して対称（奇関数）

周期は 2π，値域は $-3\leqq y\leqq 3$

(2)　$y=\cos\theta$ のグラフを θ 軸方向に $-\dfrac{\pi}{3}$ だけ平行移動したものである。

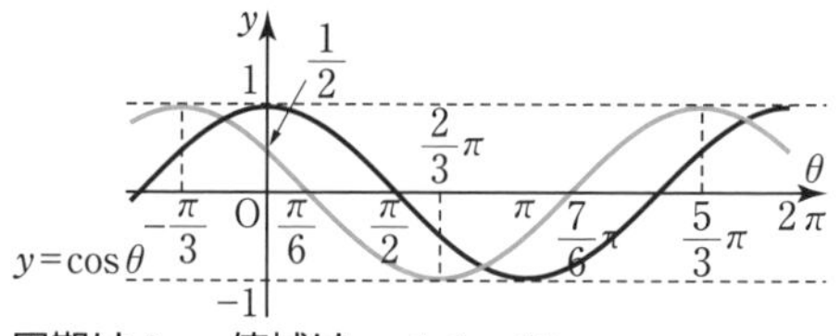

周期は 2π，値域は $-1\leqq y\leqq 1$

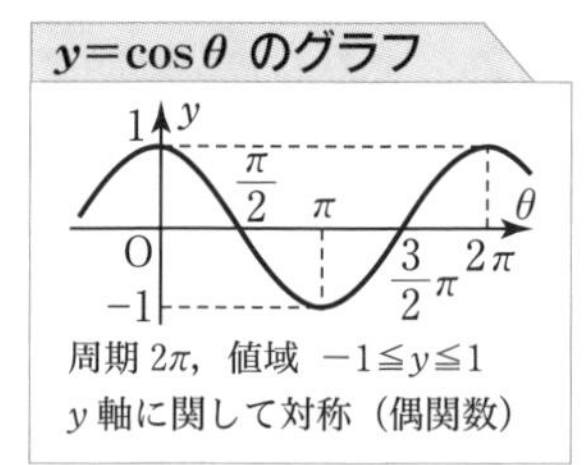

$y=\cos\theta$ のグラフ

周期 2π，値域 $-1\leqq y\leqq 1$
y 軸に関して対称（偶関数）

(3)　$y=\tan\theta$ のグラフを θ 軸方向に $\dfrac{1}{3}$ 倍に縮小したものである。

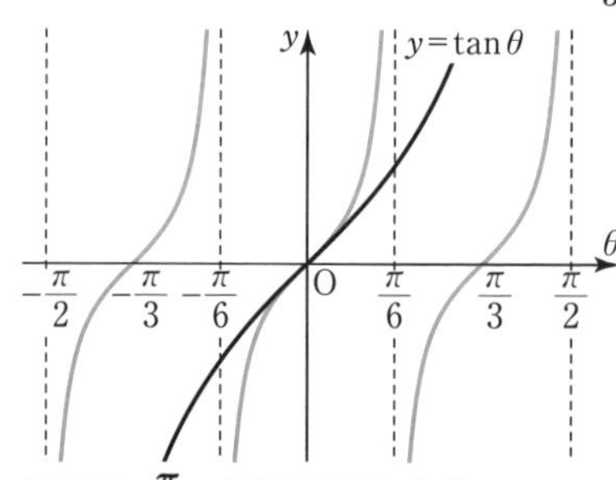

周期は $\dfrac{\pi}{3}$，値域は実数全体

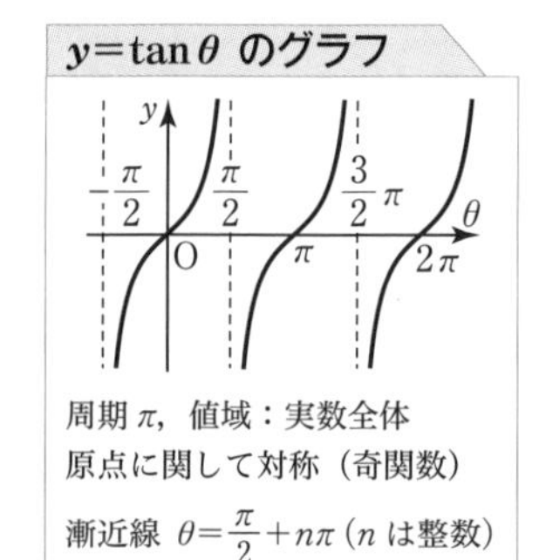

$y=\tan\theta$ のグラフ

周期 π，値域：実数全体
原点に関して対称（奇関数）
漸近線 $\theta=\dfrac{\pi}{2}+n\pi$（$n$ は整数）

エクセル　$y=a\sin k\theta$，$y=a\cos k\theta$，$y=a\tan k\theta$ のグラフ（$k>0$）

➡ $y=\sin\theta$，$y=\cos\theta$，$y=\tan\theta$ のグラフを，y 軸方向に a 倍，θ 軸方向に $\dfrac{1}{k}$ 倍

$y=\sin(\theta-\alpha)$，$y=\cos(\theta-\alpha)$，$y=\tan(\theta-\alpha)$ のグラフ

➡ $y=\sin\theta$, $y=\cos\theta$, $y=\tan\theta$ のグラフを, θ 軸方向に α だけ平行移動

例題 89　三角関数のグラフ(2)　類226

関数 $y=\sin\left(2\theta-\frac{\pi}{3}\right)$ のグラフをかけ。また，その周期をいえ。

解　$y=\sin\left(2\theta-\frac{\pi}{3}\right)=\sin 2\left(\theta-\frac{\pi}{6}\right)$ より

$y=\sin 2\theta$ のグラフを θ 軸方向に

$\frac{\pi}{6}$ だけ平行移動したものである。

また，周期は π である。

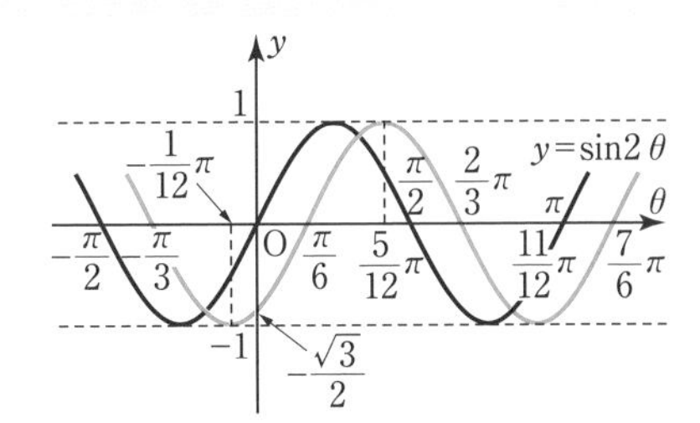

エクセル　$y=\sin(k\theta-b)$ のグラフ ➡ $y=\sin k\left(\theta-\frac{b}{k}\right)$ より，$y=\sin k\theta$ のグラフを θ 軸方向に $\frac{b}{k}$ だけ平行移動

A

*222　次の関数のグラフをかけ。また，その周期と値域をいえ。　↩例題88

(1)　$y=\frac{1}{2}\sin\theta$　(2)　$y=-2\cos\theta$　(3)　$y=-\tan\theta$

*223　次の関数のグラフをかけ。また，その周期をいえ。　↩例題88

(1)　$y=2\sin\left(\theta-\frac{\pi}{3}\right)$　(2)　$y=\cos\left(\theta+\frac{\pi}{6}\right)$　(3)　$y=\tan\left(\theta+\frac{\pi}{2}\right)$

*224　次の関数のグラフをかけ。また，その周期をいえ。　↩例題88

(1)　$y=\sin\frac{\theta}{2}$　(2)　$y=2\cos 2\theta$　(3)　$y=\tan\frac{\theta}{2}$

B

225　次の関数について，偶関数か，奇関数かをいえ。

(1)　$f(\theta)=\cos 2\theta$　(2)　$f(\theta)=\sin\frac{\theta}{3}$　(3)　$f(\theta)=\tan(\theta+\pi)$

*226　次の関数のグラフをかけ。また，その周期をいえ。　↩例題89

(1)　$y=3\sin\left(2\theta-\frac{\pi}{3}\right)$　(2)　$y=\frac{1}{2}\cos\left(\frac{\theta}{2}+\frac{\pi}{6}\right)$　(3)　$y=\tan\left(2\theta-\frac{\pi}{2}\right)$

ヒント　225　$f(-\theta)=-f(\theta)$ がつねに成り立つとき奇関数（原点に関して対称），
$f(-\theta)=f(\theta)$ がつねに成り立つとき偶関数（y 軸に関して対称）

33 三角関数を含む方程式・不等式

例題 90　三角関数を含む方程式・不等式(1)　類227,228

$0 \leqq \theta < 2\pi$ のとき，次の方程式，不等式を解け。

(1)　$\cos\theta = \dfrac{1}{\sqrt{2}}$　　(2)　$\sin\theta > -\dfrac{1}{2}$　　(3)　$\tan\theta < \sqrt{3}$

解　(1)

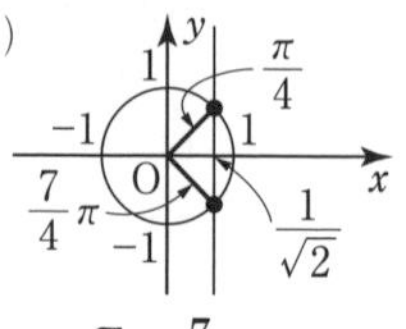

$\boldsymbol{\theta = \dfrac{\pi}{4},\ \dfrac{7}{4}\pi}$

(2)

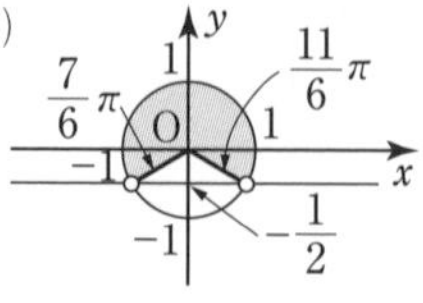

$\boldsymbol{0 \leqq \theta < \dfrac{7}{6}\pi,\ \dfrac{11}{6}\pi < \theta < 2\pi}$

(3)

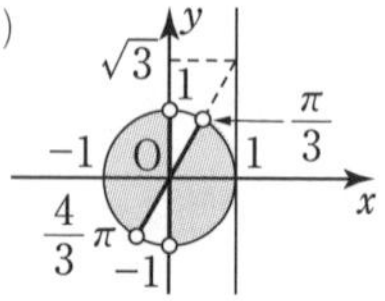

$\boldsymbol{0 \leqq \theta < \dfrac{\pi}{3},\ \dfrac{\pi}{2} < \theta < \dfrac{4}{3}\pi,\ \dfrac{3}{2}\pi < \theta < 2\pi}$

例題 91　三角関数を含む方程式(2)　類230,232

$0 \leqq \theta < 2\pi$ のとき，方程式 $\sin\left(2\theta - \dfrac{\pi}{3}\right) = -\dfrac{\sqrt{3}}{2}$ を解け。

解　$0 \leqq \theta < 2\pi$ より　$-\dfrac{\pi}{3} \leqq 2\theta - \dfrac{\pi}{3} < \dfrac{11}{3}\pi$

まず，$2\theta - \dfrac{\pi}{3}$ の範囲をおさえる

この範囲で $\sin\left(2\theta - \dfrac{\pi}{3}\right) = -\dfrac{\sqrt{3}}{2}$ を解くと，

右の図より　$2\theta - \dfrac{\pi}{3} = -\dfrac{\pi}{3},\ \dfrac{4}{3}\pi,\ \dfrac{5}{3}\pi,\ \dfrac{10}{3}\pi$

よって　$2\theta = 0,\ \dfrac{5}{3}\pi,\ 2\pi,\ \dfrac{11}{3}\pi$

ゆえに　$\boldsymbol{\theta = 0,\ \dfrac{5}{6}\pi,\ \pi,\ \dfrac{11}{6}\pi}$

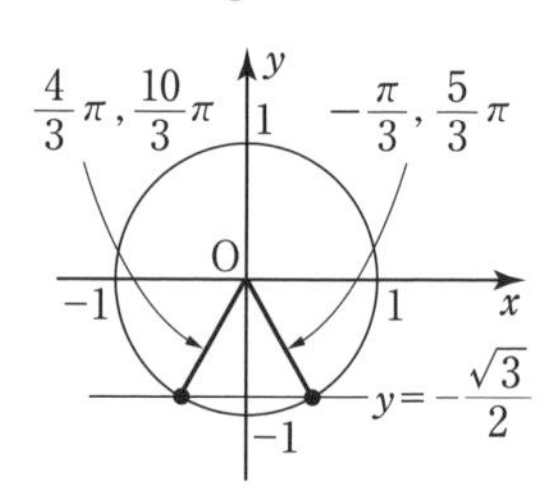

例題 92　三角関数を含む不等式(2)　類231,232

$0 \leqq \theta < 2\pi$ のとき，不等式 $\cos\left(\theta + \dfrac{\pi}{3}\right) < \dfrac{\sqrt{2}}{2}$ を解け。

解　$0 \leqq \theta < 2\pi$ より　$\dfrac{\pi}{3} \leqq \theta + \dfrac{\pi}{3} < \dfrac{7}{3}\pi$

まず，$\theta + \dfrac{\pi}{3}$ の範囲をおさえる

この範囲で $\cos\left(\theta + \dfrac{\pi}{3}\right) < \dfrac{\sqrt{2}}{2}$ を解くと，右の図より

$$\frac{\pi}{3} \leqq \theta + \frac{\pi}{3} < \frac{7}{4}\pi,\quad \frac{9}{4}\pi < \theta + \frac{\pi}{3} < \frac{7}{3}\pi$$

よって　$\boldsymbol{0 \leqq \theta < \dfrac{17}{12}\pi,\ \dfrac{23}{12}\pi < \theta < 2\pi}$

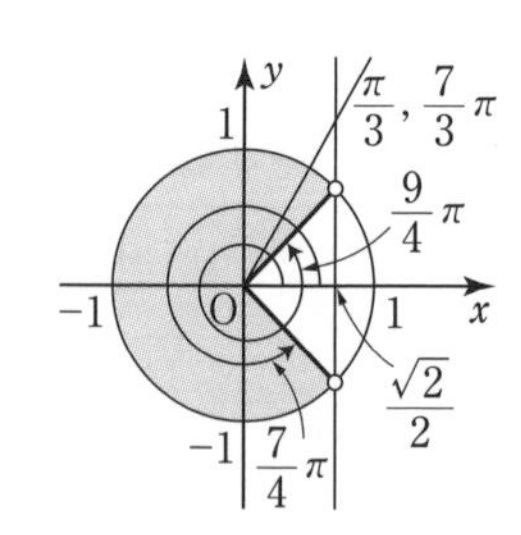

A

***227** $0 \leqq \theta < 2\pi$ のとき，次の方程式を解け。 ↩ 例題90

(1) $\sin\theta = \dfrac{\sqrt{3}}{2}$　(2) $\cos\theta = -\dfrac{\sqrt{3}}{2}$　(3) $\tan\theta = -\sqrt{3}$

(4) $\sqrt{2}\sin\theta + 1 = 0$　(5) $2\cos\theta - 1 = 0$　(6) $\tan\theta - 1 = 0$

***228** $0 \leqq \theta < 2\pi$ のとき，次の不等式を解け。 ↩ 例題90

(1) $\sin\theta > \dfrac{1}{2}$　(2) $-1 < \cos\theta \leqq 0$　(3) $\tan\theta \leqq \dfrac{\sqrt{3}}{3}$

(4) $2\sin\theta + \sqrt{3} \leqq 0$　(5) $\sqrt{2}\cos\theta + 1 > 0$　(6) $\tan\theta - \sqrt{3} > 0$

229 θ の値の範囲に制限がないとき，次の方程式，不等式を解け。

(1) $\sin\theta = \dfrac{1}{2}$　(2) $\cos\theta = \dfrac{\sqrt{3}}{2}$　(3) $\tan\theta = -\dfrac{1}{\sqrt{3}}$

(4) $\sin\theta \geqq 0$　(5) $\cos\theta < -\dfrac{1}{2}$　(6) $\tan\theta \leqq 0$

230 $0 \leqq \theta < 2\pi$ のとき，次の方程式を解け。 ↩ 例題91

*(1) $\sin\left(\theta + \dfrac{\pi}{3}\right) = \dfrac{1}{2}$　(2) $\cos\left(\theta - \dfrac{\pi}{4}\right) = -\dfrac{1}{\sqrt{2}}$

*(3) $\tan\left(\theta + \dfrac{\pi}{6}\right) = 1$　(4) $2\sin\left(\theta - \dfrac{\pi}{4}\right) = -1$

231 $0 \leqq \theta < 2\pi$ のとき，次の不等式を解け。 ↩ 例題92

*(1) $\sin\left(\theta + \dfrac{\pi}{6}\right) \geqq \dfrac{\sqrt{2}}{2}$　*(2) $\cos\left(\theta - \dfrac{\pi}{3}\right) \leqq \dfrac{\sqrt{3}}{2}$

(3) $\tan\left(\theta - \dfrac{\pi}{6}\right) < -1$　(4) $\sqrt{3}\tan\left(\theta + \dfrac{\pi}{4}\right) \geqq 1$

232 $0 \leqq \theta < 2\pi$ のとき，次の方程式，不等式を解け。 ↩ 例題91,92

*(1) $\sin\left(2\theta - \dfrac{\pi}{3}\right) = \dfrac{1}{\sqrt{2}}$　(2) $\tan\left(2\theta + \dfrac{\pi}{4}\right) = \sqrt{3}$

(3) $\sin\left(2\theta + \dfrac{\pi}{6}\right) < -\dfrac{1}{2}$　*(4) $2\cos\left(2\theta - \dfrac{\pi}{4}\right) \geqq \sqrt{3}$

Step UP

34 三角関数の応用

Step UP 例題 93 最大・最小(1)

$\dfrac{\pi}{4} \leqq \theta \leqq \dfrac{5}{4}\pi$ のとき，関数 $y=4\sin\theta+1$ の最大値と最小値を求めよ。
また，そのときの θ の値を求めよ。

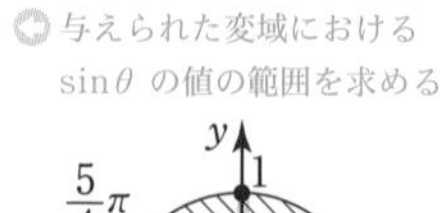

解 $\dfrac{\pi}{4} \leqq \theta \leqq \dfrac{5}{4}\pi$ より $-\dfrac{1}{\sqrt{2}} \leqq \sin\theta \leqq 1$

各辺に4を掛ける

$-2\sqrt{2} \leqq 4\sin\theta \leqq 4$

各辺に1を加える

よって $1-2\sqrt{2} \leqq 4\sin\theta+1 \leqq 5$

ゆえに **$\theta=\dfrac{\pi}{2}$ のとき　最大値 5**

$\theta=\dfrac{5}{4}\pi$ のとき　最小値 $1-2\sqrt{2}$

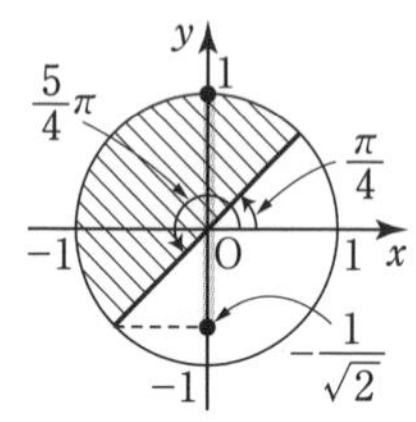

233 次の関数の最大値と最小値を求めよ。また，そのときの θ の値を求めよ。

*(1) $y=3\cos\theta-1$ $(0 \leqq \theta < 2\pi)$　(2) $y=-\dfrac{1}{2}\sin\theta+3$ $(0 \leqq \theta < 2\pi)$

(3) $y=2\cos\theta+1$ $\left(\dfrac{\pi}{3} \leqq \theta \leqq \dfrac{7}{4}\pi\right)$　*(4) $y=\sqrt{3}\tan\theta-1$ $\left(-\dfrac{\pi}{3} \leqq \theta \leqq \dfrac{\pi}{4}\right)$

*(5) $y=\sin\left(\theta+\dfrac{\pi}{6}\right)$ $(0 \leqq \theta \leqq \pi)$　(6) $y=\cos\left(2\theta-\dfrac{\pi}{4}\right)$ $\left(0 \leqq \theta \leqq \dfrac{3}{4}\pi\right)$

Step UP 例題 94 最大・最小(2)

$0 \leqq \theta < 2\pi$ のとき，関数 $y=\cos^2\theta-\sin\theta$ の最大値と最小値を求めよ。
また，そのときの θ の値を求めよ。

解 $y=(1-\sin^2\theta)-\sin\theta=-\sin^2\theta-\sin\theta+1$

$\cos^2\theta=1-\sin^2\theta$ を代入して $\sin\theta$ だけの式にする

$\sin\theta=t$ とおくと

$y=-t^2-t+1=-\left(t+\dfrac{1}{2}\right)^2+\dfrac{5}{4}$ …①

また，$0 \leqq \theta < 2\pi$ より $-1 \leqq t \leqq 1$ …②

②の範囲で①のグラフをかくと，右の図より

$t=-\dfrac{1}{2}$ のとき最大，$t=1$ のとき最小となる。

よって **$\theta=\dfrac{7}{6}\pi$, $\dfrac{11}{6}\pi$ のとき　最大値 $\dfrac{5}{4}$**

$\theta=\dfrac{\pi}{2}$ のとき　最小値 -1

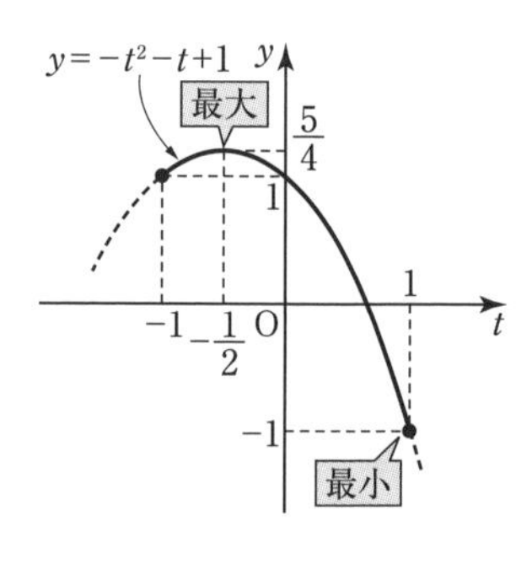

エクセル　$\sin\theta=t$, $\cos\theta=t$ の置き換え ➡ 変域に注意してグラフをかく

234 次の関数の最大値と最小値を求めよ。また，そのときの θ の値を求めよ。

*(1) $y=\cos^2\theta-\cos\theta+1$ $(0\leqq\theta<2\pi)$

(2) $y=\cos^2\theta+\sqrt{3}\sin\theta$ $(0\leqq\theta<2\pi)$

*(3) $y=\tan^2\theta+2\tan\theta+3$ $\left(\dfrac{2}{3}\pi\leqq\theta\leqq\pi\right)$

Step UP 例題 95 三角関数を含む方程式・不等式(3)

$0\leqq\theta<2\pi$ のとき，$2\sin^2\theta+3\cos\theta-3\geqq0$ を解け。

解 $2(1-\cos^2\theta)+3\cos\theta-3\geqq0$ より

$2\cos^2\theta-3\cos\theta+1\leqq0$

$(2\cos\theta-1)(\cos\theta-1)\leqq0$

よって $\dfrac{1}{2}\leqq\cos\theta\leqq1$

$0\leqq\theta<2\pi$ より，右の図から **$0\leqq\theta\leqq\dfrac{\pi}{3}$，$\dfrac{5}{3}\pi\leqq\theta<2\pi$**

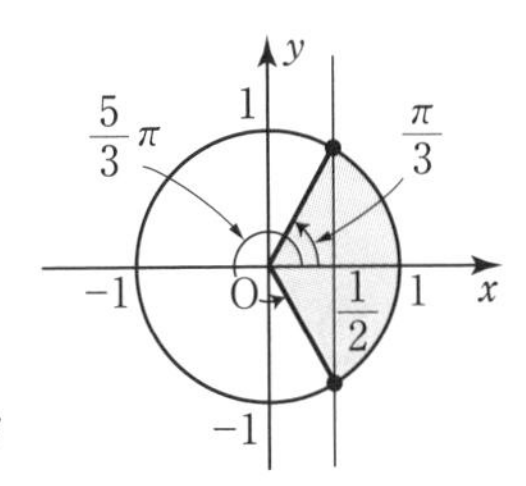

235 $0\leqq\theta<2\pi$ のとき，次の方程式，不等式を解け。

(1) $2\sin^2\theta+\sin\theta=0$

*(2) $2\sin^2\theta+3\cos\theta=0$

*(3) $2\cos^2\theta-\sin\theta-1>0$

(4) $2\sin^2\theta-5\cos\theta+1\leqq0$

(5) $\sin\theta<\tan\theta$

(6) $4\sin\theta\cos\theta-2\sin\theta-2\cos\theta+1<0$

Step UP 例題 96 三角方程式が解をもつ条件

$0\leqq\theta<2\pi$ のとき，方程式 $\sin^2\theta+\cos\theta+k=0$ が解をもつような定数 k の値の範囲を求めよ。

解 $\sin^2\theta+\cos\theta+k=0$ より $(1-\cos^2\theta)+\cos\theta+k=0$

← $\sin^2\theta=1-\cos^2\theta$ を代入して $\cos\theta$ だけの式にする

$\cos^2\theta-\cos\theta-1=k$

$\cos\theta=t$ とおくと $t^2-t-1=k$ $(-1\leqq t\leqq1)$

これが解をもつとき，$y=t^2-t-1$ と $y=k$ のグラフが $-1\leqq t\leqq1$ の範囲で共有点をもつ。

$y=t^2-t-1=\left(t-\dfrac{1}{2}\right)^2-\dfrac{5}{4}$ であるから

右の図より **$-\dfrac{5}{4}\leqq k\leqq1$**

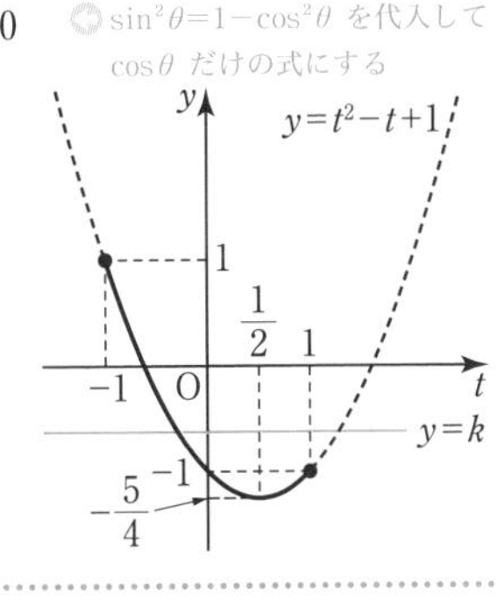

*236 $0\leqq\theta<2\pi$ のとき，方程式 $2\cos^2\theta+\sin\theta-k=0$ が解をもつような定数 k の値の範囲を求めよ。

ヒント **235** (5) $\tan\theta\cos\theta<\tan\theta$ と変形する。 (6) $(2\sin\theta-1)(2\cos\theta-1)<0$ と変形する。

3章 三角関数

35 加法定理

例題 97 三角関数の値 類237

$\sin 195°$, $\cos 165°$ の値を求めよ。

解 $\sin 195° = \sin(150° + 45°)$

$= \sin 150° \cos 45° + \cos 150° \sin 45°$

$= \dfrac{1}{2} \cdot \dfrac{\sqrt{2}}{2} + \left(-\dfrac{\sqrt{3}}{2}\right) \cdot \dfrac{\sqrt{2}}{2} = \dfrac{\sqrt{2} - \sqrt{6}}{4}$

$\cos 165° = \cos(120° + 45°)$

$= \cos 120° \cos 45° - \sin 120° \sin 45°$

$= -\dfrac{1}{2} \cdot \dfrac{\sqrt{2}}{2} - \dfrac{\sqrt{3}}{2} \cdot \dfrac{\sqrt{2}}{2} = -\dfrac{\sqrt{2} + \sqrt{6}}{4}$

加法定理

$\sin(\alpha \pm \beta) = \sin\alpha\cos\beta \pm \cos\alpha\sin\beta$

$\cos(\alpha \pm \beta) = \cos\alpha\cos\beta \mp \sin\alpha\sin\beta$

$\tan(\alpha \pm \beta) = \dfrac{\tan\alpha \pm \tan\beta}{1 \mp \tan\alpha\tan\beta}$

（複号同順）

例題 98 式の値 類238

$\cos\alpha = \dfrac{1}{3}$, $\sin\beta = \dfrac{3}{4}$ のとき，$\sin(\alpha - \beta)$ の値を求めよ。ただし，α は第4象限の角，β は第2象限の角とする。

解 α は第4象限の角であるから　$\sin\alpha < 0$

よって　$\sin\alpha = -\sqrt{1 - \cos^2\alpha} = -\sqrt{1 - \left(\dfrac{1}{3}\right)^2} = -\dfrac{2\sqrt{2}}{3}$

◯ $\sin^2\alpha + \cos^2\alpha = 1$ の利用

β は第2象限の角であるから　$\cos\beta < 0$

よって　$\cos\beta = -\sqrt{1 - \sin^2\beta} = -\sqrt{1 - \left(\dfrac{3}{4}\right)^2} = -\dfrac{\sqrt{7}}{4}$

◯ $\sin^2\beta + \cos^2\beta = 1$ の利用

ゆえに　$\sin(\alpha - \beta) = \sin\alpha\cos\beta - \cos\alpha\sin\beta$

◯ 加法定理

$= -\dfrac{2\sqrt{2}}{3} \cdot \left(-\dfrac{\sqrt{7}}{4}\right) - \dfrac{1}{3} \cdot \dfrac{3}{4} = \dfrac{2\sqrt{14} - 3}{12}$

例題 99 角の値 類244

α, β はともに鋭角で $\tan\alpha = \dfrac{1}{2}$, $\tan\beta = \dfrac{1}{3}$ のとき，$\alpha + \beta$ の値を求めよ。

解

$$\tan(\alpha + \beta) = \frac{\tan\alpha + \tan\beta}{1 - \tan\alpha\tan\beta} = \frac{\frac{1}{2} + \frac{1}{3}}{1 - \frac{1}{2} \cdot \frac{1}{3}} = 1$$

◯ 加法定理を用いて，$\tan(\alpha + \beta)$ の値を求める

α, β はともに鋭角であるから，

$0 < \alpha + \beta < \pi$ より　$\alpha + \beta = \dfrac{\pi}{4}$

◯ $0 < \alpha < \dfrac{\pi}{2}$, $0 < \beta < \dfrac{\pi}{2}$ であるから $0 < \alpha + \beta < \pi$

エクセル $\alpha + \beta$ の値 ➡ $\sin(\alpha + \beta)$, $\cos(\alpha + \beta)$, $\tan(\alpha + \beta)$ の値から求める

237 次の値を求めよ。 ↩例題97

*(1) $\sin 165°$　*(2) $\cos 105°$　(3) $\tan 195°$

*(4) $\sin\frac{\pi}{12}$　(5) $\cos\frac{5}{12}\pi$　*(6) $\tan\frac{11}{12}\pi$

***238** $\sin\alpha=\frac{4}{5}$，$\cos\beta=-\frac{12}{13}$ のとき，$\sin(\alpha-\beta)$，$\cos(\alpha-\beta)$ の値を求めよ。ただし，α は第1象限，β は第3象限の角とする。 ↩例題98

***239** $\cos\alpha=\frac{1}{\sqrt{10}}$，$\cos\beta=-\frac{1}{\sqrt{5}}$ のとき，$\tan(\alpha-\beta)$ の値を求めよ。ただし，α は第1象限，β は第2象限の角とする。

***240** 次の2直線のなす角 θ を求めよ。ただし，$0\leqq\theta\leqq\frac{\pi}{2}$ とする。

(1) $y=x$，$y=(2-\sqrt{3})x$　(2) $x+2y+2=0$，$3x+y-3=0$

B

241 次の等式を証明せよ。

(1) $\sin(\alpha+\beta)\sin(\alpha-\beta)=\cos^2\beta-\cos^2\alpha$

(2) $\cos(\alpha+\beta)\cos(\alpha-\beta)=\cos^2\alpha-\sin^2\beta=\cos^2\beta-\sin^2\alpha$

***242** $0<\alpha<\frac{\pi}{2}$，$0<\beta<\frac{\pi}{2}$ で，$\cos\alpha=\frac{\sqrt{5}}{5}$，$\cos\beta=\frac{\sqrt{10}}{10}$ のとき，$\alpha+\beta$ の値を求めよ。

243 (1) 原点を通り，直線 $y=x-2$ と $\frac{\pi}{3}$ の角をなす直線の方程式を求めよ。

(2) 点 $(1,\ 2)$ を通り，直線 $y=3x+1$ と $\frac{\pi}{4}$ の角をなす直線の方程式を求めよ。

***244** $\tan\alpha=2$，$\tan\beta=4$，$\tan\gamma=13$ のとき，次の値を求めよ。ただし，α，β，γ はすべて鋭角とする。 ↩例題99

(1) $\tan(\alpha+\beta)$　(2) $\tan(\alpha+\beta+\gamma)$　(3) $\alpha+\beta+\gamma$

245 2直線 $y=mx$ と $y=3mx$ $(m>0)$ について，次の問いに答えよ。

(1) 2直線のなす角を θ とするとき，$\tan\theta$ を m で表せ。

(2) m が変化するとき，θ の最大値を求めよ。

ヒント **244** (3) $\sqrt{3}<\tan\alpha<\tan\beta<\tan\gamma$ であることと，α，β，γ が鋭角であることに注意する。

245 (2) 相加平均と相乗平均の関係を利用する。

36 2倍角・半角の公式／三角関数の合成

例題100 2倍角の公式 類246

$\dfrac{\pi}{2}<\alpha<\pi$ で $\sin\alpha=\dfrac{3}{5}$ のとき，$\sin 2\alpha$，$\cos 2\alpha$ の値を求めよ。

解 $\dfrac{\pi}{2}<\alpha<\pi$ であるから $\cos\alpha<0$

よって　$\cos\alpha=-\sqrt{1-\sin^2\alpha}=-\sqrt{1-\left(\dfrac{3}{5}\right)^2}=-\dfrac{4}{5}$

ゆえに　$\sin 2\alpha=2\sin\alpha\cos\alpha=2\cdot\dfrac{3}{5}\cdot\left(-\dfrac{4}{5}\right)=\boldsymbol{-\dfrac{24}{25}}$

$\cos 2\alpha=1-2\sin^2\alpha=1-2\cdot\left(\dfrac{3}{5}\right)^2=\boldsymbol{\dfrac{7}{25}}$

2倍角の公式

$\sin 2\alpha=2\sin\alpha\cos\alpha$

$\cos 2\alpha=\cos^2\alpha-\sin^2\alpha$
$=2\cos^2\alpha-1$
$=1-2\sin^2\alpha$

$\tan 2\alpha=\dfrac{2\tan\alpha}{1-\tan^2\alpha}$

エクセル $\sin 2\alpha$，$\cos 2\alpha$，$\tan 2\alpha$ の値 ➡ 2倍角の公式利用

例題101 半角の公式 類248

$\dfrac{\pi}{2}<\alpha<\pi$ で $\cos\alpha=-\dfrac{2}{3}$ のとき，$\tan\dfrac{\alpha}{2}$ の値を求めよ。

解

$\tan^2\dfrac{\alpha}{2}=\dfrac{1-\cos\alpha}{1+\cos\alpha}=\dfrac{1+\dfrac{2}{3}}{1-\dfrac{2}{3}}=5$

ここで，$\dfrac{\pi}{4}<\dfrac{\alpha}{2}<\dfrac{\pi}{2}$ であるから　$\tan\dfrac{\alpha}{2}>1$

よって　$\tan\dfrac{\alpha}{2}=\boldsymbol{\sqrt{5}}$

半角の公式

$\sin^2\dfrac{\alpha}{2}=\dfrac{1-\cos\alpha}{2}$

$\cos^2\dfrac{\alpha}{2}=\dfrac{1+\cos\alpha}{2}$

$\tan^2\dfrac{\alpha}{2}=\dfrac{1-\cos\alpha}{1+\cos\alpha}$

エクセル $\sin\dfrac{\alpha}{2}$，$\cos\dfrac{\alpha}{2}$，$\tan\dfrac{\alpha}{2}$ の値 ➡ 半角の公式利用

例題102 三角関数の合成 類250

$-\sin\theta+\sqrt{3}\cos\theta$ を $r\sin(\theta+\alpha)$ の形に変形せよ。ただし，$r>0$，$-\pi<\alpha\leqq\pi$ とする。

解 右の図より

$r=\sqrt{(-1)^2+(\sqrt{3})^2}=2$

$\alpha=\dfrac{2}{3}\pi$

よって

$-\sin\theta+\sqrt{3}\cos\theta=\boldsymbol{2\sin\left(\theta+\dfrac{2}{3}\pi\right)}$

三角関数の合成

$a\sin\theta+b\cos\theta$
$=\sqrt{a^2+b^2}\sin(\theta+\alpha)$

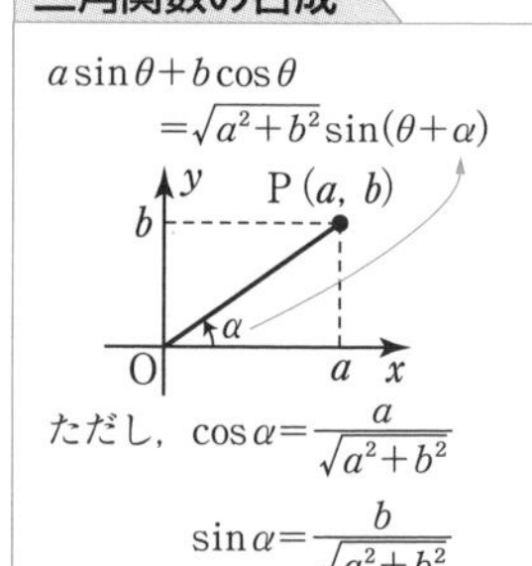

ただし，$\cos\alpha=\dfrac{a}{\sqrt{a^2+b^2}}$

$\sin\alpha=\dfrac{b}{\sqrt{a^2+b^2}}$

エクセル $a\sin\theta+b\cos\theta$ は合成して
➡ $\sqrt{a^2+b^2}\sin(\theta+\alpha)$ の形に変形

A

*246 $\frac{\pi}{2}<\alpha<\pi$ で $\sin\alpha=\frac{3}{4}$ のとき，$\sin 2\alpha$，$\cos 2\alpha$，$\tan 2\alpha$ の値を求めよ。

例題100

247 半角の公式を用いて，次の値を求めよ。

*(1) $\sin\frac{\pi}{12}$ *(2) $\cos\frac{\pi}{12}$ (3) $\tan\frac{\pi}{8}$

*248 $0<\alpha<\pi$ で $\cos\alpha=-\frac{1}{3}$ のとき，$\sin\frac{\alpha}{2}$，$\cos\frac{\alpha}{2}$，$\tan\frac{\alpha}{2}$ の値を求めよ。

例題101

249 $\tan 2\alpha=3$ のとき，次の値を求めよ。ただし，$0<\alpha<\frac{\pi}{2}$ とする。

(1) $\tan 4\alpha$ (2) $\cos 2\alpha$ (3) $\tan\alpha$

*250 次の式を $r\sin(\theta+\alpha)$ の形に変形せよ。ただし，$r>0, -\pi<\alpha\leqq\pi$ とする。

(1) $\sin\theta+\cos\theta$ (2) $\sqrt{2}\sin\theta-\sqrt{2}\cos\theta$

例題102

(3) $-\sin\theta-\sqrt{3}\cos\theta$ (4) $-\sqrt{6}\sin\theta+\sqrt{2}\cos\theta$

B

*251 $\sin\theta-\cos\theta=\frac{1}{2}$ のとき，次の値を求めよ。ただし，$\frac{\pi}{4}<\theta<\frac{\pi}{2}$ とする。

(1) $\sin 2\theta$ (2) $\cos 2\theta$ (3) $\tan 2\theta$

252 $\tan\theta+\frac{1}{\tan\theta}=\frac{5}{2}$ のとき，次の値を求めよ。

(1) $\tan\theta$ (2) $\sin 2\theta$

253 次の $\boxed{}$ の中に適する値を記入せよ。

(1) $\sin^2\theta+2\sqrt{3}\sin\theta\cos\theta+3\cos^2\theta=\boxed{ア}\sin(2\theta+\boxed{イ})+\boxed{ウ}$

(2) $\sin^4\theta+\cos^4\theta=\boxed{ア}-\boxed{イ}\sin^2 2\theta$

*254 次の等式を証明せよ。(3 倍角の公式)

(1) $\sin 3\alpha=3\sin\alpha-4\sin^3\alpha$ (2) $\cos 3\alpha=4\cos^3\alpha-3\cos\alpha$

255 次の問いに答えよ。

(1) $\alpha=36°$ のとき，$\sin 3\alpha=\sin 2\alpha$ が成り立つことを示せ。

(2) $\cos 36°$ の値を求めよ。

加法定理の応用

Step UP 例題103　三角方程式・不等式（2 倍角の公式の利用）

$0 \leqq \theta < 2\pi$ のとき，次の方程式，不等式を解け。

(1)　$\cos 2\theta + \cos\theta = 0$　　　(2)　$\sin 2\theta > \sin\theta$

解　(1)　$\cos 2\theta = 2\cos^2\theta - 1$ より　$2\cos^2\theta + \cos\theta - 1 = 0$

よって　$(2\cos\theta - 1)(\cos\theta + 1) = 0$　ゆえに　$\cos\theta = \dfrac{1}{2},\ -1$

$0 \leqq \theta < 2\pi$ より　$\boldsymbol{\theta = \dfrac{\pi}{3},\ \pi,\ \dfrac{5}{3}\pi}$

(2)　$2\sin\theta\cos\theta > \sin\theta$ より　$\sin\theta(2\cos\theta - 1) > 0$

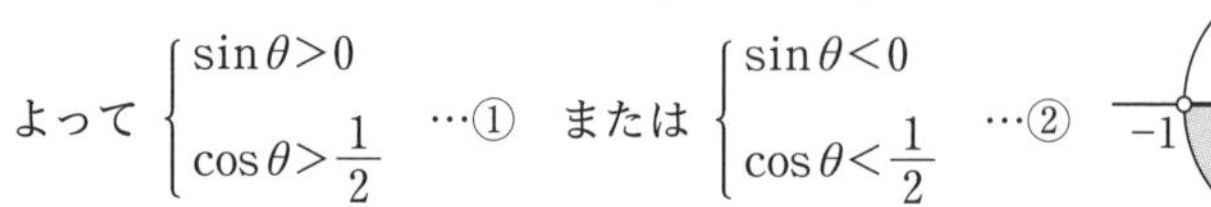

よって　$\begin{cases} \sin\theta > 0 \\ \cos\theta > \dfrac{1}{2} \end{cases}$ …①　または　$\begin{cases} \sin\theta < 0 \\ \cos\theta < \dfrac{1}{2} \end{cases}$ …②

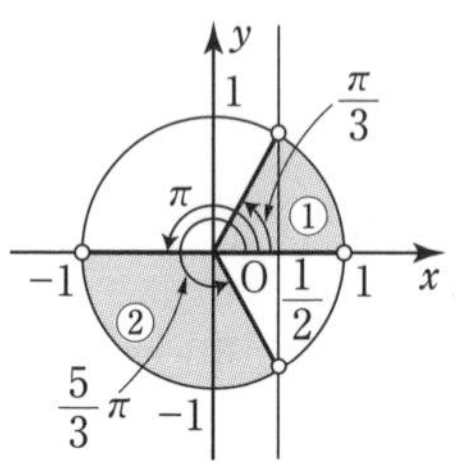

$0 \leqq \theta < 2\pi$ より　$\boldsymbol{0 < \theta < \dfrac{\pi}{3},\ \pi < \theta < \dfrac{5}{3}\pi}$

---

*__256__　$0 \leqq \theta < 2\pi$ のとき，次の方程式，不等式を解け。

(1)　$\cos 2\theta = \sin\theta$　　　(2)　$\cos 2\theta - 3\cos\theta - 1 = 0$

(3)　$\sin 2\theta > \cos\theta$　　　(4)　$\cos 2\theta \geqq \cos^2\theta$

Step UP 例題104　最大・最小（合成の利用）

次の関数の最大値と最小値を求めよ。また，そのときの θ の値を求めよ。

$y = \sin\theta - \sqrt{3}\cos\theta$　$(0 \leqq \theta < 2\pi)$

解　$y = \sin\theta - \sqrt{3}\cos\theta = 2\sin\left(\theta - \dfrac{\pi}{3}\right)$

$0 \leqq \theta < 2\pi$ より　$-\dfrac{\pi}{3} \leqq \theta - \dfrac{\pi}{3} < \dfrac{5}{3}\pi$ であるから

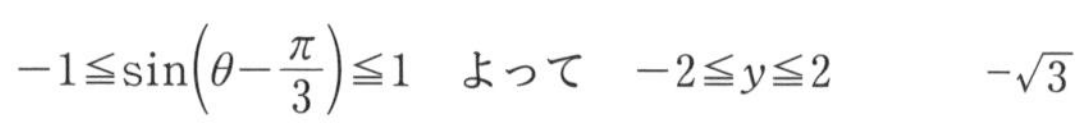

$-1 \leqq \sin\left(\theta - \dfrac{\pi}{3}\right) \leqq 1$　よって　$-2 \leqq y \leqq 2$

ゆえに　$\theta - \dfrac{\pi}{3} = \dfrac{\pi}{2}$　すなわち　$\boldsymbol{\theta = \dfrac{5}{6}\pi}$ **のとき最大値 2**

$\theta - \dfrac{\pi}{3} = \dfrac{3}{2}\pi$　すなわち　$\boldsymbol{\theta = \dfrac{11}{6}\pi}$ **のとき最小値 −2**

---

*__257__　$0 \leqq \theta < 2\pi$ のとき，次の関数の最大値と最小値を求めよ。また，(1)，(2)はそのときの θ の値を求めよ。

(1)　$y = \sqrt{3}\sin\theta + \cos\theta$　　　(2)　$y = -\sin\theta + \cos\theta$

(3)　$y = 4\sin\theta - 3\cos\theta$　　　(4)　$y = -2\sin\theta - \cos\theta$

258　関数 $y=a\sin\theta+b\cos\theta$ は $\theta=\dfrac{\pi}{3}$ で最大値をとり，最小値は -4 である。定数 a，b の値を求めよ。

Step UP 例題105　三角方程式・不等式（合成の利用）

$0\leqq\theta<2\pi$ のとき，方程式 $\sin 2\theta+\sqrt{3}\cos 2\theta=1$ を解け。

解　$\sin 2\theta+\sqrt{3}\cos 2\theta=1$ の左辺を変形して

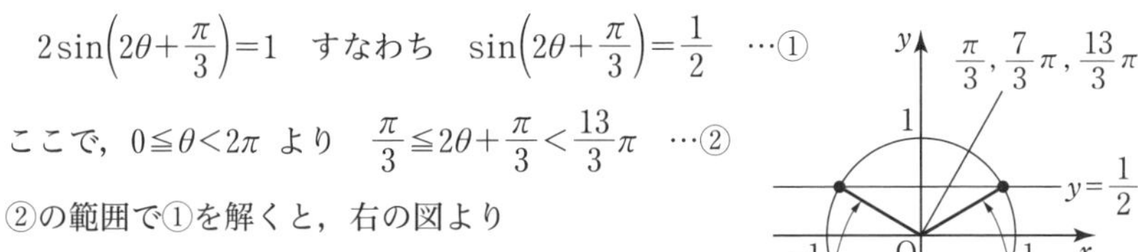

$2\sin\left(2\theta+\dfrac{\pi}{3}\right)=1$　すなわち　$\sin\left(2\theta+\dfrac{\pi}{3}\right)=\dfrac{1}{2}$　…①

ここで，$0\leqq\theta<2\pi$ より　$\dfrac{\pi}{3}\leqq 2\theta+\dfrac{\pi}{3}<\dfrac{13}{3}\pi$　…②

②の範囲で①を解くと，右の図より

$2\theta+\dfrac{\pi}{3}=\dfrac{5}{6}\pi,\ \dfrac{13}{6}\pi,\ \dfrac{17}{6}\pi,\ \dfrac{25}{6}\pi$

よって　$\boldsymbol{\theta=\dfrac{\pi}{4},\ \dfrac{11}{12}\pi,\ \dfrac{5}{4}\pi,\ \dfrac{23}{12}\pi}$

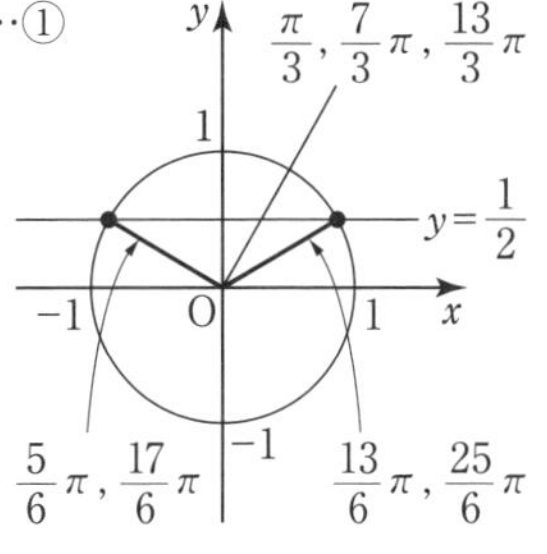

259　$0\leqq\theta<2\pi$ のとき，次の方程式，不等式を解け。

*(1)　$\sqrt{3}\sin\theta+\cos\theta=-1$　　　(2)　$2\sin 2\theta-2\cos 2\theta=\sqrt{6}$

(3)　$\sin\theta+\cos\theta\geqq-1$　　　*(4)　$\sqrt{3}\sin 2\theta-\cos 2\theta<1$

Step UP 例題106　加法定理を利用する三角関数の値

$\sin\alpha+\cos\beta=\dfrac{\sqrt{2}}{\sqrt{3}}$，$\cos\alpha-\sin\beta=\dfrac{1}{\sqrt{3}}$ のとき，$\sin(\alpha-\beta)$ と $\alpha-\beta$ の値を求めよ。ただし，$0<\alpha<\dfrac{\pi}{2}$，$0<\beta<\dfrac{\pi}{2}$ とする。

解　与えられた2式の両辺をそれぞれ2乗すると

$(\sin\alpha+\cos\beta)^2=\left(\dfrac{\sqrt{2}}{\sqrt{3}}\right)^2$ より　$\sin^2\alpha+2\sin\alpha\cos\beta+\cos^2\beta=\dfrac{2}{3}$　…①

$(\cos\alpha-\sin\beta)^2=\left(\dfrac{1}{\sqrt{3}}\right)^2$ より　$\cos^2\alpha-2\cos\alpha\sin\beta+\sin^2\beta=\dfrac{1}{3}$　…②

①＋②より　$2+2(\sin\alpha\cos\beta-\cos\alpha\sin\beta)=1$　　よって　$\boldsymbol{\sin(\alpha-\beta)=-\dfrac{1}{2}}$

$0<\alpha<\dfrac{\pi}{2}$，$0<\beta<\dfrac{\pi}{2}$ であるから　$-\dfrac{\pi}{2}<\alpha-\beta<\dfrac{\pi}{2}$　　よって　$\boldsymbol{\alpha-\beta=-\dfrac{\pi}{6}}$

エクセル　角の大きさを求めるとき ➡ 第何象限の角か必ず調べる

260　$\sin\alpha+\cos\beta=\sqrt{2}$，$\cos\alpha+\sin\beta=1$ のとき，$\sin(\alpha+\beta)$ と $\alpha+\beta$ の値を求めよ。ただし，$0<\alpha<\dfrac{\pi}{4}$，$0<\beta<\dfrac{\pi}{4}$ とする。

Step UP 38 三角関数のいろいろな応用

Step UP 例題107 三角関数の最大値・最小値（2倍角の公式の利用）

$0 \leqq \theta < 2\pi$ のとき，関数 $y = -\cos 2\theta + 2\sin\theta$ の最大値と最小値を求めよ。また，そのときの θ の値を求めよ。

解 $y = -(1-2\sin^2\theta) + 2\sin\theta = 2\sin^2\theta + 2\sin\theta - 1$

◀ $\cos 2\theta = 1 - 2\sin^2\theta$ を代入して，$\sin\theta$ だけの式にする

$\sin\theta = t$ とおくと

$$y = 2t^2 + 2t - 1 = 2\left(t + \frac{1}{2}\right)^2 - \frac{3}{2} \quad \cdots ①$$

また，$0 \leqq \theta < 2\pi$ より $-1 \leqq t \leqq 1$ …②

②の範囲で①のグラフをかくと，右の図より

$t=1$ のとき最大，$t = -\frac{1}{2}$ のとき最小となる。

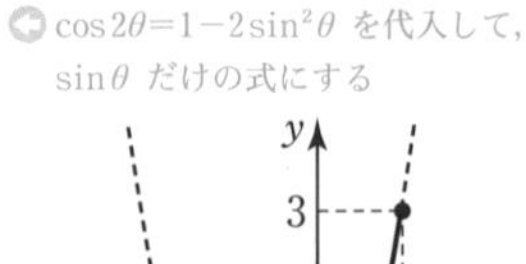
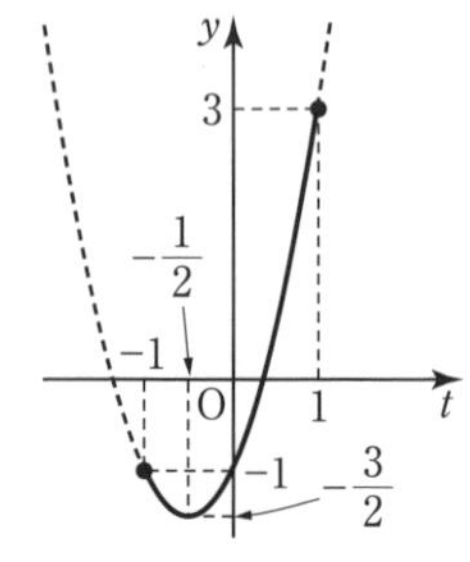

よって，$\sin\theta = 1$ すなわち $\boldsymbol{\theta = \frac{\pi}{2}}$ **のとき最大値 3**

$\sin\theta = -\frac{1}{2}$ すなわち $\boldsymbol{\theta = \frac{7}{6}\pi,\ \frac{11}{6}\pi}$ **のとき最小値** $\boldsymbol{-\frac{3}{2}}$

エクセル $\sin\theta = t$，$\cos\theta = t$ の置き換え ➡ 変域に注意してグラフをかく

261 次の関数の最大値と最小値を求めよ。また，そのときの θ の値を求めよ。

(1) $y = 2\sqrt{2}\sin\theta - \cos 2\theta \quad (0 \leqq \theta < 2\pi)$

(2) $y = -\cos 2\theta + 2\cos\theta - 1 \quad \left(0 \leqq \theta \leqq \frac{2}{3}\pi\right)$

Step UP 例題108 三角関数の最大値・最小値（2倍角・半角の公式，合成の利用）

$0 \leqq \theta \leqq \pi$ のとき，関数 $y = 3\sin^2\theta - 2\sin\theta\cos\theta + \cos^2\theta$ の最大値と最小値を求めよ。また，そのときの θ の値を求めよ。

解 $y = 3\sin^2\theta - 2\sin\theta\cos\theta + \cos^2\theta$

$$= 3 \cdot \frac{1-\cos 2\theta}{2} - \sin 2\theta + \frac{1+\cos 2\theta}{2}$$

◀ $\sin^2\frac{\alpha}{2} = \frac{1-\cos\alpha}{2}$，$\cos^2\frac{\alpha}{2} = \frac{1+\cos\alpha}{2}$（$\alpha = 2\theta$ とおく）

$$= -\sin 2\theta - \cos 2\theta + 2$$

$$= \sqrt{2}\sin\left(2\theta - \frac{3}{4}\pi\right) + 2$$

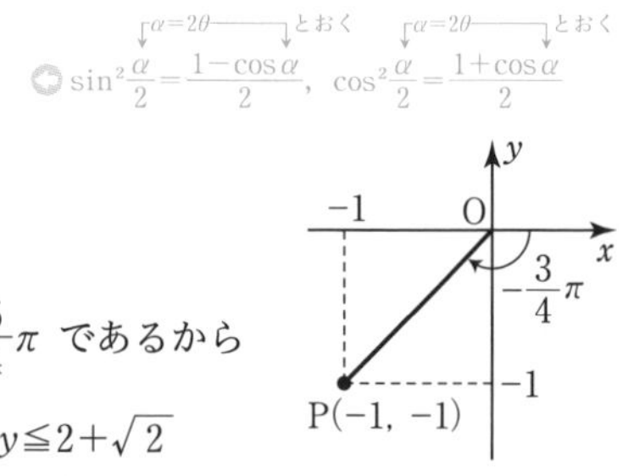

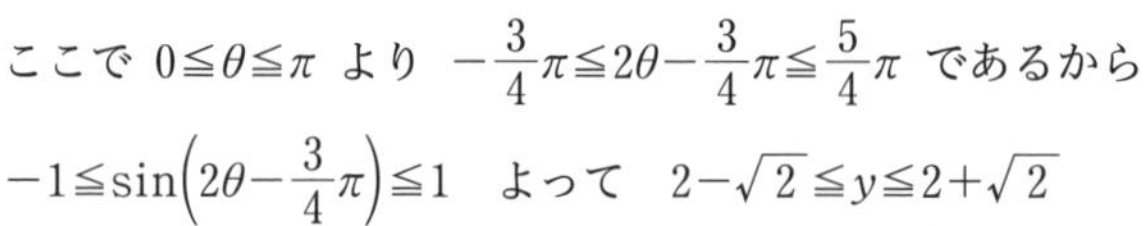
ここで $0 \leqq \theta \leqq \pi$ より $-\frac{3}{4}\pi \leqq 2\theta - \frac{3}{4}\pi \leqq \frac{5}{4}\pi$ であるから

$-1 \leqq \sin\left(2\theta - \frac{3}{4}\pi\right) \leqq 1$ よって $2-\sqrt{2} \leqq y \leqq 2+\sqrt{2}$

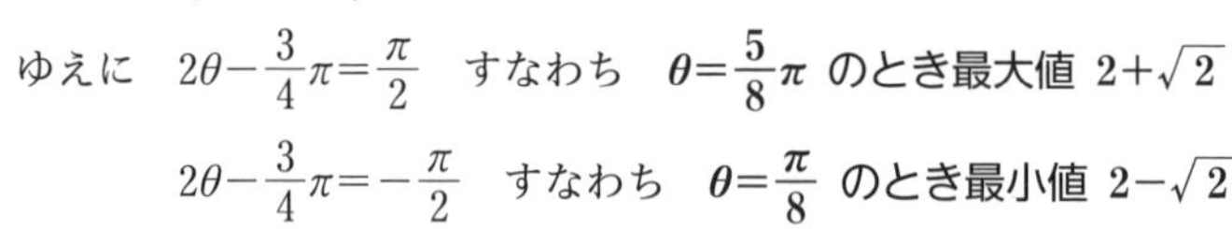
ゆえに $2\theta - \frac{3}{4}\pi = \frac{\pi}{2}$ すなわち $\boldsymbol{\theta = \frac{5}{8}\pi}$ **のとき最大値** $\boldsymbol{2+\sqrt{2}}$

$2\theta - \frac{3}{4}\pi = -\frac{\pi}{2}$ すなわち $\boldsymbol{\theta = \frac{\pi}{8}}$ **のとき最小値** $\boldsymbol{2-\sqrt{2}}$

*262 $0 \leqq \theta \leqq \pi$ のとき，関数 $y=\sin^2\theta+\sqrt{3}\sin\theta\cos\theta+2\cos^2\theta$ の最大値と最小値を求めよ。また，そのときの θ の値を求めよ。

Step UP 例題109 三角関数の最大値・最小値（$\sin\theta+\cos\theta=t$ の置き換え）

関数 $y=\sin 2\theta-\sin\theta-\cos\theta+1$ $(0 \leqq \theta < 2\pi)$ について，次の問いに答えよ。

(1) $\sin\theta+\cos\theta=t$ とおいたとき，$\sin\theta\cos\theta$ を t を用いて表せ。

(2) t のとりうる値の範囲を求めよ。　(3) y の最大値と最小値を求めよ。

解 (1) $\sin\theta+\cos\theta=t$ の両辺を 2 乗して　$\sin^2\theta+2\sin\theta\cos\theta+\cos^2\theta=t^2$

$1+2\sin\theta\cos\theta=t^2$　よって　$\boldsymbol{\sin\theta\cos\theta=\dfrac{t^2-1}{2}}$　◯ $\sin^2\theta+\cos^2\theta=1$

(2) $t=\sqrt{2}\sin\left(\theta+\dfrac{\pi}{4}\right)$ と変形して　◯ 三角関数の合成

$0 \leqq \theta < 2\pi$ より　$\dfrac{\pi}{4} \leqq \theta+\dfrac{\pi}{4} < \dfrac{9}{4}\pi$　であるから

$-1 \leqq \sin\left(\theta+\dfrac{\pi}{4}\right) \leqq 1$　よって　$\boldsymbol{-\sqrt{2} \leqq t \leqq \sqrt{2}}$

(3) $y=\sin 2\theta-\sin\theta-\cos\theta+1$

$=2\sin\theta\cos\theta-(\sin\theta+\cos\theta)+1$

$=2\cdot\dfrac{t^2-1}{2}-t+1$

$=t^2-t=\left(t-\dfrac{1}{2}\right)^2-\dfrac{1}{4}$　$(-\sqrt{2} \leqq t \leqq \sqrt{2})$

右の図より，$t=-\sqrt{2}$ のとき　**最大値 $2+\sqrt{2}$**

$t=\dfrac{1}{2}$ のとき　**最小値 $-\dfrac{1}{4}$**

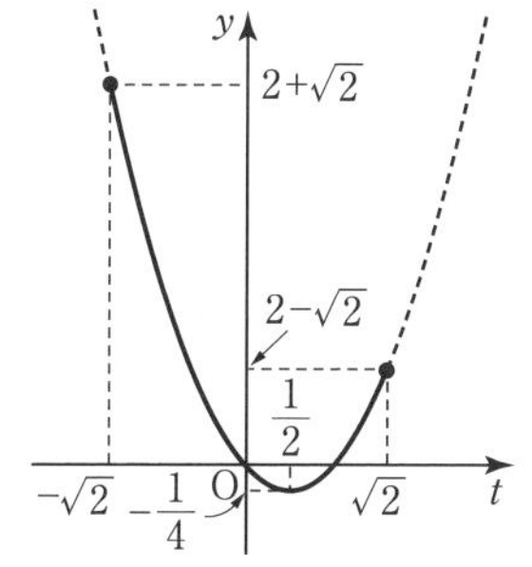

参考　y が最大となるのは $t=-\sqrt{2}$ のときで，θ の値を求めると

$-\sqrt{2}=\sqrt{2}\sin\left(\theta+\dfrac{\pi}{4}\right)$ より　$\sin\left(\theta+\dfrac{\pi}{4}\right)=-1$

$\dfrac{\pi}{4} \leqq \theta+\dfrac{\pi}{4} < \dfrac{9}{4}\pi$ の範囲で解くと $\theta+\dfrac{\pi}{4}=\dfrac{3}{2}\pi$ すなわち $\theta=\dfrac{5}{4}\pi$ のときである。

最小となるときの θ は $\sin\left(\theta+\dfrac{\pi}{4}\right)=\dfrac{\sqrt{2}}{4}$ を満たし，具体的な値は求められない。

エクセル　$\sin\theta+\cos\theta=t$ のとき ➡ 両辺を 2 乗して $\sin\theta\cos\theta$ を t で表す

*263 関数 $y=\dfrac{3}{2}\sin 2\theta-4(\sin\theta-\cos\theta)$ $\left(0 \leqq \theta \leqq \dfrac{\pi}{2}\right)$ について，次の問いに答えよ。

(1) $\sin\theta-\cos\theta=t$ とおいたとき，y を t の式で表せ。

(2) t のとりうる値の範囲を求めよ。

(3) y の最大値と最小値を求めよ。また，そのときの θ の値を求めよ。

Step UP 39 三角関数の和と積の公式

Step UP 例題110 三角関数の和と積の公式の証明

次の等式を証明せよ。

(1) $\sin\alpha\cos\beta=\frac{1}{2}\{\sin(\alpha+\beta)+\sin(\alpha-\beta)\}$

(2) $\sin A+\sin B=2\sin\frac{A+B}{2}\cos\frac{A-B}{2}$

証明 (1) $\sin(\alpha+\beta)=\sin\alpha\cos\beta+\cos\alpha\sin\beta$ …①

$\sin(\alpha-\beta)=\sin\alpha\cos\beta-\cos\alpha\sin\beta$ …②

において，①＋②より ← 加法定理

$\sin(\alpha+\beta)+\sin(\alpha-\beta)=2\sin\alpha\cos\beta$

よって

$\sin\alpha\cos\beta=\frac{1}{2}\{\sin(\alpha+\beta)+\sin(\alpha-\beta)\}$ 終

(2) (1)において $\alpha+\beta=A$，$\alpha-\beta=B$ とおくと

$\sin\frac{A+B}{2}\cos\frac{A-B}{2}=\frac{1}{2}(\sin A+\sin B)$

よって ← $\alpha=\frac{A+B}{2}$，$\beta=\frac{A-B}{2}$

$\sin A+\sin B=2\sin\frac{A+B}{2}\cos\frac{A-B}{2}$ 終

積を和・差に直す公式

$\sin\alpha\cos\beta=\frac{1}{2}\{\sin(\alpha+\beta)+\sin(\alpha-\beta)\}$

$\cos\alpha\sin\beta=\frac{1}{2}\{\sin(\alpha+\beta)-\sin(\alpha-\beta)\}$

$\cos\alpha\cos\beta=\frac{1}{2}\{\cos(\alpha+\beta)+\cos(\alpha-\beta)\}$

$\sin\alpha\sin\beta=-\frac{1}{2}\{\cos(\alpha+\beta)-\cos(\alpha-\beta)\}$

和・差を積に直す公式

$\sin A+\sin B=2\sin\frac{A+B}{2}\cos\frac{A-B}{2}$

$\sin A-\sin B=2\cos\frac{A+B}{2}\sin\frac{A-B}{2}$

$\cos A+\cos B=2\cos\frac{A+B}{2}\cos\frac{A-B}{2}$

$\cos A-\cos B=-2\sin\frac{A+B}{2}\sin\frac{A-B}{2}$

264 次の等式を証明せよ。

(1) $\sin\alpha\sin\beta=-\frac{1}{2}\{\cos(\alpha+\beta)-\cos(\alpha-\beta)\}$

(2) $\cos A-\cos B=-2\sin\frac{A+B}{2}\sin\frac{A-B}{2}$

Step UP 例題111 三角関数の和と積の公式の利用

次の式の値を求めよ。

(1) $\cos 75^\circ\sin 15^\circ$　　(2) $\cos 75^\circ-\cos 15^\circ$

解 (1) $\cos 75^\circ\sin 15^\circ=\frac{1}{2}\{\sin(75^\circ+15^\circ)-\sin(75^\circ-15^\circ)\}$ ← $\cos\alpha\sin\beta=\frac{1}{2}\{\sin(\alpha+\beta)-\sin(\alpha-\beta)\}$

$=\frac{1}{2}(\sin 90^\circ-\sin 60^\circ)=\frac{1}{2}\left(1-\frac{\sqrt{3}}{2}\right)=\boldsymbol{\frac{2-\sqrt{3}}{4}}$

(2) $\cos 75^\circ-\cos 15^\circ=-2\sin\frac{75^\circ+15^\circ}{2}\sin\frac{75^\circ-15^\circ}{2}$ ← $\cos A-\cos B=-2\sin\frac{A+B}{2}\sin\frac{A-B}{2}$

$=-2\sin 45^\circ\sin 30^\circ=-2\cdot\frac{\sqrt{2}}{2}\cdot\frac{1}{2}=\boldsymbol{-\frac{\sqrt{2}}{2}}$

265　次の式の値を求めよ。

(1)　$\cos 75^\circ \cos 15^\circ$　　(2)　$\sin 37.5^\circ \sin 7.5^\circ$

(3)　$\sin 105^\circ - \sin 15^\circ$　　(4)　$\cos 105^\circ + \cos 15^\circ$

266　次の式を三角関数の和または差の形に直せ。

(1)　$\sin 4\theta \cos\theta$　　(2)　$\cos 3\theta \cos 2\theta$　　(3)　$\sin 2\theta \sin\theta$

267　次の式を三角関数の積の形に直せ。

(1)　$\sin 4\theta + \sin 2\theta$　　(2)　$\cos 5\theta + \cos\theta$　　(3)　$\cos 4\theta - \cos 2\theta$

268　次の式の値を求めよ。

(1)　$\sin 20^\circ \sin 40^\circ \sin 80^\circ$　　(2)　$\cos 10^\circ + \cos 110^\circ + \cos 130^\circ$

Step UP 例題112　三角関数の値域（和と積の公式の利用）

$0 \leqq \theta < 2\pi$ のとき，次の関数の値域を求めよ。

(1)　$y = \sin\theta \sin\left(\theta - \dfrac{\pi}{3}\right)$　　(2)　$y = \sin\theta + \sin\left(\theta - \dfrac{\pi}{3}\right)$

解　(1)　$y = -\dfrac{1}{2}\left\{\cos\left(2\theta - \dfrac{\pi}{3}\right) - \cos\dfrac{\pi}{3}\right\} = -\dfrac{1}{2}\cos\left(2\theta - \dfrac{\pi}{3}\right) + \dfrac{1}{4}$

$0 \leqq \theta < 2\pi$ より　$-\dfrac{\pi}{3} \leqq 2\theta - \dfrac{\pi}{3} < \dfrac{11}{3}\pi$ であるから

$-1 \leqq \cos\left(2\theta - \dfrac{\pi}{3}\right) \leqq 1$　よって　$\boldsymbol{-\dfrac{1}{4} \leqq y \leqq \dfrac{3}{4}}$

(2)　$y = 2\sin\left(\theta - \dfrac{\pi}{6}\right)\cos\dfrac{\pi}{6} = \sqrt{3}\sin\left(\theta - \dfrac{\pi}{6}\right)$

$0 \leqq \theta < 2\pi$ より　$-\dfrac{\pi}{6} \leqq \theta - \dfrac{\pi}{6} < \dfrac{11}{6}\pi$ であるから

$-1 \leqq \sin\left(\theta - \dfrac{\pi}{6}\right) \leqq 1$　よって　$\boldsymbol{-\sqrt{3} \leqq y \leqq \sqrt{3}}$

$\sin\alpha\sin\beta = -\dfrac{1}{2}\{\cos(\alpha+\beta) - \cos(\alpha-\beta)\}$

$\sin A + \sin B = 2\sin\dfrac{A+B}{2}\cos\dfrac{A-B}{2}$

269　$0 \leqq \theta \leqq \pi$ のとき，次の関数の値域を求めよ。

(1)　$y = \sin\left(\theta + \dfrac{5}{12}\pi\right)\cos\left(\theta + \dfrac{\pi}{12}\right)$　　(2)　$y = \cos\left(\theta + \dfrac{5}{12}\pi\right) - \cos\left(\theta + \dfrac{\pi}{12}\right)$

270　$0 \leqq \theta < 2\pi$ のとき，方程式 $\cos\theta + \cos 3\theta = 0$ を解け。

271　$0 \leqq \theta < \dfrac{\pi}{2}$ のとき，不等式 $\cos\theta + \cos 3\theta + \cos 5\theta < 0$ を解け。

40 指数の拡張・累乗根

例題113 指数の拡張 類272,273

次の式を計算せよ。

(1) 6^0　　(2) $(a^{-2}b)^3\times(ab^{-1})^2\div(ab^{-2})^{-4}$

解 (1) (与式)$=\mathbf{1}$

(2) (与式)$=a^{-6}b^3\times(a^2b^{-2})\div(a^{-4}b^8)$

$=a^{-6+2-(-4)}b^{3+(-2)-8}$

$=a^0b^{-7}=\dfrac{\mathbf{1}}{\boldsymbol{b^7}}$

指数法則

$a\neq0$, $b\neq0$ で，m, n が整数のとき

$a^ma^n=a^{m+n}$, $\dfrac{a^m}{a^n}=a^{m-n}$

$(a^m)^n=a^{mn}$, $(ab)^n=a^nb^n$

エクセル　$a\neq0$ で，n が整数のとき ➡ $a^0=1$, $a^{-n}=\dfrac{1}{a^n}$

例題114 累乗根の計算 類276

次の式を計算せよ。

(1) $\sqrt[3]{81}\div\sqrt[3]{9}\times\sqrt[3]{3}$　　(2) $\sqrt{2\sqrt[4]{2\sqrt[3]{2}}}$

解 (1) (与式)$=\sqrt[3]{\dfrac{81\times3}{9}}=\sqrt[3]{27}=\sqrt[3]{3^3}=\mathbf{3}$

別解 (与式)$=\sqrt[3]{3^4}\div\sqrt[3]{3^2}\times\sqrt[3]{3}$

$=3^{\frac{4}{3}}\div3^{\frac{2}{3}}\times3^{\frac{1}{3}}$

$=3^{\frac{4}{3}-\frac{2}{3}+\frac{1}{3}}=3^1=\mathbf{3}$

(2) (与式)$=\sqrt{2\sqrt[4]{2\times2^{\frac{1}{3}}}}=\sqrt{2\sqrt[4]{2^{\frac{4}{3}}}}$

$=\sqrt{2\times\left(2^{\frac{4}{3}}\right)^{\frac{1}{4}}}=\sqrt{2\times2^{\frac{1}{3}}}=\sqrt{2^{\frac{4}{3}}}$

$=\left(2^{\frac{4}{3}}\right)^{\frac{1}{2}}=2^{\frac{2}{3}}=\sqrt[3]{2^2}=\mathbf{\sqrt[3]{4}}$

累乗根の性質

$a>0$, $b>0$ で m, n が正の整数のとき

① $\sqrt[n]{a}\sqrt[n]{b}=\sqrt[n]{ab}$

② $\dfrac{\sqrt[n]{a}}{\sqrt[n]{b}}=\sqrt[n]{\dfrac{a}{b}}$

③ $(\sqrt[n]{a})^m=\sqrt[n]{a^m}$

④ $\sqrt[m]{\sqrt[n]{a}}=\sqrt[mn]{a}$

有理数の指数

$a>0$, m が整数，n が正の整数のとき

$a^{\frac{m}{n}}=\sqrt[n]{a^m}$, $a^{-r}=\dfrac{1}{a^r}$

エクセル　累乗根を含む式の計算 ➡ 累乗根の性質 $\sqrt[n]{a}\sqrt[n]{b}=\sqrt[n]{ab}$ などを利用
または，指数に直して $a^{\frac{m}{n}}$ の形で計算

例題115 式の値 類279

$a>0$, $a^{\frac{1}{2}}+a^{-\frac{1}{2}}=3$ とする。このとき，次の式の値を求めよ。

(1) $a+a^{-1}$　　(2) $a^{\frac{3}{2}}+a^{-\frac{3}{2}}$

解 (1) (与式)$=(a^{\frac{1}{2}})^2+(a^{-\frac{1}{2}})^2=(a^{\frac{1}{2}}+a^{-\frac{1}{2}})^2-2\cdot a^{\frac{1}{2}}\cdot a^{-\frac{1}{2}}$

$=3^2-2\cdot1=\mathbf{7}$

$a^{\frac{1}{2}}\cdot a^{-\frac{1}{2}}=a^0=1$

(2) (与式)$=(a^{\frac{1}{2}})^3+(a^{-\frac{1}{2}})^3=(a^{\frac{1}{2}}+a^{-\frac{1}{2}})^3-3\cdot a^{\frac{1}{2}}\cdot a^{-\frac{1}{2}}(a^{\frac{1}{2}}+a^{-\frac{1}{2}})$

$=3^3-3\cdot1\cdot3=\mathbf{18}$

エクセル　$a^r+a^{-r}=p$ のとき，$a^{2r}+a^{-2r}$, $a^{3r}+a^{-3r}$ の値を求める
➡ $A^2+B^2=(A+B)^2-2AB$, $A^3+B^3=(A+B)^3-3AB(A+B)$ を利用

A

272 次の値を求めよ。 ↩ 例題113

(1) 5^{-2}　(2) 12^0　(3) $(-2)^{-5}$

273 次の式を計算せよ。 ↩ 例題113

(1) 1.23×10^{-3}　(2) $7^{-4}\times7\div7^{-2}$　(3) $(-a^3)^{-2}\times(a^2)^{-1}$

274 次の累乗根を実数の範囲で求めよ。

(1) 256の4乗根　(2) -243の5乗根　(3) $\dfrac{8}{125}$の3乗根

275 次の値を求めよ。

(1) $\sqrt[3]{64}$　(2) $\sqrt[3]{-27}$　*(3) $\sqrt[4]{0.0081}$

***276** 次の式を簡単にせよ。 ↩ 例題114

(1) $\sqrt[4]{3}\sqrt[4]{27}$　(2) $\dfrac{\sqrt[3]{432}}{\sqrt[3]{-2}}$　(3) $\sqrt[3]{\sqrt{64}}$

(4) $(\sqrt[6]{8})^8$　(5) $\sqrt{5}\times\sqrt[3]{5}\div\dfrac{1}{\sqrt[6]{5}}$　(6) $\sqrt[4]{3\sqrt{3\sqrt[5]{3}}}$

B

277 次の式を簡単にせよ。

*(1) $4^{-\frac{3}{2}}\times27^{\frac{1}{3}}\div16^{-\frac{3}{2}}$　(2) $6^{\frac{1}{2}}\times12^{-\frac{3}{4}}\div9^{\frac{3}{8}}$

(3) $\sqrt[3]{54}+\sqrt[3]{16}-\sqrt[3]{2}$　*(4) $\dfrac{8}{3}\sqrt[6]{9}+\sqrt[3]{-24}+\sqrt[3]{\dfrac{1}{9}}$

278 次の式を簡単にせよ。ただし，$a>0$，$b>0$ とする。

(1) $a\sqrt{a\sqrt{a}}\div\sqrt{a}$　*(2) $\sqrt[6]{a^3b}\div\sqrt[3]{ab}\times\sqrt[3]{ab^2}$

*(3) $\left(a^{\frac{1}{4}}-b^{\frac{1}{4}}\right)\left(a^{\frac{1}{4}}+b^{\frac{1}{4}}\right)\left(a^{\frac{1}{2}}+b^{\frac{1}{2}}\right)$　(4) $\left(a^{\frac{1}{3}}+b^{\frac{1}{3}}\right)\left(a^{\frac{2}{3}}-a^{\frac{1}{3}}b^{\frac{1}{3}}+b^{\frac{2}{3}}\right)$

***279** $a^{\frac{1}{2}}+a^{-\frac{1}{2}}=2\sqrt{2}$ のとき，次の式の値を求めよ。ただし，$a>0$ とする。

(1) $a+a^{-1}$　(2) $a^{\frac{3}{2}}+a^{-\frac{3}{2}}$ ↩ 例題115

280 $a^{2x}=3$ のとき，次の式の値を求めよ。ただし，$a>0$，$a\neq1$ とする。

(1) $(a^{2x}-a^{-2x})\div(a^x-a^{-x})$　(2) $(a^{3x}+a^{-3x})\div(a^x+a^{-x})$

281 $3^x-3^{-x}=4$ のとき，次の式の値を求めよ。

(1) 9^x+9^{-x}　(2) 3^x+3^{-x}　(3) 3^x

41 指数関数とそのグラフ

例題116 指数関数のグラフ 類282,285

関数 $y=2^x$ のグラフとの位置関係を調べて，次の関数のグラフをかけ。

(1) $y=\left(\frac{1}{2}\right)^x$　　(2) $y=\frac{1}{2}\cdot 2^x$

解 (1) $y=(2^{-1})^x=2^{-x}$ であるから，
このグラフは，$y=2^x$ のグラフと
y 軸に関して対称。

(2) $y=2^{-1}\cdot 2^x=2^{x-1}$ であるから，
このグラフは，$y=2^x$ のグラフを
x 軸方向に1だけ平行移動したもの。

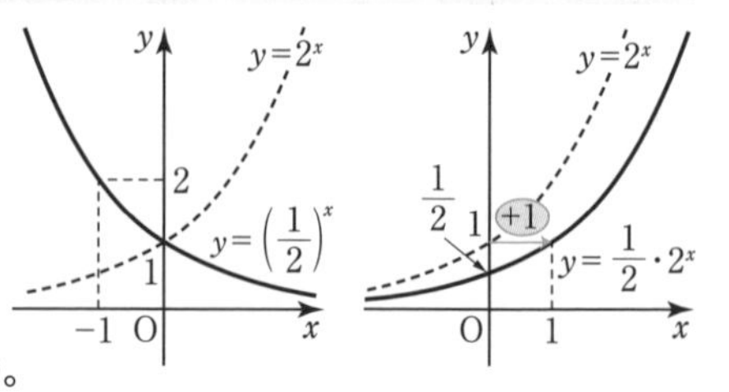

エクセル　$y=a^x$ と $y=\left(\frac{1}{a}\right)^x=a^{-x}$ のグラフは y 軸に関して対称

$y=a^{x-p}+q$ ➡ $y=a^x$ のグラフを x 軸方向に p，y 軸方向に q 平行移動

例題117 累乗根の大小 類284

$\sqrt{3}$，$\sqrt[3]{9}$，$\sqrt[5]{27}$ の大小を，不等号を用いて表せ。

解　$\sqrt{3}=3^{\frac{1}{2}}$，$\sqrt[3]{9}=\sqrt[3]{3^2}=3^{\frac{2}{3}}$，$\sqrt[5]{27}=\sqrt[5]{3^3}=3^{\frac{3}{5}}$　　◁底をそろえて指数の大小を比較

より，指数を比較すると　$\frac{1}{2}<\frac{3}{5}<\frac{2}{3}$

底3は1より大きいから　$3^{\frac{1}{2}}<3^{\frac{3}{5}}<3^{\frac{2}{3}}$　　よって　$\boldsymbol{\sqrt{3}<\sqrt[5]{27}<\sqrt[3]{9}}$

エクセル　$y=a^x$ は $\begin{cases} a>1 \text{ のとき増加関数} & \Rightarrow u<v \Longleftrightarrow a^u<a^v \\ 0<a<1 \text{ のとき減少関数} & \Rightarrow u<v \Longleftrightarrow a^u>a^v \end{cases}$

例題118 指数方程式・指数不等式 類287,288

次の方程式，不等式を解け。

(1) $3^{2x}=27$　　(2) $\left(\frac{1}{2}\right)^x>4$

解 (1) $3^{2x}=3^3$　より　$2x=3$　　よって　$\boldsymbol{x=\frac{3}{2}}$　　◁底をそろえて指数を比較

(2) $(2^{-1})^x>2^2$　より　$2^{-x}>2^2$

底2は1より大きいから　$-x>2$

よって　$\boldsymbol{x<-2}$

◁指数を比較するとき，底が1より大きいか小さいかを必ず確認

エクセル　指数方程式 $a^p=a^q$ $(a>0,\ a\neq 1) \Longleftrightarrow p=q$

指数不等式 $\begin{cases} a>1 & \text{のとき } a^p<a^q \Longleftrightarrow p<q \\ 0<a<1 & \text{のとき } a^p<a^q \Longleftrightarrow p>q \end{cases}$

282 次の関数のグラフをかけ。 ↩ 例題116

(1) $y=5^x$　(2) $y=\left(\frac{1}{5}\right)^x$　(3) $y=-5^{-x}$

283 次の関数の値域を求めよ。

(1) $y=4^x$ $(0\leqq x\leqq 2)$　(2) $y=\left(\frac{1}{2}\right)^x$ $(-1\leqq x\leqq 3)$

*__284__ 次の各数の大小を，不等号を用いて表せ。 ↩ 例題117

(1) 3^{-1}, $3^{\frac{1}{2}}$, 3^2, 1　(2) 0.9^2, 1, 0.9^{-1}, 0.9^{-2}

(3) $\sqrt[3]{8}$, $\sqrt[6]{8}$, $\sqrt[4]{8}$　(4) $\left(\frac{1}{2}\right)^{\frac{1}{2}}$, $\left(\frac{1}{8}\right)^{\frac{1}{8}}$, $2\sqrt{2}$, $\sqrt[3]{4}$

*__285__ 次の関数のグラフをかけ。また，関数 $y=3^x$ のグラフとの位置関係をいえ。

(1) $y=3^x-1$　(2) $y=9\cdot 3^x$　(3) $y=3\cdot 3^{-x}$ ↩ 例題116

B

286 次の各数の大小を，不等号を用いて表せ。

(1) $\sqrt[4]{8}$, $\sqrt[4]{9}$, $\sqrt[4]{4}$　*(2) $\sqrt{3}$, $\sqrt[3]{5}$, $\sqrt[4]{10}$, $\sqrt[6]{30}$

(3) 5^8, 8^6　*(4) 2^{30}, 3^{20}, 6^{10}

287 次の方程式を解け。 ↩ 例題118

(1) $2^{x+2}=128$　(2) $3^x=\frac{1}{243}$　*(3) $\left(\frac{1}{4}\right)^x=\frac{1}{64}$

(4) $3^{3x-1}=27\sqrt{3}$　(5) $4^{x+1}=8^{x+2}$　*(6) $5^{x+1}-5^x=100$

*__288__ 次の不等式を解け。 ↩ 例題118

(1) $2^{3x}>16$　(2) $\left(\frac{1}{3}\right)^x<81$　(3) $5^{x-2}<\frac{1}{125}$

(4) $(0.5)^{2x-1}\geqq\frac{1}{\sqrt[3]{2}}$　(5) $\left(\frac{1}{9}\right)^{3x-2}<\left(\frac{1}{27}\right)^x$　(6) $4^{x-3}\geqq(\sqrt{2})^x$

ヒント **286** (2) すべての根号をはずすために各数を 12 乗して比較する。

(3) $5^8=(5^4)^2$, $8^6=(8^3)^2$ と変形する。

287 (6) 左辺は $5^{x+1}-5^x=5\cdot 5^x-5^x=4\cdot 5^x$ と変形できる。

42 対数とその性質

例題119 対数の値 類290

次の値を求めよ。

(1) $\log_5 1$　(2) $\log_7 7$　(3) $\log_3 9$　(4) $\log_4 32$

解 (1) $\log_5 1=\mathbf{0}$　(2) $\log_7 7=\mathbf{1}$

(3) $\log_3 9=\log_3 3^2=\mathbf{2}$　← $\log_a a^p=p$

(4) $\log_4 32=x$ とおくと，対数の定義より

$4^x=32$,　$(2^2)^x=2^5$ から　$2^{2x}=2^5$

よって　$2x=5$ より　$x=\frac{5}{2}$

ゆえに　$\log_4 32=\mathbf{\frac{5}{2}}$

指数と対数の関係

$a>0$，$a\neq1$，$M>0$ のとき
$a^p=M \iff p=\log_a M$

エクセル 特別な対数の値 ➡ $\log_a 1=0$，$\log_a a=1$

例題120 対数の計算 類291,293

次の式を簡単にせよ。

(1) $\log_2 30+2\log_2 3-\log_2 135$　(2) $\log_2 3\cdot\log_3 7\cdot\log_7 8$

解 (1) $\log_2 30+2\log_2 3-\log_2 135$

$=\log_2 30+\log_2 3^2-\log_2 135$

$=\log_2\frac{30\times9}{135}=\log_2 2=\mathbf{1}$

(2) 底を2に変換すると

$\log_2 3\cdot\log_3 7\cdot\log_7 8$

$=\log_2 3\cdot\frac{\log_2 7}{\log_2 3}\cdot\frac{\log_2 8}{\log_2 7}$

$=\log_2 8=\log_2 2^3=\mathbf{3}$

対数の性質

$a>0$，$a\neq1$，$M>0$，$N>0$ のとき
$\log_a MN=\log_a M+\log_a N$
$\log_a\frac{M}{N}=\log_a M-\log_a N$
$\log_a M^r=r\log_a M$（r は実数）

底の変換公式

a，b，c が正の数で
$a\neq1$，$c\neq1$ のとき
$\log_a b=\frac{\log_c b}{\log_c a}$

エクセル 対数の計算は底をそろえて
➡ 対数の和・差は，真数の積・商にまとめる

例題121 対数の性質と対数の値 類292

$\log_2 3=a$，$\log_2 5=b$ とするとき，次の値を a，b で表せ。

(1) $\log_2 75$　(2) $\log_2\frac{27}{5}$

解 (1) $\log_2 75=\log_2(3\cdot5^2)=\log_2 3+2\log_2 5=\boldsymbol{a+2b}$

(2) $\log_2\frac{27}{5}=\log_2 27-\log_2 5=\log_2 3^3-\log_2 5=3\log_2 3-\log_2 5=\boldsymbol{3a-b}$

*289 次の等式の(1)～(3)を $p=\log_a M$ の形で，(4)～(6)を $a^p=M$ の形で表せ。

(1) $3^4=81$　(2) $8^{-\frac{4}{3}}=\frac{1}{16}$　(3) $3^0=1$

(4) $\log_3 243=5$　(5) $\log_{\sqrt{2}} 8=6$　(6) $\log_9 \frac{1}{3}=-\frac{1}{2}$

290 次の値を求めよ。 ⤶例題119

*(1) $\log_2 8$　*(2) $\log_{10} 1$　(3) $\log_5 \frac{1}{25}$　(4) $\log_4 \frac{1}{2}$

*(5) $\log_{\frac{1}{3}} 27$　(6) $\log_{\sqrt{7}} 7$　*(7) $\log_{\sqrt{2}} \frac{1}{8}$　(8) $\log_{25} \sqrt{125}$

*291 次の式を簡単にせよ。 ⤶例題120

(1) $\log_8 16+\log_8 4$　(2) $\log_4 48-\log_4 12$

(3) $\log_6 24+2\log_6 3$　(4) $3\log_3 2-\log_3 72$

(5) $\log_3 7\cdot\log_7 81$　(6) $\log_2 25\div\log_8 5$

*292 $\log_{10} 2=a$，$\log_{10} 3=b$ とするとき，次の数を a，b で表せ。 ⤶例題121

(1) $\log_{10} 18$　(2) $\log_3 \sqrt{5}$　(3) $\log_6 24$

*293 次の式を簡単にせよ。 ⤶例題120

(1) $2\log_3 6+\log_3 15-\log_3 20$　(2) $3\log_{\frac{1}{2}} 2-\log_{\frac{1}{2}} 72+2\log_{\frac{1}{2}} 3$

(3) $\log_2 \sqrt{3}+3\log_2 \sqrt{2}-\log_2 \sqrt{6}$　(4) $\log_2 50-\log_4 25+\log_2 \frac{8}{5}$

294 次の式を簡単にせよ。

(1) $\log_5 3(\log_3 5+\log_9 25)$　*(2) $(\log_2 3+\log_{16} 9)(\log_3 4+\log_9 16)$

*(3) $\log_2 7\cdot\log_7 10\cdot\log_{10} 16$　(4) $\log_2 10\cdot\log_5 10-\log_2 5-\log_5 2$

295 次の値を求めよ。

(1) $2^{\log_2 7}$　(2) $3^{2\log_3 2}$　(3) $4^{\log_2 3}$

*296 $\log_2 3=a$，$\log_3 7=b$ とするとき，次の式を a，b で表せ。

(1) $\log_3 8$　(2) $\log_6 49$　(3) $\log_{21} \frac{27}{14}$

297 $2^x=3^y=216$ のとき，$\frac{1}{x}+\frac{1}{y}$ の値を求めよ。

43 対数関数とそのグラフ

例題122 対数関数のグラフ 類298

次の関数のグラフをかけ。

(1) $y=\log_2(x-1)$　　(2) $y=\log_{\frac{1}{2}}(-x)$

解 (1) $y=\log_2 x$ のグラフを x 軸方向に1だけ平行移動したもの。

(2) $y=\log_{\frac{1}{2}} x$ のグラフを y 軸に関して対称移動したもの。

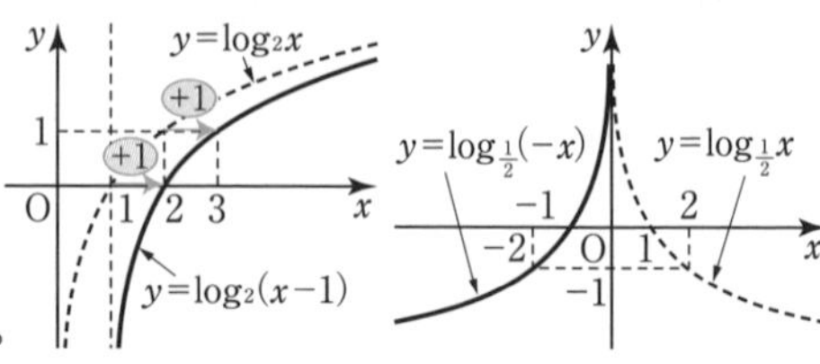

例題123 対数の大小 類301

次の各数の大小を，不等号を用いて表せ。

(1) $\log_2 3$，$\log_2 5$　　(2) $\log_{0.5} 3$，$\log_{0.5} 5$

解 (1) 真数を比較すると　$3<5$

底2は1より大きいから

$\boldsymbol{\log_2 3<\log_2 5}$

(2) 真数を比較すると　$3<5$

底0.5は1より小さいから

$\boldsymbol{\log_{0.5} 3>\log_{0.5} 5}$

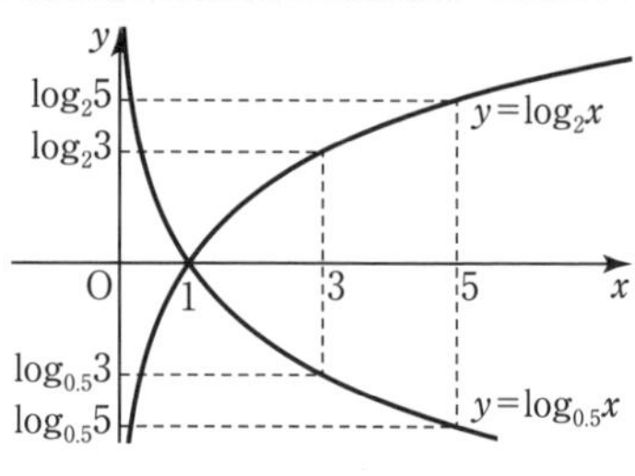

エクセル $y=\log_a x$ は $\begin{cases} a>1 \text{ のとき増加関数} \Rightarrow 0<u<v \iff \log_a u<\log_a v \\ 0<a<1 \text{ のとき減少関数} \Rightarrow 0<u<v \iff \log_a u>\log_a v \end{cases}$

例題124 対数方程式・不等式 類302,303

次の方程式，不等式を解け。

(1) $\log_3(x-1)=2$　　(2) $\log_{\frac{1}{2}}(x+1)>3$

解 (1) 対数の定義より　$x-1=3^2$

よって　$\boldsymbol{x=10}$

別解　真数は正であるから $x>1$ …①

$\log_3(x-1)=2$　より

$\log_3(x-1)=2\log_3 3$

$\log_3(x-1)=\log_3 3^2$

（$2=2\times1=2\log_3 3$）

よって　$x-1=3^2$

ゆえに　$\boldsymbol{x=10}$　(①を満たす)

(2) 真数は正であるから $x>-1$ …①

$\log_{\frac{1}{2}}(x+1)>3$　より

$\log_{\frac{1}{2}}(x+1)>\log_{\frac{1}{2}}\left(\frac{1}{2}\right)^3$

（$3=3\times1=3\log_{\frac{1}{2}}\frac{1}{2}$）

底 $\frac{1}{2}$ は1より小さいから

$x+1<\left(\frac{1}{2}\right)^3$ より $x<-\frac{7}{8}$　…②

①，②より　$\boldsymbol{-1<x<-\frac{7}{8}}$

エクセル 対数方程式・不等式 ➡ まず (真数)>0，次に底をそろえる

298 次の関数のグラフをかけ。 ↩ 例題122

(1) $y=\log_{\frac{1}{3}}x$　　*(2) $y=\log_{\frac{1}{3}}(x-3)$

(3) $y=\log_3(-x)$　　*(4) $y=\log_3 3x$

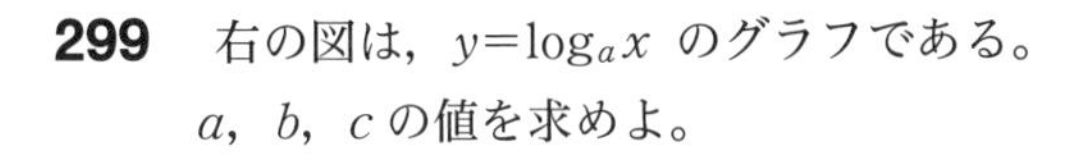

299 右の図は，$y=\log_a x$ のグラフである。
a，b，c の値を求めよ。

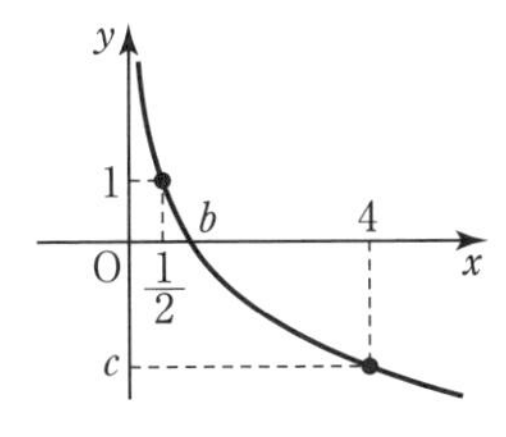

300 次の関数の値域を求めよ。

(1) $y=\log_2 x$ $(1\leqq x\leqq 2\sqrt{2})$　　(2) $y=\log_{\frac{1}{3}}x$ $\left(\dfrac{1}{9}\leqq x\leqq 3\right)$

***301** 次の各数の大小を，不等号を用いて表せ。 ↩ 例題123

(1) $\log_2\dfrac{1}{2}$，$\log_2 3$，$\log_2 5$　　(2) $\log_{0.3}\dfrac{1}{2}$，$\log_{0.3}3$，$\log_{0.3}5$

(3) $\log_{\frac{1}{3}}4$，$\log_2 4$，$\log_3 4$　　(4) $\log_{\frac{1}{3}}\dfrac{1}{2}$，$\log_2\dfrac{1}{2}$，$\log_3\dfrac{1}{2}$

***302** 次の方程式を解け。 ↩ 例題124

(1) $\log_2 x=5$　　(2) $\log_{\frac{1}{4}}(x-1)=-2$　　(3) $\log_{16}(3x+1)=\dfrac{1}{2}$

(4) $\log_3 x^2=4$　　(5) $\log_2(\log_2 x)=3$　　(6) $\log_x 25=2$

***303** 次の不等式を解け。 ↩ 例題124

(1) $\log_2 x<4$　　(2) $\log_{\frac{1}{2}}x>3$　　(3) $\log_3 x>-\dfrac{1}{2}$

(4) $\log_{\frac{1}{3}}(x+2)<2$　　(5) $\log_4(x+5)\geqq\log_4(1-3x)$

***304** 次の各数の大小を，不等号を用いて表せ。

(1) $\log_4 9$，$\log_9 25$，1.5　　(2) $\log_2 3$，$\log_3 2$，$\log_4 8$

ヒント **302** (6) $x>0$，$x\neq 1$ であることに注意する。

304 (1) $1.5=\dfrac{3}{2}=\log_4 4^{\frac{3}{2}}$　また，$1.5=\log_9 9^{\frac{3}{2}}$ と変形する。

(2) $\log_4 8=\dfrac{3}{2}=\log_2 2^{\frac{3}{2}}=\log_2\sqrt{8}$ と変形する。

44 指数・対数の方程式・不等式

例題125 いろいろな指数方程式・不等式 類305,306

次の方程式，不等式を解け。

(1) $4^x+2^{x+1}-24=0$　　(2) $3^{2x}-2\cdot3^x-3>0$

解 (1) $4^x=(2^2)^x=(2^x)^2$，$2^{x+1}=2\cdot2^x$ であるから

$(a^r)^s=a^{rs}=(a^s)^r$
$a^{r+s}=a^r\cdot a^s$

$2^x=t$ とおくと $t>0$ であり，方程式は

$t^2+2t-24=0$ すなわち $(t+6)(t-4)=0$

$t>0$ より $t=4$　よって $2^x=4$ ゆえに $\boldsymbol{x=2}$

(2) $3^{2x}=(3^x)^2$ であるから $3^x=t$ とおくと $t>0$ であり，不等式は

$t^2-2t-3>0$ すなわち $(t+1)(t-3)>0$

$t>0$ より $t+1>0$ であるから $t-3>0$

よって $t>3$ すなわち $3^x>3$

底3は1より大きいから $\boldsymbol{x>1}$

底が1より大きいか小さいか確認

例題126 いろいろな対数方程式・不等式 類307,308

次の方程式，不等式を解け。

(1) $\log_3(x-3)+\log_3(x+5)=2$　　(2) $\log_2(4-x)>\log_4 2x$

解 (1) 真数は正であるから $x-3>0$ かつ $x+5>0$

もとの式で「真数は正」をおさえる

よって $x>3$ …①

このとき $\log_3(x-3)(x+5)=\log_3 3^2$

ゆえに $(x-3)(x+5)=9$

$x^2+2x-24=0$ すなわち $(x+6)(x-4)=0$

したがって $x=-6,\ 4$　①より $\boldsymbol{x=4}$

対数と真数の相等

$a>0$，$a\neq1$，$M>0$，$N>0$ のとき
$\log_a M=\log_a N$
$\iff M=N$

(2) 真数は正であるから $4-x>0$ かつ $2x>0$

よって $0<x<4$ …①

このとき $\log_2(4-x)>\dfrac{\log_2 2x}{\log_2 4}$

底をそろえる

ゆえに $\log_2(4-x)>\dfrac{\log_2 2x}{2}$

$2\log_2(4-x)>\log_2 2x$，$\log_2(4-x)^2>\log_2 2x$

底2は1より大きいから $(4-x)^2>2x$

$x^2-10x+16>0$ すなわち $(x-2)(x-8)>0$

よって $x<2,\ 8<x$ …②　①，②より $\boldsymbol{0<x<2}$

対数と真数の大小

$a>1$ のとき
$\log_a M<\log_a N$
$\iff 0<M<N$
$0<a<1$ のとき
$\log_a M<\log_a N$
$\iff 0<N<M$

エクセル 対数方程式，対数不等式 ➡ ①もとの式で「真数は正」の条件をおさえる
②両辺の対数の底をそろえて，真数を比較

B

305 次の方程式を解け。 例題125

*(1) $3^{2x}-6\cdot3^{x}-27=0$　　*(2) $4^{x}-5\cdot2^{x-1}+1=0$

(3) $9^{x+1}-28\cdot3^{x}+3=0$　　(4) $2^{x}-2^{-x+3}-2=0$

306 次の不等式を解け。 例題125

*(1) $3^{2x}-4\cdot3^{x}+3<0$　　(2) $4^{x}-5\cdot2^{x}+4>0$

*(3) $\left(\frac{1}{9}\right)^{x}+\left(\frac{1}{3}\right)^{x-1}-18\geqq0$　　(4) $\left(\frac{1}{2}\right)^{x}\leqq2^{x}-\frac{3}{2}$

***307** 次の方程式を解け。 例題126

(1) $\log_{10}(x+1)+\log_{10}(2-x)=\log_{10}x$

(2) $\log_{2}x=\log_{4}(3x+10)$

(3) $(\log_{3}x)^{2}-\log_{3}x^{2}-3=0$　　(4) $(\log_{2}8x)(\log_{2}2x)=3$

308 次の不等式を解け。 例題126

(1) $\log_{2}(x-2)+\log_{2}(x-3)<1$　　*(2) $\log_{3}(x+1)<\log_{9}(x+3)$

(3) $(\log_{2}x)^{2}-\log_{2}x^{2}-8<0$　　*(4) $4(\log_{\frac{1}{2}}x)^{2}-3\log_{\frac{1}{2}}x-1\leqq0$

309 次の連立方程式を解け。

(1) $\begin{cases}2^{x+2}-5^{y}=11\\2^{x-2}\cdot5^{y}=5\end{cases}$　　(2) $\begin{cases}x^{2}y^{4}=1\\\log_{2}x+(\log_{2}y)^{2}=3\end{cases}$

310 次の方程式，不等式を解け。

(1) $3^{x}=5^{2x-1}$　　(2) $2^{x-1}<5^{x}$

311 次の不等式を解け。ただし，$a>0$，$a\neq1$ とする。

*(1) $\log_{x}9<2$　　(2) $\log_{2}(\log_{2}x)>0$

*(3) $\log_{a}(4-x)\leqq\log_{a}(x-2)$　　(4) $a^{2x}-a^{x+1}-a^{x}+a>0$

ヒント **309** (1) $2^{x}=X$，$5^{y}=Y$ とおく。　(2) $x^{2}y^{4}=1$ の両辺の 2 を底とする対数をとる。

310 (1) 両辺の 3 を底とする対数をとる。　(2) 両辺の 2 を底とする対数をとる。

311 (1) $2=\log_{x}x^{2}$ と変形。$x>1$，$0<x<1$ で場合分け。

(2) $0=\log_{2}1$ と変形。　(3) $a>1$，$0<a<1$ で場合分け。　(4) $a^{x}=t$ とおく。

45 常用対数

例題127　常用対数の値　類314

$\log_{10}2=0.3010$，$\log_{10}3=0.4771$ とするとき，次の値を求めよ。

(1) $\log_{10}24$　　(2) $\log_{10}5$

解 (1) $\log_{10}24=\log_{10}(2^3\cdot 3)=3\log_{10}2+\log_{10}3=3\times 0.3010+0.4771=\mathbf{1.3801}$

(2) $\log_{10}5=\log_{10}\frac{10}{2}=\log_{10}10-\log_{10}2=1-0.3010=\mathbf{0.6990}$

例題128　桁数・小数首位の問題　類316,317

$\log_{10}2=0.3010$，$\log_{10}3=0.4771$ とするとき，次の問いに答えよ。

(1) 6^{30} は何桁の数か。

(2) $\left(\frac{3}{4}\right)^{50}$ を小数で表すと，小数第何位にはじめて0でない数字が現れるか。

解 (1) $\log_{10}6^{30}=30\log_{10}(2\cdot 3)=30(\log_{10}2+\log_{10}3)$　← 6^{30} の常用対数をとる

$=30(0.3010+0.4771)=23.343$

よって　$23<\log_{10}6^{30}<24$ であるから　$10^{23}<6^{30}<10^{24}$　← $n=\log_{10}10^n$

ゆえに　6^{30} は **24 桁の数**

(2) $\log_{10}\left(\frac{3}{4}\right)^{50}=50\log_{10}\frac{3}{2^2}=50(\log_{10}3-2\log_{10}2)$

$=50(0.4771-2\times 0.3010)=-6.245$

よって　$-7<\log_{10}\left(\frac{3}{4}\right)^{50}<-6$ であるから　$10^{-7}<\left(\frac{3}{4}\right)^{50}<10^{-6}$

ゆえに　$\left(\frac{3}{4}\right)^{50}$ は**小数第7位にはじめて0でない数字が現れる。**

エクセル　$10^{n-1}\leqq A<10^n$ ➡ A の整数部分は n 桁

$10^{-n}\leqq B<10^{-n+1}$ ➡ B は小数第 n 位にはじめて0でない数字が現れる

例題129　n 桁の整数　類318

$\log_{10}2=0.3010$ とする。2^n が8桁の数となるときの整数 n の値を求めよ。

解 2^n が8桁の数であるとき　$10^7\leqq 2^n<10^8$

各辺の常用対数をとると　$\log_{10}10^7\leqq\log_{10}2^n<\log_{10}10^8$

$7\leqq n\log_{10}2<8$　すなわち　$\frac{7}{0.3010}\leqq n<\frac{8}{0.3010}$

よって　$23.2\cdots\leqq n<26.5\cdots$　　n は整数であるから　$\mathbf{n=24,\ 25,\ 26}$

A

*312 次の値を求めよ。

(1) $\log_{10} 10000$　(2) $\log_{10} \frac{1}{1000}$　(3) $\log_{10} 0.000001$

*313 $\log_{10} 2.34 = 0.3692$ とするとき，次の値を求めよ。

(1) $\log_{10} 234$　(2) $\log_{10} 23400$　(3) $\log_{10} 0.0234$

314 $\log_{10} 2 = 0.3010$，$\log_{10} 3 = 0.4771$ とするとき，次の値を求めよ。↩ 例題127

*(1) $\log_{10} 144$　*(2) $\log_3 5$　(3) $\log_{\sqrt{2}} \sqrt{54}$

315 x が次の各範囲にあるとき，$\log_{10} x$ のとる値の範囲を求めよ。

*(1) $1 \leqq x < 100$　(2) $1000 \leqq x < 10000$

(3) $0.01 \leqq x < 0.1$　*(4) $0.0001 \leqq x < 0.001$

B

*316 $\log_{10} 2 = 0.3010$ とする。次の各数は何桁の数か。↩ 例題128

(1) 2^{50}　(2) 5^{45}

*317 $\log_{10} 2 = 0.3010$，$\log_{10} 3 = 0.4771$ とする。次の各数を小数で表すと，小数第何位にはじめて 0 でない数字が現れるか。↩ 例題128

(1) $\left(\frac{1}{3}\right)^{30}$　(2) 0.6^{15}

318 $\log_{10} 2 = 0.3010$，$\log_{10} 3 = 0.4771$ とする。↩ 例題129

*(1) 15^n が 20 桁の数となるときの整数 n の値を求めよ。

(2) 0.4^n が小数第 5 位にはじめて 0 でない数字が現れるときの整数 n の値を求めよ。

*319 1 枚で 80％ の微粒子を除去できるフィルターがある。99.99％ 以上の微粒子を一度に除去するには，このフィルターは少なくとも何枚必要か。ただし，$\log_{10} 2 = 0.3010$ とする。

ヒント 319 n 枚のフィルターでは 0.2^n の微粒子が残る。
これが 0.0001 以下になればよい。

Step UP

46 指数・対数関数のいろいろな問題

Step UP 例題130 指数関数の最大値・最小値(1)

関数 $y=4^x-2^{x+2}+1$ の最大値と最小値を求めよ。

解 $2^x=t$ とおくと $t>0$ であり

$y=(2^x)^2-2^2\cdot2^x+1$

$=t^2-4t+1=(t-2)^2-3$

右の図より，$t=2$ のとき最小となる。

すなわち $2^x=2$ より

$x=1$ のとき最小値は -3，最大値はない。

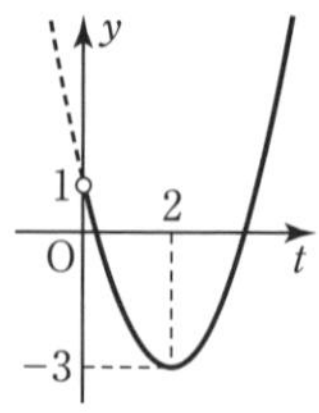

*320 次の関数の最大値と最小値を求めよ。また，そのときの x の値を求めよ。

(1) $y=9^x-6\cdot3^x+4$

(2) $y=-4^x+2^{x+1}+3$ $(-1\leqq x\leqq2)$

Step UP 例題131 指数関数の最大値・最小値(2)

関数 $y=4^x+4^{-x}-2^{2+x}-2^{2-x}+2$ について，次の問いに答えよ。

(1) $t=2^x+2^{-x}$ とおいて，y を t で表せ。

(2) 関数 y の最小値とそのときの x の値を求めよ。

解 (1) $4^x+4^{-x}=(2^x)^2+(2^{-x})^2$

$=(2^x+2^{-x})^2-2\cdot2^x\cdot2^{-x}=t^2-2$

← $a^2+b^2=(a+b)^2-2ab$

また $-2^{2+x}-2^{2-x}=-4\cdot2^x-4\cdot2^{-x}$

$=-4(2^x+2^{-x})=-4t$

よって $\boldsymbol{y=t^2-2-4t+2=t^2-4t}$

(2) $2^x>0$，$2^{-x}>0$ であるから

← $a>0$，$b>0$ のとき $a+b\geqq2\sqrt{ab}$

相加平均と相乗平均の関係より

$2^x+2^{-x}\geqq2\sqrt{2^x\cdot2^{-x}}=2$

よって $t\geqq2$

$y=(t-2)^2-4$ $(t\geqq2)$ より

右の図より，$t=2$ のとき最小となる。

すなわち $2^x+2^{-x}=2$

両辺に 2^x を掛けて整理すると $(2^x)^2-2\cdot2^x+1=0$

$(2^x-1)^2=0$ より $2^x=1$

ゆえに，$\boldsymbol{x=0}$ **のとき最小値** $\boldsymbol{-4}$

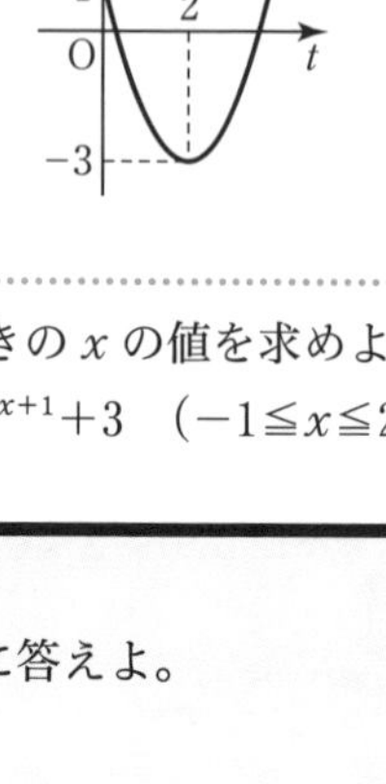

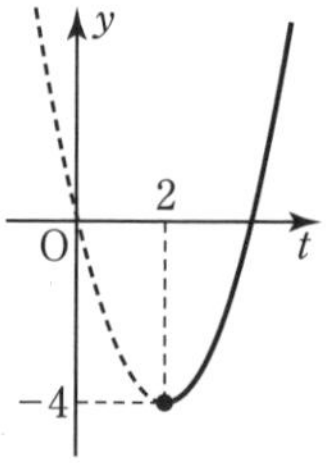

*321 関数 $y=2^x+2^{-x}-2(4^x+4^{-x})$ の最大値とそのときの x の値を求めよ。

Step UP 例題132　対数関数の最大値・最小値(1)

関数 $y=\log_2(x-x^2)$ の最大値と最小値を求めよ。

解　真数は正であるから，$x-x^2>0$ より　$x(x-1)<0$　　よって　$0<x<1$　…①

ここで，$f(x)=x-x^2$ とおくと

$$f(x)=-\left(x-\frac{1}{2}\right)^2+\frac{1}{4}$$

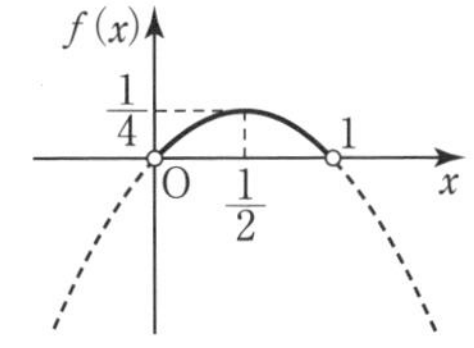

右の図より，①において　$0<f(x)\leqq\frac{1}{4}$

$y=\log_2 f(x)$ は，底 2 が 1 より大きいから増加関数である。

ゆえに，$x=\frac{1}{2}$ のとき**最大値** $\log_2\frac{1}{4}=\mathbf{-2}$，**最小値はない。**

322　次の関数の最大値と最小値を求めよ。また，そのときの x の値を求めよ。

*(1)　$y=\log_2(x-2)(1-x)$　　　(2)　$y=\log_{\frac{1}{2}}(8x-x^2)$

Step UP 例題133　対数関数の最大値・最小値(2)

関数 $y=(\log_3 x)^2-2\log_3 x+3$ の最大値と最小値を求めよ。

解　$\log_3 x=t$ とおくと，t はすべての実数値をとり　　（置き換えたときは変域に注意）

$$y=t^2-2t+3=(t-1)^2+2$$

よって，$t=1$ のとき最小となる。

ゆえに，$x=3$ のとき**最小値 2**，**最大値はない。**

---

*__323__　次の関数の最大値と最小値を求めよ。また，そのときの x の値を求めよ。

(1)　$y=-(\log_2 x)^2+4\log_2 x$　$(1\leqq x\leqq 16)$

(2)　$y=\left(\log_2\frac{x}{4}\right)(\log_2 16x)$　$\left(\frac{1}{4}\leqq x\leqq 8\right)$

Step UP 例題134　対数の式の値

$x>0$，$y>0$，$x+2y=8$ のとき，$\log_{10}x+\log_{10}y$ のとる値の範囲を求めよ。

解　$x=8-2y>0$，$y>0$ より　$0<y<4$　…①

$$\log_{10}x+\log_{10}y=\log_{10}xy$$

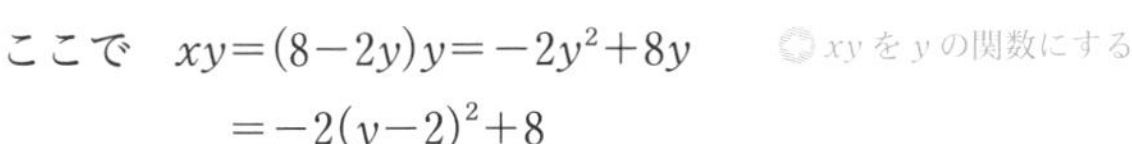

ここで　$xy=(8-2y)y=-2y^2+8y$　　（xy を y の関数にする）

$$=-2(y-2)^2+8$$

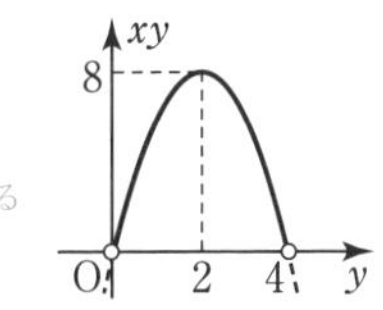

①より　$0<xy\leqq 8$　よって　$\log_{10}xy\leqq\log_{10}8$　　（xy の値が最大のとき，$\log_{10}xy$ の値は最大になる。）

ゆえに　$\mathbf{\log_{10}x+\log_{10}y\leqq 3\log_{10}2}$

---

*__324__　$x>0$，$y>0$，$x+y=6$ のとき，$\log_{\frac{1}{10}}x+\log_{\frac{1}{10}}y$ のとる値の範囲を求めよ。

Step UP 47 常用対数の応用

Step UP 例題135 常用対数の応用

不等式 $0.9^n<0.01$ を満たす最小の整数 n を求めよ。
ただし，$\log_{10}3=0.4771$ とする。

解 両辺の常用対数をとると $\log_{10}0.9^n<\log_{10}0.01$

$n\log_{10}\dfrac{3^2}{10}<\log_{10}10^{-2}$ から $n(2\log_{10}3-1)<-2$

$n>\dfrac{-2}{2\log_{10}3-1}=\dfrac{-2}{2\times0.4771-1}=43.6\cdots$

よって，求める最小の整数 n は **$n=44$**

$2\log_{10}3-1=\log_{10}\dfrac{9}{10}<0$ であるから，不等号の向きが反対になる

エクセル 底が異なる指数不等式 ➡ 両辺の常用対数をとる

325 次の不等式を満たす最小の整数 n を求めよ。ただし，$\log_{10}2=0.3010$，$\log_{10}3=0.4771$ とする。

(1) $0.6^n<0.0001$　　(2) $\left(\dfrac{18}{5}\right)^n>6^5$

Step UP 例題136 n 桁の数

a，b は自然数で，a^2 が 9 桁，ab^2 が 20 桁の数のとき，a，b はそれぞれ何桁の数か。

解 a^2 が 9 桁の数であるから $10^8\leqq a^2<10^9$

各辺の常用対数をとると $8\leqq2\log_{10}a<9$

よって $4\leqq\log_{10}a<4.5$ …①

ゆえに $10^4\leqq a<10^{4.5}$ より **a は 5 桁**

ab^2 が 20 桁の数であるから

$10^{19}\leqq ab^2<10^{20}$

各辺の常用対数をとると

$19\leqq\log_{10}a+2\log_{10}b<20$

①より $-4.5<-\log_{10}a\leqq-4$ を各辺に加えると

$14.5<2\log_{10}b<16$ より $7.25<\log_{10}b<8$

よって $10^{7.25}<b<10^8$ より **b は 8 桁**

別解

a^2 が 9 桁の数であるから

$10^8\leqq a^2<10^9$

各辺を $\dfrac{1}{2}$ 乗して $10^4\leqq a<10^{4.5}$

よって **a は 5 桁**

ab^2 が 20 桁の数であるから

$10^{19}\leqq ab^2<10^{20}$

$10^4\leqq a<10^{4.5}$ であるから

$10^{19-4.5}<b^2<10^{20-4}$

よって $10^{14.5}<b^2<10^{16}$

$10^{7.25}<b<10^8$

ゆえに **b は 8 桁**

エクセル A が n 桁の整数 ➡ $10^{n-1}\leqq A<10^n$

326 a，b は自然数で，b^2 が 5 桁，a^3b が 22 桁の数のとき，a，b はそれぞれ何桁の数か。

Step UP 例題137 最高位の数字と小数首位の数字

$\log_{10}2=0.3010$，$\log_{10}3=0.4771$ として，次の問いに答えよ。

(1) 6^{25} の最高位の数字を求めよ。

(2) 0.8^{15} の小数点以下にはじめて現れる 0 以外の数字を求めよ。

解 (1) $\log_{10}6^{25}=25\log_{10}(2\times3)=25(\log_{10}2+\log_{10}3)$

$=25(0.3010+0.4771)=19.4525$

よって　$6^{25}=10^{19.4525}=10^{0.4525}\times10^{19}$　…①

$0.3010<0.4525<0.4771$ であるから

$\log_{10}2<0.4525<\log_{10}3$

$0.4525=\log_{10}10^{0.4525}$

すなわち　$2<10^{0.4525}<3$　…②

①，②より　$2\times10^{19}<10^{0.4525}\times10^{19}<3\times10^{19}$

$2\times10^{19}<6^{25}<3\times10^{19}$

ゆえに，6^{25} の最高位の数字は **2** である。

(2) $\log_{10}0.8^{15}=15\log_{10}\frac{8}{10}=15(3\log_{10}2-1)$

$=15(3\times0.3010-1)=-1.455$

よって　$0.8^{15}=10^{-1.455}=10^{0.545}\times10^{-2}$　…①

ここで　$\log_{10}4=2\log_{10}2=0.6020$ より

$\log_{10}3<0.545<\log_{10}4$

$0.545=\log_{10}10^{0.545}$

すなわち　$3<10^{0.545}<4$　…②

①，②より　$3\times10^{-2}<10^{0.545}\times10^{-2}<4\times10^{-2}$

$3\times10^{-2}<0.8^{15}<4\times10^{-2}$

ゆえに，0.8^{15} の小数点以下にはじめて現れる 0 以外の数字は **3** である。

(考え方)

・整数 A の最高位の数字を求めるには，
$A=10^p\times10^m$ ($0<p<1$，m は 0 または正の整数) と変形し，常用対数の値を利用して，$a<10^p<a+1$ を満たす自然数 a を求める。

$a\times10^m<A<(a+1)\times10^m \iff A$ の最高位の数字は a

・1 より小さい正の小数 B の小数首位に現れる数字を求めるには，
$B=10^q\times10^n$ ($0<q<1$，n は 0 または負の整数) と変形し，常用対数の値を利用して，$b<10^q<b+1$ を満たす自然数 b を求める。

$b\times10^n<B<(b+1)\times10^n \iff B$ の小数首位に現れる数字は b

---

*__327__ $\log_{10}2=0.3010$，$\log_{10}3=0.4771$ として，次の問いに答えよ。

(1) 3^{100} の最高位の数字を求めよ。

(2) 0.3^{25} の小数点以下にはじめて現れる 0 以外の数字を求めよ。

48 平均変化率・微分係数／導関数

例題138 平均変化率 類328,334

関数 $f(x)=x^2-3x$ について，次のように x の値が変化するとき，その平均変化率を求めよ。

(1) $x=-2$ から $x=1$ まで　　(2) $x=1$ から $x=1+h$ まで

解 (1) $\dfrac{f(1)-f(-2)}{1-(-2)}=\dfrac{(1^2-3\cdot1)-\{(-2)^2-3\cdot(-2)\}}{3}$

$=\dfrac{-2-10}{3}=\mathbf{-4}$

(2) $\dfrac{f(1+h)-f(1)}{1+h-1}=\dfrac{\{(1+h)^2-3(1+h)\}-(1-3)}{h}$

$=\dfrac{h^2-h}{h}=\dfrac{h(h-1)}{h}=\boldsymbol{h-1}$

平均変化率

$x=a$ から $x=b$ までの $f(x)$ の平均変化率は

$\dfrac{f(b)-f(a)}{b-a}$

例題139 導関数 類329

関数 $f(x)=x^2-5x$ の導関数を定義にしたがって求めよ。

解 $f'(x)=\lim\limits_{h\to0}\dfrac{f(x+h)-f(x)}{h}$

$=\lim\limits_{h\to0}\dfrac{\{(x+h)^2-5(x+h)\}-(x^2-5x)}{h}$

$=\lim\limits_{h\to0}\dfrac{\{(x^2+2xh+h^2-5x-5h)-(x^2-5x)\}}{h}$

$=\lim\limits_{h\to0}\dfrac{h(2x-5+h)}{h}=\lim\limits_{h\to0}(2x-5+h)=\mathbf{2x-5}$

導関数の定義

$f'(x)=\lim\limits_{h\to0}\dfrac{f(x+h)-f(x)}{h}$

例題140 関数の微分と微分係数 類330,332

関数 $f(x)=x^3-2x^2+3x-4$ を微分せよ。また，$x=2$ における微分係数を求めよ。

解 $f(x)=x^3-2x^2+3x-4$

$f'(x)=(x^3)'-2(x^2)'+3(x)'-(4)'$

$=3x^2-2\cdot2x+3\cdot1-0$

$=\mathbf{3x^2-4x+3}$　慣れたら直接この式へ

$x=2$ における微分係数は

$f'(2)=3\cdot2^2-4\cdot2+3=\mathbf{7}$

導関数の公式

① $(x^n)'=nx^{n-1}$ (n は自然数)
② $(c)'=0$ (c は定数)
③ $\{kf(x)\}'=kf'(x)$ (k は定数)
④ $\{f(x)+g(x)\}'=f'(x)+g'(x)$
⑤ $\{f(x)-g(x)\}'=f'(x)-g'(x)$

エクセル　$x=a$ における微分係数 ➡ 導関数 $f'(x)$ を求め $x=a$ を代入する

A

328 次の平均変化率を求めよ。 ↩ 例題138

(1) 関数 $f(x)=-2x+3$ における $x=-1$ から $x=2$ までの平均変化率

*(2) 関数 $f(x)=x^2-2x$ における $x=2$ から $x=3$ までの平均変化率

***329** 関数 $f(x)=x^3-x$ について，次の問いに答えよ。 ↩ 例題139

(1) $x=2$ における微分係数を定義にしたがって求めよ。

(2) $f(x)$ の導関数を定義にしたがって求めよ。

***330** 次の関数を微分せよ。 ↩ 例題140

(1) $y=4x-5$　　(2) $y=2x^2+x+1$

(3) $y=-\dfrac{1}{2}x^2+6x+\dfrac{3}{4}$　　(4) $y=x^3-4x^2+7x-2$

(5) $y=-2x^3-3x^2+x$　　(6) $y=\dfrac{1}{6}x^3+\dfrac{1}{4}x^2-\dfrac{1}{2}x+1$

331 次の関数を微分せよ。

(1) $y=(3x-1)^2$　　*(2) $y=(2x-3)(x+1)$

(3) $y=(3x+1)(x^2+2)$　　*(4) $y=(x+2)^3$

***332** 関数 $f(x)=x^3-2x+4$ について，次の値を求めよ。 ↩ 例題140

(1) $f'(2)$　　(2) $f'(0)$　　(3) $f'(-1)$

333 次の関数を〔 〕内に示された変数について微分せよ。

*(1) $y=t^3-at+b$ 〔t〕　　(2) $y=x^2t^2+xt+x+t$ 〔t〕

B

***334** 関数 $f(x)=x^3$ における $x=a$ から $x=a+h$ までの平均変化率を求めよ。 ↩ 例題138

***335** 関数 $f(x)=x^2-3x+2$ について，次の問いに答えよ。

(1) x が -1 から 3 まで変化するときの平均変化率と $x=a$ における微分係数が等しいとき，定数 a の値を求めよ。

(2) x が 0 から b まで変化するときの平均変化率と $x=2$ における微分係数が等しいとき，定数 b の値を求めよ。

336 次の条件を満たす関数 $f(x)$ を求めよ。

*(1) $f(2)=-2$，$f'(0)=0$，$f'(1)=2$ を満たす 2 次関数

(2) $xf'(x)-3f(x)+x^2-3x+2=0$ を満たす 2 次関数

(3) $f(1)=2$，$f(-1)=-2$，$f'(-1)=0$ を満たす 3 次関数で，x^3 の係数が 1 のもの

49 接線の方程式

例題141 曲線上の点における接線　類337

曲線 $y=x^3-x+1$ 上の点 $(-1,\ 1)$ における接線の方程式を求めよ。

解 $f(x)=x^3-x+1$ とおくと

$f'(x)=3x^2-1$

接線の傾きは

$f'(-1)=3\cdot(-1)^2-1=2$

よって　$y-1=2(x+1)$

ゆえに　$\boldsymbol{y=2x+3}$

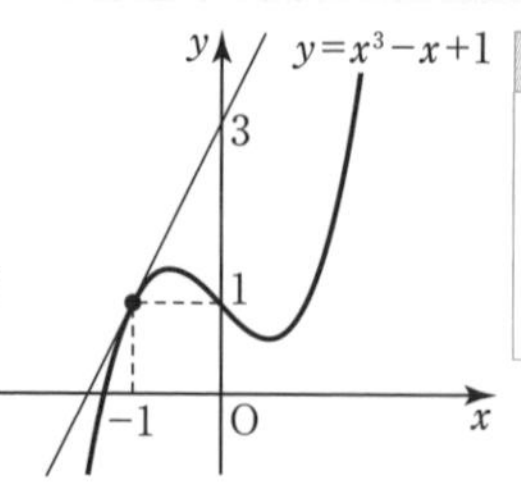

接線の方程式

曲線 $y=f(x)$ 上の点 $(a,\ f(a))$ における接線の方程式は
$y-f(a)=f'(a)(x-a)$

例題142 曲線外の点から引いた接線　類340

点 $\mathrm{P}(1,\ -3)$ から，曲線 $y=x^2-3x$ に引いた接線の方程式を求めよ。

解 $f(x)=x^2-3x$ とおくと　$f'(x)=2x-3$

接点を $(a,\ a^2-3a)$ とおくと，傾きは　$f'(a)=2a-3$

であるから，接線の方程式は

$y-(a^2-3a)=(2a-3)(x-a)$

すなわち　$y=(2a-3)x-a^2$

これが点 $\mathrm{P}(1,\ -3)$ を通るから　$-3=(2a-3)\cdot1-a^2$

整理すると　$a(a-2)=0$　よって　$a=0,\ 2$ → $y=(2a-3)x-a^2$ に代入

ゆえに　$a=0$ のとき　$\boldsymbol{y=-3x}$

$a=2$ のとき　$\boldsymbol{y=x-4}$

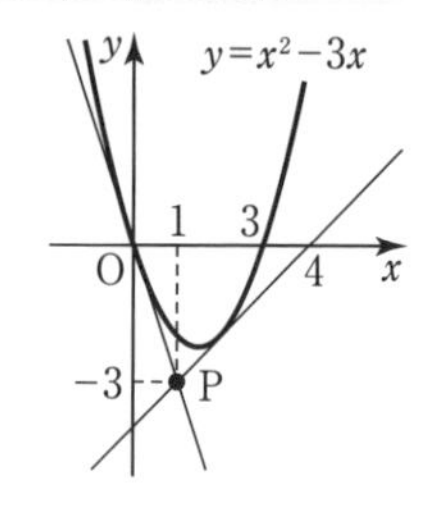

エクセル　定点から引いた接線の方程式 ➡ まず接点を $(a,\ f(a))$ とおく

例題143 接点が共通の共通接線　類343

2つの関数 $f(x)=x^3+a$，$g(x)=bx^2+cx$ のグラフがともに点 $\mathrm{A}(1,\ 4)$ を通り，この点で共通の接線をもつとき，定数 a，b，c の値を求めよ。

解 $f'(x)=3x^2$，$g'(x)=2bx+c$

グラフがともに点 $\mathrm{A}(1,\ 4)$ を通り，共通の接線をもつから

$f(1)=g(1)=4$　◯接点の y 座標が等しい

$f'(1)=g'(1)$　◯$x=1$ における接線の傾きが等しい

よって　$1+a=4$，$b+c=4$，$3=2b+c$

これを解いて　$\boldsymbol{a=3,\ b=-1,\ c=5}$

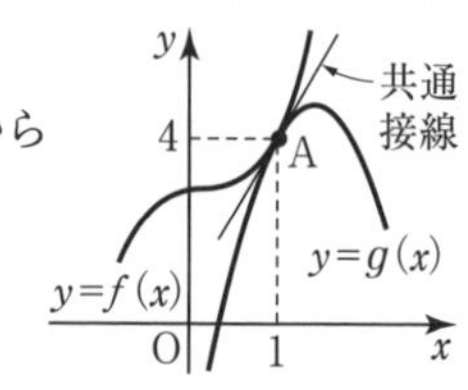

エクセル　2曲線 $y=f(x)$，$y=g(x)$ が $x=\alpha$ で共通接線をもつ

➡ $f(\alpha)=g(\alpha)$，$f'(\alpha)=g'(\alpha)$

*337 次の曲線上の，与えられた点における接線の方程式を求めよ。 ↩ 例題141

(1) $y=x^2-3x+2$ $(1,\ 0)$　　(2) $y=-x^2+5$ $(-1,\ 4)$

(3) $y=x^3-3x^2+2$ $(2,\ -2)$　　(4) $y=-x^3+x^2$ $(2,\ -4)$

338 次の曲線上の点Pの x 座標が，次のように与えられているとき，点Pにおける接線の方程式を求めよ。

(1) $y=2x^3+3x+2$ $(x=0)$　　(2) $y=3x^3-2x-1$ $(x=-1)$

*339 次の直線の方程式を求めよ。

(1) 曲線 $y=x^3+3x^2$ に接し，傾きが9の直線

(2) 曲線 $y=\frac{1}{3}x^3-x^2+2$ に接し，直線 $y=3x-2$ に平行な直線

(3) 曲線 $y=x^3+2x-4$ 上の点 $\mathrm{P}(1,\ -1)$ を通り，Pにおける接線に垂直な直線（このような直線を点Pにおける法線という。）

B

*340 次の曲線の接線で，与えられた点を通るものの方程式を求めよ。↩ 例題142

(1) $y=x^2+3x$ $(0,\ -4)$　　(2) $y=x^2+1$ $(3,\ 6)$

(3) $y=x^3-2x$ $(2,\ -4)$　　(4) $y=x^3-3x^2+4$ $(3,\ 4)$

341 曲線 $y=x^3$ について，次の問いに答えよ。

(1) 点 $(1,\ 1)$ における接線の方程式を求めよ。

(2) 曲線と(1)の接線との共有点の座標を求めよ。

*342 曲線 $y=x^3+ax+b$ が，点 $(2,\ 3)$ で直線 $y=9x-15$ に接するとき，定数 a，b の値を求めよ。

*343 2つの関数 $f(x)=x^3+ax^2$，$g(x)=-2x^2+bx+c$ のグラフがともに点 $(1,\ 3)$ を通り，この点で共通の接線をもつとき，定数 a，b，c の値を求めよ。

↩ 例題143

*344 2つの曲線 $y=x^2$，$y=-x^2+8x-10$ がある。この2つの曲線の共通接線の方程式を求めよ。

ヒント **343** 点 $(1,\ 3)$ を通るから $f(1)=g(1)=3$，共通接線であるから傾きが等しいので $f'(1)=g'(1)$

344 曲線 $y=x^2$ 上の点を $(\alpha,\ \alpha^2)$，曲線 $y=-x^2+8x-10$ 上の点を $(\beta,\ -\beta^2+8\beta-10)$ とおいて，別々に接線を求める。2つの直線が一致する条件から，α，β を求める。

50 関数の増減と極値

例題144 関数のグラフ　類346

関数 $y=x^3-6x^2+9x+1$ の極値を求め，そのグラフをかけ。

解　$y'=3x^2-12x+9=3(x-1)(x-3)$　より

$y'=0$ とすると　$x=1,\ 3$

右の増減表より

　$x=1$ のとき　**極大値 5**

　$x=3$ のとき　**極小値 1**

グラフは右の図のようになる。

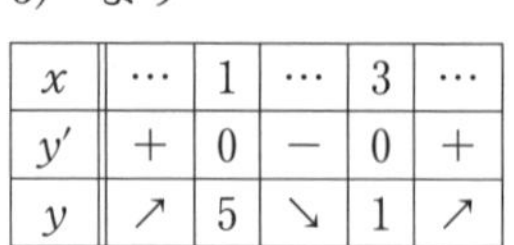

x	$\cdots$	1	$\cdots$	3	$\cdots$
y'	+	0	−	0	+
y	↗	5	↘	1	↗

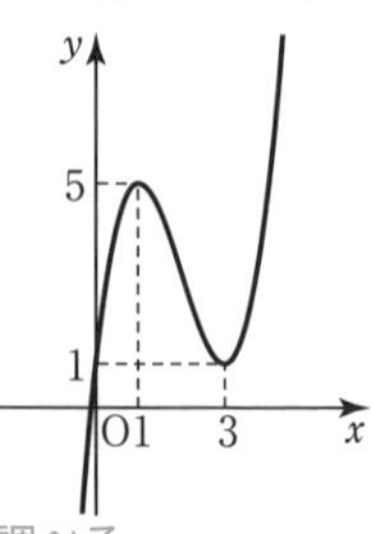

エクセル　極値の判定 ➡ $y'=0$ を満たす x を求め，前後の符号を調べる

例題145 つねに増加するための条件　類347

関数 $f(x)=x^3+ax^2+3x+1$ がつねに増加するときの a の値の範囲を求めよ。

解　$f'(x)=3x^2+2ax+3$

$f(x)$ がつねに増加するとき，つねに $f'(x)\geqq 0$

となればよい。

$y=f'(x)$ は2次関数で，グラフは下に凸であるから，

$3x^2+2ax+3=0$ の判別式を D とすると

$\dfrac{D}{4}=a^2-9\leqq 0$　　よって　$\boldsymbol{-3\leqq a\leqq 3}$

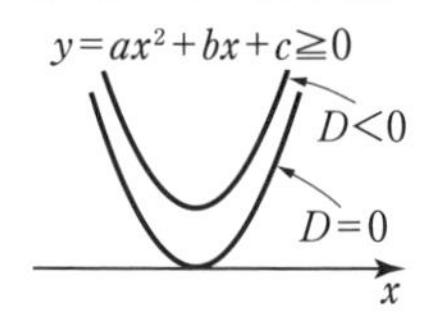

つねに $ax^2+bx+c\geqq 0$ $(a\neq 0)$
$\iff$ $a>0$ かつ $D=b^2-4ac\leqq 0$

エクセル　$f'(x)\geqq 0 \iff f(x)$ は増加，$f'(x)\leqq 0 \iff f(x)$ は減少

例題146 極値と関数の決定　類348,350

関数 $f(x)=x^3+ax^2+bx-1$ が $x=3$ で極小値 -28 をとるように定数 a，b の値を定め，極大値を求めよ。

解　$f'(x)=3x^2+2ax+b$ であり，$x=3$ で極小値 -28 をとるから

$f'(3)=27+6a+b=0$　　より　$6a+b=-27$　…①

$f(3)=27+9a+3b-1=-28$　より　$3a+b=-18$　…②

（必要条件）

①，②を解いて　$a=-3,\ b=-9$

このとき　$f(x)=x^3-3x^2-9x-1$

　　$f'(x)=3x^2-6x-9=3(x+1)(x-3)$

x	$\cdots$	-1	$\cdots$	3	$\cdots$
$f'(x)$	+	0	−	0	+
$f(x)$	↗	4	↘	-28	↗

増減表は右のようになり，条件を満たす。

十分条件であることを確かめる

よって　$\boldsymbol{a=-3,\ b=-9}$，$x=-1$ のとき**極大値 4**

エクセル　関数 $f(x)$ が $x=a$ で極値 p をとる ➡ $f'(a)=0$，$f(a)=p$（必要条件）

A

345 次の関数の増減を調べよ。

*(1) $f(x)=\frac{1}{3}x^3+\frac{1}{2}x^2-2x$　　(2) $f(x)=x^3-2x^2+x+1$

*(3) $f(x)=-\frac{1}{3}x^3+2x$　　*(4) $f(x)=x^3-3x^2+4x-2$

***346** 次の関数の極値を求め，そのグラフをかけ。 ↩ 例題144

(1) $y=x^3-3x+1$　　(2) $y=-2x^3+9x^2$

(3) $y=x^3-3x^2+3x+2$　　(4) $y=-x^3+6x^2-12x$

***347** 3次関数 $y=ax^3+6x^2+3ax+2$ $(a\neq 0)$ について，次の条件を満たす a の値の範囲を求めよ。 ↩ 例題145

(1) 極値をもつ。　(2) つねに増加する。　(3) つねに減少する。

***348** 関数 $f(x)=2x^3+ax+b$ が $x=-1$ で極大値7をとるように定数 a，b の値を定め，極小値を求めよ。 ↩ 例題146

B

***349** $y=ax^3+bx^2+cx+d$ のグラフが右の図のようになるとき，6つの□の中に $<$，$>$，$\leqq$，$\geqq$ のうち正しいものを記入せよ。

$a+b+c+d$ □ 0，$-a+b-c+d$ □ 0

a □ 0，b □ 0，c □ 0，d □ 0

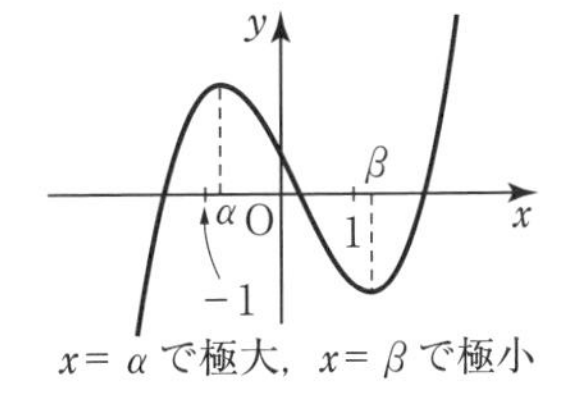

$x=\alpha$ で極大，$x=\beta$ で極小

350 関数 $f(x)=2x^3-3(a+1)x^2+6ax$ の極小値が0であるとき，定数 a の値を求めよ。また，このときの極大値を求めよ。 ↩ 例題146

***351** 関数 $f(x)=ax^3+bx^2+c$ $(a>0)$ は $x=1$ において極値をとり，極大値が7，極小値が3である。このとき，定数 a，b，c の値を求めよ。

352 次の関数の極値を求め，そのグラフをかけ。

(1) $y=x^4-2x^2$　　(2) $y=-x^4+4x^3-4x^2$

(3) $y=3x^4+4x^3$

51 関数の最大・最小

例題147 関数の最大・最小 類353,354

関数 $f(x)=-x^3+3x-1$ の $-2 \leqq x \leqq 1$ における最大値・最小値を求めよ。

解 $f'(x)=-3x^2+3=-3(x+1)(x-1)$

$f'(x)=0$ とすると　$x=\pm 1$

よって，$-2 \leqq x \leqq 1$ における

増減表は次のようになる。

x	-2	$\cdots$	-1	$\cdots$	1
$f'(x)$		$-$	0	$+$	0
$f(x)$	1	↘	-3	↗	1

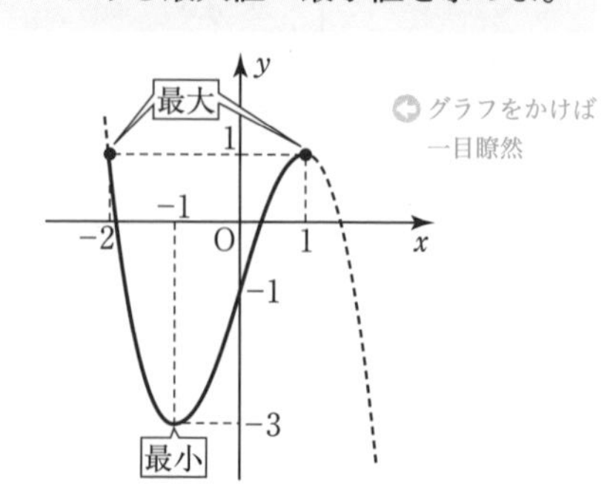

グラフをかけば一目瞭然

ゆえに

$x=-2,\ 1$ のとき　**最大値 1**

$x=-1$ のとき　**最小値 −3**

エクセル　最大・最小 ➡ 定義域に注意して，極値と両端の値を比較

例題148 図形に関する最大・最小 類357,358

底面の半径が 3，高さが 9 の直円錐に，右の図のように直円柱が内接している。この直円柱の体積の最大値を求めよ。また，そのときの高さを求めよ。

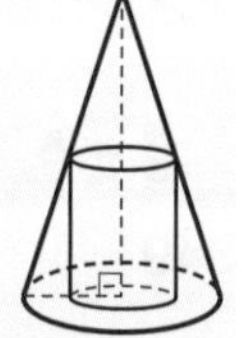

解 直円柱の底面の半径を x とすると，

高さは $9-3x$

x の範囲は $0<x<3$

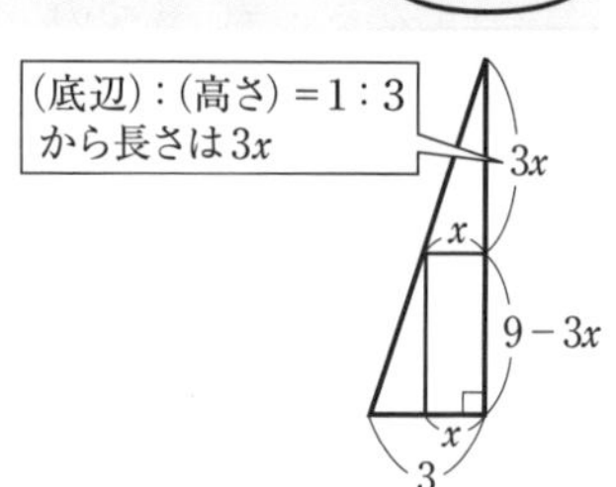

直円柱の体積を V とすると

$V=\pi x^2(9-3x)=-3\pi(x^3-3x^2)$

$V'=-3\pi(3x^2-6x)=-9\pi x(x-2)$

$V'=0$ とすると　$x=0,\ 2$

よって，$0<x<3$ における増減表は次のようになる。

x	0	$\cdots$	2	$\cdots$	3
V'		$+$	0	$-$	
V		↗	12π	↘	

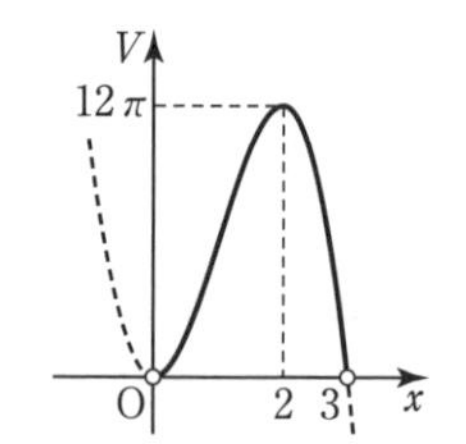

ゆえに，$x=2$ のとき，V は最大値 12π をとる。

よって，体積の最大値は **12π**，

そのときの高さは $9-3\cdot 2=$**3**

A

*353 次の関数の最大値・最小値を求めよ。また，そのときの x の値を求めよ。

例題147

(1) $f(x)=x^3-6x^2+9x \quad (-1\leqq x\leqq 4)$

(2) $f(x)=-x^3-3x^2+2 \quad (-2\leqq x\leqq 2)$

(3) $f(x)=x^3-3x+1 \quad (-2\leqq x\leqq 2)$

(4) $f(x)=-x^3+x^2+x-1 \quad (-1\leqq x\leqq 0)$

354 次の関数の最大値・最小値を求めよ。また，そのときの x の値を求めよ。

例題147

(1) $f(x)=-x^3-x+1 \quad (-1\leqq x\leqq 1)$

*(2) $f(x)=\dfrac{1}{3}x^3-x^2+x \quad (-1\leqq x\leqq 2)$

355 関数 $f(x)=-2x^3+3x^2+12x+a \ (-2\leqq x\leqq 4)$ について，次の問いに答えよ。

*(1) 最大値が 25 であるとき，定数 a の値を求めよ。

(2) 最小値が -14 であるとき，定数 a の値を求めよ。

356 3 次関数 $f(x)=2ax^3-3ax^2+b$ の $0\leqq x\leqq 2$ における最大値が 11，最小値が 1 となるように，定数 a，b の値を定めよ。

*357 右の図のように，縦 15cm，横 24cm の厚紙の四隅から 1 辺の長さが $x$cm の正方形を切り取り，残りを点線部分で折り曲げ，ふたのない直方体の箱をつくる。このとき，この箱の容積の最大値を求めよ。

例題148

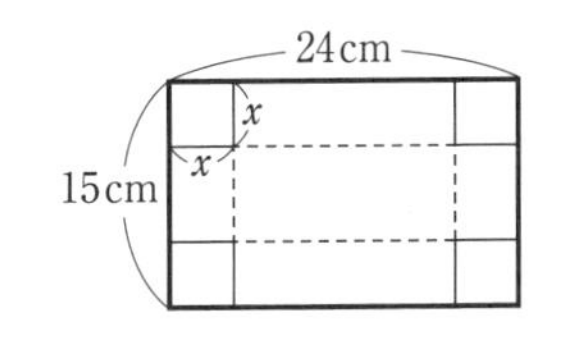

*358 放物線 $y=2x-x^2$ と x 軸とで囲まれた部分に，右の図のように台形 ABCD を内接させるとき，次の問いに答えよ。

例題148

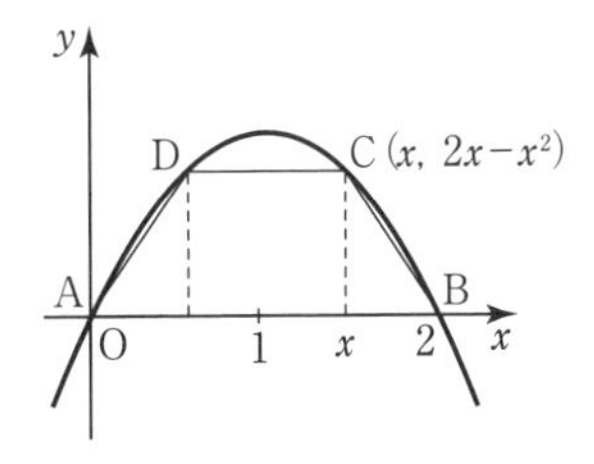

(1) 点 C の座標を $(x,\ 2x-x^2)$，台形の面積を S とおいたとき，S を x の式で表せ。また，x のとりうる値の範囲を求めよ。

(2) 台形 ABCD の面積の最大値と，そのときの点 C の座標を求めよ。

52 方程式・不等式への応用

例題149 方程式 $f(x)=0$ の実数解の個数

類361,364

3次方程式 $x^3-3x+1-a=0$ について，次の問いに答えよ。

(1) 異なる実数解の個数を定数 a の値により分類せよ。

(2) 1つの正の解と，異なる2つの負の解をもつように，定数 a の値の範囲を定めよ。

解 (1) $x^3-3x+1=a$ として，左辺を

$f(x)=x^3-3x+1$

とおくと，求める実数解の個数は，$y=f(x)$ のグラフと直線 $y=a$ の共有点の個数に等しい。

$f'(x)=3x^2-3=3(x+1)(x-1)$

$f'(x)=0$ とすると　$x=1,\ -1$

よって，増減表は次のようになる。

x	$\cdots$	-1	$\cdots$	1	$\cdots$
$f'(x)$	$+$	0	$-$	0	$+$
$f(x)$	↗	3	↘	-1	↗

ゆえに $\begin{cases} a<-1,\ 3<a & \text{のとき 1 個} \\ a=3,\ a=-1 & \text{のとき 2 個} \\ -1<a<3 & \text{のとき 3 個} \end{cases}$

(2) 曲線 $y=f(x)$ が，直線 $y=a$ と $x>0$ の範囲で1個，$x<0$ の範囲で2個の共有点をもてばよい。よって　$1<a<3$

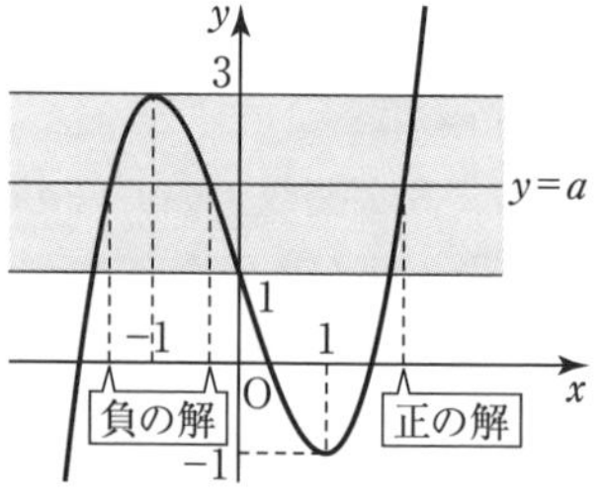

エクセル 方程式 $f(x)=a$ の実数解 ➡ 曲線 $y=f(x)$ と直線 $y=a$ との共有点

例題150 不等式の証明

類363

$x>0$ のとき，不等式 $x^3-6x+6>0$ が成り立つことを証明せよ。

証明 $f(x)=x^3-6x+6$ とおくと

$f'(x)=3x^2-6=3(x+\sqrt{2})(x-\sqrt{2})$

$x>0$ における増減表は次のようになる。

x	0	$\cdots$	$\sqrt{2}$	$\cdots$
$f'(x)$		$-$	0	$+$
$f(x)$		↘	極小	↗

よって，$f(x)$ は $x=\sqrt{2}$ で最小値 $6-4\sqrt{2}$ をとる。

ゆえに　$x>0$ で $f(x)>0$

したがって，$x>0$ のとき，$x^3-6x+6>0$ が成り立つ。終

$6-4\sqrt{2}>0$

エクセル $x>a$ で $f(x)>0$ の証明 ➡ $x>a$ において（$f(x)$ の最小値）>0 を示す

359 次の方程式の異なる実数解の個数を求めよ。

(1) $x^3+3x^2-1=0$　　*(2) $-x^3+3x+2=0$

*(3) $x^3-6x^2+12x-5=0$　　(4) $-x^3+3x^2+9x-7=0$

360 次の方程式は，与えられた範囲に実数解をもつことを示せ。

(1) $2x^3-x^2+x-5=0$ $(1<x<2)$

(2) $x^3-3x^2+1=0$ $(-1<x<0,\ 0<x<1,\ 2<x<3)$

***361** 3次方程式 $2x^3-3x^2-12x-a=0$ の異なる実数解の個数を定数 a の値により分類せよ。 例題149

362 関数 $f(x)=x^3-x^2-4x+4$ について，次の問いに答えよ。

(1) 方程式 $f(x)=0$ を解け。

(2) グラフの概形を考えて，不等式 $f(x)<0$ を解け。

***363** 次の不等式を証明せよ。また，等号が成り立つときの x の値を求めよ。 例題150

(1) $x\geqq 0$ のとき $x^3+4\geqq 3x^2$　　(2) $x\geqq 0$ のとき $x^3+4x\geqq 3x^2$

B

***364** 3次方程式 $x^3-3x^2-24x+a=0$ が，異なる2つの正の解と1つの負の解をもつように，定数 a の値の範囲を定めよ。 例題149

365 3次方程式 $2x^3-3ax^2+4a=0$ が，3つの異なる実数解をもつように，定数 a の値の範囲を定めよ。

366 曲線 $y=x^3-2x^2+2$ と放物線 $y=x^2+a$ が共有点を3個もつように，定数 a の値の範囲を定めよ。

367 曲線 $y=x^3-4x$ の接線で，点 A$(2,\ -2)$ を通るものの本数を求めよ。

368 $x\geqq 0$ のとき，不等式 $x^3-x^2-x+a\geqq 0$ が成り立つように，定数 a の値の範囲を定めよ。

ヒント **365** $f(x)=2x^3-3ax^2+4a$ の極大値と極小値が異符号ならば，$y=f(x)$ のグラフは x 軸と異なる3点で交わる。

366 共有点の個数は方程式 $x^3-2x^2+2=x^2+a$ の異なる実数解の個数に等しい。

367 曲線 $y=x^3-4x$ 上の点 $(t,\ t^3-4t)$ における接線が点Aを通るとき，t の3次方程式ができる。この方程式の異なる実数解の個数を求める。

関数の最大・最小の応用(1)

Step UP 例題151 定義域が変化する場合の最小値

$a>-1$ のとき，関数 $f(x)=3x^2-x^3$ $(-1\leqq x\leqq a)$ の最小値を求めよ。

解 $f'(x)=-3x(x-2)$

$x\geqq -1$ の範囲で，増減表は右のようになる。

x	-1	$\cdots$	0	$\cdots$	2	$\cdots$
$f'(x)$		$-$	0	$+$	0	$-$
$f(x)$	4	↘	0	↗	4	↘

極小値 0 と $f(a)$ を比較して，$a=0$，3 を境目にして場合分けする。

(i) $-1<a<0$　　(ii) $0\leqq a<3$　　(iii) $a\geqq 3$

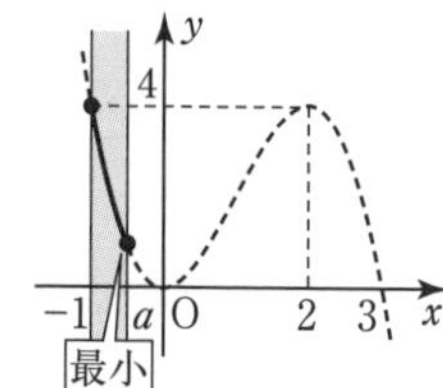

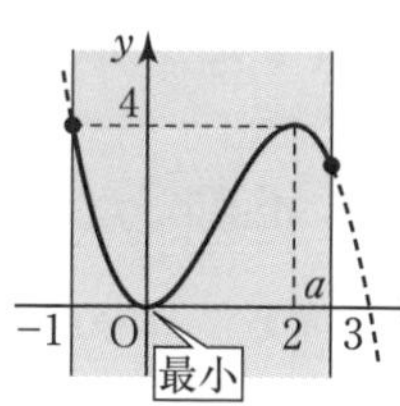

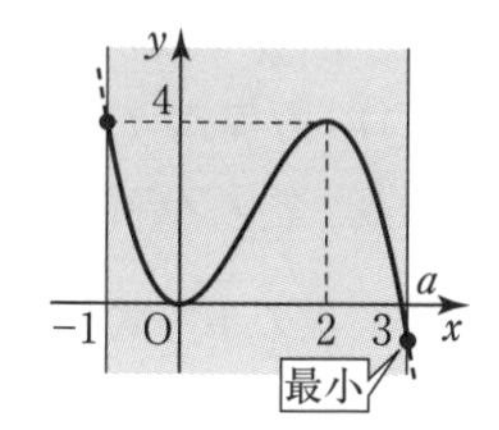

(i) **$-1<a<0$ のとき** $x=a$ で **最小値 $3a^2-a^3$**

(ii) **$0\leqq a<3$ のとき** $x=0$ で **最小値 0**

(iii) **$a\geqq 3$ のとき** $x=a$ で **最小値 $3a^2-a^3$**

(とくに $a=3$ のときは $x=0$，3 で最小値 0)

エクセル 定義域が変化する場合の関数 $f(x)$ の最大・最小

➡ $f(x)$ が極値をとる x の値，両端の値に注目する

369 関数 $f(x)=x^3+3x^2$ について，次の問いに答えよ。

(1) $a>-2$ のとき，$-2\leqq x\leqq a$ における最小値を求めよ。

*(2) $b>-3$ のとき，$-3\leqq x\leqq b$ における最大値を求めよ。

370 関数 $y=x^3-3x^2-9x$ $(-2\leqq x\leqq a)$ について，次の問いに答えよ。ただし，$a>-2$ とする。

(1) 最大値が 5 であるとき，定数 a の値の範囲を求めよ。

(2) 最小値が -27 であるとき，定数 a の値の範囲を求めよ。

371 関数 $y=x^3-6x^2+9x+2$ $(t\leqq x\leqq t+1)$ について，次の問いに答えよ。

(1) 最大値が 6 であるとき，t の値の範囲を求めよ。

(2) 最小値が 2 であるとき，t の値の範囲を求めよ。

Step UP 例題152　グラフが変化する場合の最小値

$a>0$ とする。関数 $f(x)=2x^3-3ax^2$ $(0 \leqq x \leqq 1)$ の最小値を求めよ。

解　$f'(x)=6x^2-6ax=6x(x-a)$

$f'(x)=0$ とすると　$x=0$, a

$a>0$ であるから，$f(x)$ の増減表は，次のようになる。

(i)　$0<a<1$ のとき

極小となる $x=a$ が定義域に含まれる場合

x	0	$\cdots$	a	$\cdots$	1
$f'(x)$	0	$-$	0	$+$	
$f(x)$		↘	極小	↗	

よって，$f(x)$ は $x=a$ で最小となる。

(ii)　$a \geqq 1$ のとき

極小となる $x=a$ が定義域に含まれない場合

x	0	$\cdots$	1
$f'(x)$	0	$-$	
$f(x)$		↘	

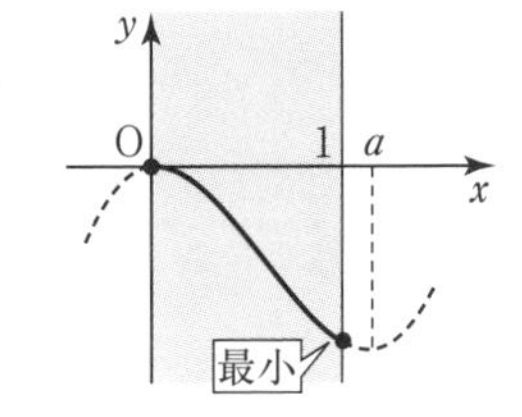

よって，$f(x)$ は $x=1$ で最小となる。

(i), (ii)より

$0<a<1$ のとき　$x=a$ で　最小値 $-a^3$

$a \geqq 1$ のとき　　$x=1$ で　最小値 $2-3a$

エクセル　グラフが変化する場合の最大・最小

➡ 定義域内に極値があるか，ないかで場合分け

---

*__372__　$a>0$ とする。関数 $f(x)=x^3-3ax^2$ $(0 \leqq x \leqq 1)$ について，次の問いに答えよ。

(1)　最小値を求めよ。　　　(2)　最大値を求めよ。

373　$a>0$ とする。関数 $f(x)=\dfrac{1}{3}x^3-\dfrac{a}{2}x^2$ の $0 \leqq x \leqq 2$ における最小値が $-\dfrac{10}{3}$ であるように，定数 a の値を定めよ。

374　a を定数とする。関数 $f(x)=-x^3+3ax$ $(0 \leqq x \leqq 1)$ の最大値を求めよ。

ヒント　**371**　(1)　$y=6$ となる x の値を求め，その x の値が $t \leqq x \leqq t+1$ に含まれている場合や両端の t, $t+1$ と一致する場合を調べる。

Step UP

54 関数の最大・最小の応用(2)

Step UP 例題153 置き換えによる関数の最大・最小

関数 $y=\cos^3\theta+3\sin^2\theta-1$ $(0\leqq\theta\leqq\pi)$ の最大値, 最小値を求めよ。また, そのときの θ の値を求めよ。

解 $y=\cos^3\theta+3(1-\cos^2\theta)-1=\cos^3\theta-3\cos^2\theta+2$

$\cos\theta=x$ とおくと, $0\leqq\theta\leqq\pi$ より $-1\leqq x\leqq 1$

$y=x^3-3x^2+2$

$y'=3x^2-6x=3x(x-2)$

$y'=0$ とすると $x=0,\ 2$

$-1\leqq x\leqq 1$ における増減表は右のようになる。

x	-1	$\cdots$	0	$\cdots$	1
y'		$+$	0	$-$	
y	-2	↗	2	↘	0

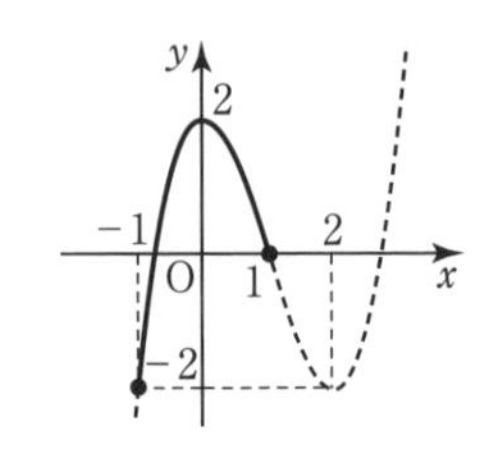

よって, $x=0$ すなわち $\theta=\dfrac{\pi}{2}$ のとき 最大値 2

$x=-1$ すなわち $\theta=\pi$ のとき 最小値 -2

エクセル 三角・指数・対数関数の最大・最小

➡ 置き換えて, 多項式関数の条件つき最大・最小に帰着

---

*375 関数 $y=4\sin^3\theta-9\cos^2\theta-12\sin\theta$ $(0\leqq\theta<2\pi)$ の最大値, 最小値を求めよ。また, そのときの θ の値を求めよ。

*376 関数 $y=8^x-4^x-2^x+1$ $(-1\leqq x\leqq 2)$ の最大値, 最小値を求めよ。また, そのときの x の値を求めよ。

*377 関数 $y=\log_2(x-1)+2\log_2(2-x)$ の最大値を求めよ。また, そのときの x の値を求めよ。

378 $2x+y=6$, $x\geqq 0$, $y\geqq 0$ のとき, xy^2 のとりうる値の範囲を求めよ。

379 x, y が実数で, $x^2+2y^2=1$ を満たすとき, $x(x+2y^2)$ の最大値, 最小値を求めよ。また, そのときの x, y の値を求めよ。

380 関数 $y=\sin^3x+\cos^3x$ $(0\leqq x\leqq\pi)$ について, 次の問いに答えよ。

(1) $\sin x+\cos x=t$ とおくとき, y を t の式で表せ。

(2) t のとりうる値の範囲を求めよ。

(3) y の最大値, 最小値を求めよ。また, そのときの x の値を求めよ。

ヒント 377 $y=\log_2(x-1)(2-x)^2$ は $f(x)=(x-1)(2-x)^2$ が最大のとき, y も最大となる。

378 $y=6-2x$ を代入して3次関数に。$y\geqq 0$ から x の範囲に注意する。

379 $2y^2=1-x^2$ を代入して3次関数に。$y^2\geqq 0$ から x の範囲に注意する。

Step UP 例題154　いろいろな最大・最小

曲線 $y=\frac{1}{2}x^2$ 上にあり，点 A(4, 1) までの距離が最小になる点をBとするとき，点Bの座標と線分 AB の長さを求めよ。

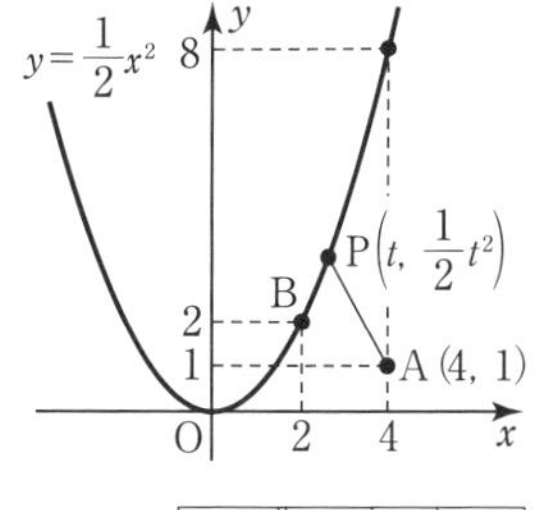

解　$y=\frac{1}{2}x^2$ 上の点を $P\left(t,\ \frac{1}{2}t^2\right)$ とし　◀2点 A(4, 1), $P\left(t,\ \frac{1}{2}t^2\right)$ 間の距離公式を利用

$AP^2=l$ とおくと

$$l=(t-4)^2+\left(\frac{1}{2}t^2-1\right)^2=\frac{1}{4}t^4-8t+17$$

$$l'=t^3-8=(t-2)(t^2+2t+4)$$

ここで　$t^2+2t+4=(t+1)^2+3>0$

よって，増減表は右のようになる。

t	$\cdots$	2	$\cdots$
l'	$-$	0	$+$
l	↘	5	↗

ゆえに，$t=2$ のとき，l は最小値 $AP^2=5$ をとる。

したがって，点Bの座標は **(2, 2)**　◀$\left(t,\ \frac{1}{2}t^2\right)$ に $t=2$ を代入

線分 AB の長さは $\sqrt{5}$　◀AB=(AP の最小値)

381　曲線 $y=x^3+1$ $(x\geqq 0)$ 上を動く点Pがある。2点 A(3, -2), B(5, 4) と点Pを頂点とする △ABP の面積が最小となるとき，点Pの座標を求めよ。

***382**　右の図のように，半径3の球に直円柱を内接させるとき，次の問いに答えよ。ただし，球の中心をOとする。

(1)　$AB=r$, $OB=h$ とするとき，直円柱の体積 V を r と h を用いて表せ。

(2)　体積 V の最大値を求めよ。

383　右の図のように，円 $(x-6)^2+y^2=36$ に内接する二等辺三角形を x 軸のまわりに1回転させると，半径6の球に内接する直円錐ができる。この直円錐の体積の最大値と，そのときの高さ h と半径 r を求めよ。

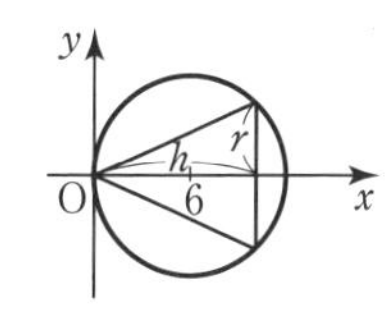

384　3辺の長さの和が2である二等辺三角形の面積 S の最大値を求めよ。

ヒント

381　AB を底辺とみると，AB の長さは一定であるから，高さが最小となるとき，面積は最小となる。高さは，点Pと直線 AB との距離である。

383　点 $(h,\ r)$ は円上の点であるから $(h-6)^2+r^2=36$ $(0<h<12)$

384　底辺の長さを $2x$，高さを y，等しい辺の長さを z とおくと，$2x+2z=2$, $x^2+y^2=z^2$, $S=xy$ である。S^2 を x で表し，S^2 の最大値を求める。

55 不定積分

例題155 不定積分の計算 類386,389

次の不定積分を求めよ。

(1) $\int (x^2-3x+2)\,dx$　　(2) $\int (3t-1)(t+2)\,dt$

解 (1) (与式)$=\boldsymbol{\frac{1}{3}x^3-\frac{3}{2}x^2+2x+C}$

(2) (与式)$=\int (3t^2+5t-2)\,dt$ ◀ t についての積分

$=\boldsymbol{t^3+\frac{5}{2}t^2-2t+C}$

(注) 今後，とくに断らない限り，不定積分における C は積分定数を表すものとする。

不定積分

① $\int x^n\,dx=\frac{1}{n+1}x^{n+1}+C$
　(n：0 以上の整数)

② $\int kf(x)\,dx=k\int f(x)\,dx$ (k：定数)

③ $\int \{f(x)\pm g(x)\}\,dx$
$=\int f(x)\,dx\pm\int g(x)\,dx$ (複号同順)

例題156 関数の決定 類387

次の 2 つの条件を満たす関数 $f(x)$ を求めよ。

$f'(x)=6x^2-5$,　$f(1)=-2$

解 $f(x)=\int (6x^2-5)\,dx=2x^3-5x+C$

◀ $f(x)=\int f'(x)dx$
$f'(x)$ を積分すると $f(x)$ になる

$f(1)=-2$ であるから $2-5+C=-2$

よって $C=1$

ゆえに $\boldsymbol{f(x)=2x^3-5x+1}$

例題157 曲線の方程式の決定 類388

点 $(3,\ -4)$ を通る曲線 $y=f(x)$ がある。この曲線上の任意の点 $(x,\ y)$ における接線の傾きが $-2x^2+5$ であるとき，$f(x)$ を求めよ。

解 曲線 $y=f(x)$ 上の点 $(x,\ y)$ における接線の傾きは $f'(x)$ であるから

$f'(x)=-2x^2+5$

よって $f(x)=\int (-2x^2+5)\,dx=-\frac{2}{3}x^3+5x+C$ ◀ $f(x)=\int f'(x)\,dx$

曲線 $y=f(x)$ は点 $(3,\ -4)$ を通るから

$f(3)=-4$ より $-18+15+C=-4$

ゆえに $C=-1$

したがって $\boldsymbol{f(x)=-\frac{2}{3}x^3+5x-1}$

エクセル 接線の傾き $f'(x)$ が与えられている関数 $f(x)$ は ➡ $f(x)=\int f'(x)\,dx$

A

385 次の不定積分を求めよ。

(1) $\int 4x\,dx$　　*(2) $\int 9x^2\,dx$

(3) $\int 8x^3\,dx$　　*(4) $\int dx$

386 次の不定積分を求めよ。 ↩ 例題155

(1) $\int (2x+1)\,dx$　　*(2) $\int (3x^2+4x+2)\,dx$　　*(3) $\int (-x^2+3x+2)\,dx$

(4) $\int (x-x^2)\,dx$　　*(5) $\int (3x+2)(3x-2)\,dx$　　*(6) $\int (2x-3)^2\,dx$

*__387__ 次の 2 つの条件を満たす関数 $f(x)$ を求めよ。ただし，a は定数とする。

(1) $f'(x)=2x-3$，$f(-1)=1$ ↩ 例題156

(2) $f'(x)=6x^2+ax+1$，$f(1)=-1$

*__388__ 点 $(2,\ -3)$ を通る曲線 $y=f(x)$ がある。この曲線上の任意の点 $(x,\ y)$ における接線の傾きが $-6x^2+2$ であるとき，$f(x)$ を求めよ。 ↩ 例題157

389 次の不定積分を求めよ。 ↩ 例題155

(1) $\int (3x^2-2tx+3t^2)\,dx$　　(2) $\int (ax+1)(bx+1)\,dx$

(3) $\int (t+2b)(t-b)\,dt$　　(4) $\int (6x^2y^2+8xy+2)\,dy$

390 2 次関数 $f(x)$ と，その 1 つの不定積分 $F(x)$ が次の式を満たすように $f(x)$ を定めよ。

$$F(x)=xf(x)+2x^3-4x^2,\quad f(0)=1$$

*__391__ 次の条件を満たす関数 $f(x)$ を求めよ。

(1) $f'(x)=(3x+4)(2-x)$ で，極大値が 0 である。

(2) $f'(x)=3x^2+6x+2$ で，曲線 $y=f(x)$ が直線 $y=-x+1$ に接する。

ヒント **391** $f(x)=\int f'(x)\,dx$　(1) $x=2$ のとき極大値 0 より，$f(2)=0$

(2) 接点の x 座標を t とすると，接線の傾き $f'(t)=-1$，接点は $y=-x+1$ 上となる。

56 定積分

例題158 定積分の計算 類392,393

次の定積分を求めよ。

(1) $\displaystyle\int_{-2}^{1}(3x^2+2x-1)\,dx$　　(2) $\displaystyle\int_{-2}^{1}(5x^2-3x)\,dx-\int_{-2}^{1}(x^2-3x+3)\,dx$

(3) $\displaystyle\int_{-1}^{1}(x^2-2x)\,dx-\int_{3}^{1}(x^2-2x)\,dx$

解 (1) $\displaystyle\int_{-2}^{1}(3x^2+2x-1)\,dx=\Big[x^3+x^2-x\Big]_{-2}^{1}$

$=(1^3+1^2-1)-\{(-2)^3+(-2)^2-(-(-2))\}$

$=1-(-2)=\mathbf{3}$

(2) $\displaystyle\int_{-2}^{1}(5x^2-3x)\,dx-\int_{-2}^{1}(x^2-3x+3)\,dx$

$\displaystyle=\int_{-2}^{1}\{(5x^2-3x)-(x^2-3x+3)\}\,dx=\int_{-2}^{1}(4x^2-3)\,dx$

$\displaystyle=\Big[\frac{4}{3}x^3-3x\Big]_{-2}^{1}=\Big(\frac{4}{3}-3\Big)-\Big(-\frac{32}{3}+6\Big)=\mathbf{3}$

(3) $\displaystyle\int_{-1}^{1}(x^2-2x)\,dx-\int_{3}^{1}(x^2-2x)\,dx$

$\displaystyle=\int_{-1}^{1}(x^2-2x)\,dx+\int_{1}^{3}(x^2-2x)\,dx=\int_{-1}^{3}(x^2-2x)\,dx$

$\displaystyle=\Big[\frac{1}{3}x^3-x^2\Big]_{-1}^{3}=(9-9)-\Big(-\frac{1}{3}-1\Big)=\mathbf{\frac{4}{3}}$

定積分

$f(x)$ の不定積分の1つを $F(x)$ とすると

$\displaystyle\int_a^b f(x)dx=\Big[F(x)\Big]_a^b=F(b)-F(a)$

◀ $\displaystyle\int_a^b f(x)dx\pm\int_a^b g(x)dx=\int_a^b\{f(x)\pm g(x)\}dx$（複号同順）

◀ $\displaystyle\int_b^a f(x)dx=-\int_a^b f(x)dx$

◀ $\displaystyle\int_a^b f(x)dx+\int_b^c f(x)dx=\int_a^c f(x)dx$

例題159 定積分と関数の決定(1) 類395

関数 $f(x)=ax^2+bx+c$ において，$f(-1)=2$，$f'(0)=0$，$\displaystyle\int_0^1 f(x)\,dx=-2$ であるとき，定数 a，b，c の値を求めよ。

解 $f(x)=ax^2+bx+c$ より　$f'(x)=2ax+b$

$f(-1)=2$ であるから　$a-b+c=2$　…①

$f'(0)=0$ であるから　$b=0$　…②

$\displaystyle\int_0^1 f(x)\,dx=-2$ であるから

$\displaystyle\Big[\frac{a}{3}x^3+\frac{b}{2}x^2+cx\Big]_0^1=\frac{a}{3}+\frac{b}{2}+c=-2$　…③

$b=0$ を①に代入して　$a+c=2$　…④

③に代入して　$\dfrac{a}{3}+c=-2$　…⑤

④，⑤を解いて　$\mathbf{a=6,\ b=0,\ c=-4}$

◀ 条件から式をつくる

◀ ④−⑤より

$$\begin{array}{rrl} & a+c= & 2\\ -) & \frac{a}{3}+c= & -2\\ \hline & \frac{2}{3}a\ \ = & 4\\ & a\ \ = & 6\end{array}$$

392 次の定積分を求めよ。 例題158

*(1) $\int_{-2}^{1}(6x-5)\,dx$ *(2) $\int_{-1}^{0}(x^2-x)\,dx$

(3) $\int_{0}^{2}(3t^2-4t+2)\,dt$ *(4) $\int_{-1}^{2}(t-3)^2\,dt$

(5) $\int_{2}^{3}(3x+1)(x+1)\,dx$ *(6) $\int_{-1}^{2}(4x^3+9x^2-8x-2)\,dx$

***393** 次の定積分を求めよ。 例題158

(1) $\int_{-2}^{1}(3x^2-2x+1)\,dx+\int_{-2}^{1}(-2x^2+2x+3)\,dx$

(2) $\int_{0}^{1}(x^2+3x-1)\,dx+\int_{1}^{2}(x^2+3x-1)\,dx$

(3) $\int_{1}^{3}(3x+1)(2x-1)\,dx+\int_{3}^{1}(6x-1)(x+1)\,dx$

(4) $\int_{-3}^{-1}(x+1)(1-2x)\,dx+\int_{2}^{-1}(x+1)(2x-1)\,dx$

394 1次関数 $f(x)=ax+b$ が，2つの等式

$$\int_{0}^{1}f(x)\,dx=1,\quad \int_{0}^{1}f(x-1)\,dx=0$$

を同時に満たすように，定数 a，b の値を定めよ。

***395** 関数 $f(x)=ax^2+bx+c$ において，$f(1)=6$，$f'(-1)=-4$，$\int_{-1}^{2}f(x)\,dx=9$ であるとき，定数 a，b，c の値を求めよ。 例題159

***396** 1次関数 $f(x)$ が，等式 $\int_{0}^{2}f(x)\,dx=1$，$\int_{0}^{2}xf(x)\,dx=0$ を満たすとき，$f(x)$ を求めよ。

397 次の条件を満たす2次関数 $f(x)$ を求めよ。

$$\int_{0}^{1}f(x)\,dx=-\frac{1}{6},\quad \int_{-1}^{1}xf(x)\,dx=2,\quad \int_{-1}^{2}x^2f'(x)\,dx=-6$$

398 次の定積分を求めよ。

(1) $\int_{-1}^{1}(x^4+x^2+1)\,dx$ (2) $\int_{-2}^{2}(x^5+x^3+x)\,dx$

57 定積分を含む関数／微分と積分の関係

例題160 定積分を含む関数の決定 類399

等式 $f(x)=x^2+\int_0^2 f(t)\,dt$ を満たす関数 $f(x)$ を求めよ。

解 $k=\int_0^2 f(t)\,dt$ (kは定数) …① とおくと $f(x)=x^2+k$ …②

①，②より $k=\int_0^2 f(t)\,dt=\int_0^2 (t^2+k)\,dt$

$$=\left[\frac{1}{3}t^3+kt\right]_0^2=\frac{8}{3}+2k$$

$k=\frac{8}{3}+2k$ より $k=-\frac{8}{3}$ よって $\boldsymbol{f(x)=x^2-\frac{8}{3}}$

定積分は定数

a，b が定数のとき

$\int_a^b f(t)\,dt$ は定数

エクセル $\int_a^b f(t)\,dt$ を含む関数 ➡ $\int_a^b f(t)\,dt=k$ (k は定数) とおく

例題161 微分と積分の関係 類400

等式 $\int_a^x f(t)\,dt=x^2-2x+a$ を満たす関数 $f(x)$ と定数 a の値を求めよ。

解 等式の両辺を x で微分すると $\boldsymbol{f(x)=2x-2}$

等式に $x=a$ を代入すると $\int_a^a f(t)\,dt=a^2-2a+a$

よって $0=a^2-a$ すなわち $a(a-1)=0$

ゆえに $\boldsymbol{a=0,\ 1}$

微分と積分の関係

$\frac{d}{dx}\int_a^x f(t)\,dt=f(x)$

◀ $\int_a^a f(t)dt=0$ (定積分の上端と下端が等しいとき 0)

エクセル $\int_a^x f(t)\,dt$ では ➡ $\frac{d}{dx}\int_a^x f(t)\,dt=f(x)$，$\int_a^a f(t)\,dt=0$ を利用する

例題162 定積分を含む関数の極値 類401

関数 $f(x)=\int_1^x (t^2+2t-3)\,dt$ において極値をとる x の値を求めよ。

解 等式の両辺を x で微分すると

$f'(x)=x^2+2x-3=(x-1)(x+3)$

$f'(x)=0$ とすると $x=1,\ -3$

右の増減表より，

関数 $f(x)$ が極値をとる x の値は

$\boldsymbol{x=-3,\ 1}$

x	…	-3	…	1	…
$f'(x)$	+	0	−	0	+
$f(x)$	↗	極大	↘	極小	↗

◀ $f(x)=\int_1^{x}(t^2+2t-3)dt$ のとき $f'(x)=x^2+2x-3$

エクセル $f(x)=\int_a^x g(t)\,dt$ の極値 ➡ $f'(x)=g(x)$ を利用する

*399 次の等式を満たす関数 $f(x)$ を求めよ。 例題160

(1) $f(x)=3x^2+x-\int_0^1 f(t)\,dt$ (2) $f(x)=2x+\int_0^2 tf(t)\,dt+1$

*400 次の等式を満たす関数 $f(x)$ と定数 a の値を求めよ。 例題161

(1) $\int_{-1}^x f(t)\,dt=2x^2-3x-a$ (2) $\int_a^x f(t)\,dt=x^2-3x+a$

401 次の関数の極値を求めよ。 例題162

*(1) $f(x)=\int_1^x (t-1)(t-3)\,dt$ (2) $f(x)=x^2+\int_0^x (t^2-3t)\,dt$

402 $-1\leqq x\leqq 3$ における次の関数の最大値とそのときの x の値を求めよ。

*(1) $f(x)=\int_{-1}^x (t+1)(t-2)\,dt$ (2) $f(x)=\int_3^x (-t^2+t+6)\,dt$

B

*403 次の等式を満たす関数 $f(x)$ を求めよ。

(1) $f(x)=x^2-x+\int_0^1 tf'(t)\,dt$ (2) $f(x)=3x+2+\int_0^1 xf(t)\,dt$

404 次の等式を満たす関数 $f(x)$ を求めよ。

*(1) $f(x)=x^2-2x\int_0^1 f(t)\,dt+\int_0^2 f(t)\,dt$

(2) $f(x)=12x^2+\int_0^1 (x-t)f(t)\,dt$

405 次の条件を満たす関数 $f(x)$，$g(x)$ と，定数 a，b の値を求めよ。

$\int_1^x \{2f(t)-g(t)\}\,dt=3x^2-3x+a$，$\int_1^x \{f(t)+2g(t)\}\,dt=5x^3-x^2+x+b$

406 $-2\leqq x\leqq 3$ のとき，関数 $f(x)=\int_0^x (t^2-2t)\,dt$ の最大値，最小値とそのときの x の値を求めよ。

ヒント 404 (2) $(x-t)f(t)=xf(t)-tf(t)$ と展開する。$f(x)=12x^2+x\int_0^1 f(t)\,dt-\int_0^1 tf(t)\,dt$ となるから，$\int_0^1 f(t)\,dt=A$，$\int_0^1 tf(t)\,dt=B$ とおき，$f(x)=12x^2+Ax-B$ として考える。

405 2つの等式の両辺を x で微分し，2式から $g(x)$ を消去すると $f(x)$ が求められる。

Step UP 58

定積分の応用

Step UP 例題163 定積分と関数の決定(2)

関数 $f(x)=x^2+ax+b$ が，任意の1次関数 $g(x)$ に対して，つねに $\int_0^1 f(x)g(x)\,dx=0$ を満たすとき，$f(x)$ を求めよ。

解 $g(x)=px+q$ $(p\neq 0)$ とおくと

$$f(x)g(x)=(x^2+ax+b)(px+q)=p(x^3+ax^2+bx)+q(x^2+ax+b)$$

$$\int_0^1 f(x)g(x)\,dx=p\left[\frac{1}{4}x^4+\frac{1}{3}ax^3+\frac{1}{2}bx^2\right]_0^1+q\left[\frac{1}{3}x^3+\frac{1}{2}ax^2+bx\right]_0^1$$

$$=p\left(\frac{1}{4}+\frac{1}{3}a+\frac{1}{2}b\right)+q\left(\frac{1}{3}+\frac{1}{2}a+b\right)=0$$

これが $p\neq 0$ を満たす任意の実数 p，q について成り立つから

p，q についての恒等式と考える

$$\frac{1}{4}+\frac{1}{3}a+\frac{1}{2}b=0 \quad \cdots① \qquad \frac{1}{3}+\frac{1}{2}a+b=0 \quad \cdots②$$

①，②を解いて　$a=-1$，$b=\frac{1}{6}$　　よって　$\boldsymbol{f(x)=x^2-x+\frac{1}{6}}$

***407** 2次関数 $f(x)$ が $f(0)=1$ を満たし，任意の1次関数 $g(x)$ に対して，つねに $\int_0^1 f(x)g(x)\,dx=0$ を満たすとき，$f(x)$ を求めよ。

Step UP 例題164 定積分の最小値

$f(a)=\int_{-1}^2 (3ax^2+2a^2x-a)\,dx$ の最小値とそのときの a の値を求めよ。

解　$f(a)=\left[ax^3+a^2x^2-ax\right]_{-1}^2=(8a+4a^2-2a)-(-a+a^2+a)$

$=3a^2+6a=3(a+1)^2-3$

よって　$\boldsymbol{a=-1}$ **のとき，最小値 $\boldsymbol{-3}$**

***408** $f(a)=\int_0^1 (x^2+ax+a^2)\,dx$ の最小値とそのときの a の値を求めよ。

409 $f(a)=\int_a^{a+1} (x-1)^2\,dx$ の最小値とそのときの a の値を求めよ。

410 $I=\int_{-1}^1 (ax^2+bx+1)^2\,dx$ とする。次の問いに答えよ。

(1) I を計算して，a，b で表せ。

(2) I の最小値とそのときの a，b の値を求めよ。

Step UP 例題165　定積分の公式

等式 $\int_{\alpha}^{\beta}(x-\alpha)(x-\beta)\,dx=-\frac{1}{6}(\beta-\alpha)^3$ を利用して，次の定積分を求めよ。

(1) $\int_{-3}^{1}(x^2+2x-3)\,dx$　　(2) $\int_{\frac{2-\sqrt{2}}{2}}^{\frac{2+\sqrt{2}}{2}}(2x^2-4x+1)\,dx$

解 (1) $x^2+2x-3=(x+3)(x-1)=0$ を解くと　$x=-3,\ 1$ より

$$\int_{-3}^{1}(x^2+2x-3)\,dx=\int_{-3}^{1}(x+3)(x-1)\,dx$$

$$=-\frac{1}{6}\{1-(-3)\}^3=-\frac{64}{6}=-\boldsymbol{\frac{32}{3}}$$

(2) $2x^2-4x+1=0$ を解くと　$x=\frac{2\pm\sqrt{2}}{2}$ であるから

$\alpha=\frac{2-\sqrt{2}}{2}$，$\beta=\frac{2+\sqrt{2}}{2}$ とおくと

$$\int_{\frac{2-\sqrt{2}}{2}}^{\frac{2+\sqrt{2}}{2}}(2x^2-4x+1)\,dx=2\int_{\alpha}^{\beta}(x-\alpha)(x-\beta)\,dx$$

$$=2\left\{-\frac{1}{6}(\beta-\alpha)^3\right\}=-\frac{1}{3}(\beta-\alpha)^3$$

$$=-\frac{1}{3}\left\{\left(\frac{2+\sqrt{2}}{2}-\frac{2-\sqrt{2}}{2}\right)\right\}^3=-\frac{1}{3}(\sqrt{2})^3=-\boldsymbol{\frac{2\sqrt{2}}{3}}$$

2次式の因数分解

$ax^2+bx+c=a(x-\alpha)(x-\beta)$
のとき，α，β は
$ax^2+bx+c=0$ の2つの解

エクセル $ax^2+bx+c=0$ が2つの実数解 α，β をもつ

$$\Rightarrow \int_{\alpha}^{\beta}(ax^2+bx+c)\,dx=a\int_{\alpha}^{\beta}(x-\alpha)(x-\beta)\,dx=-\frac{a}{6}(\beta-\alpha)^3$$

---

411 等式 $\int_{\alpha}^{\beta}(x-\alpha)(x-\beta)\,dx=-\frac{1}{6}(\beta-\alpha)^3$ を利用して，次の定積分を求めよ。

*(1) $\int_{-1}^{2}(x^2-x-2)\,dx$　　(2) $\int_{-\frac{3}{2}}^{1}(2x^2+x-3)\,dx$

(3) $\int_{1-\sqrt{2}}^{1+\sqrt{2}}(x^2-2x-1)\,dx$　　(4) $\int_{\frac{1-\sqrt{10}}{3}}^{\frac{1+\sqrt{10}}{3}}(3x^2-2x-3)\,dx$

412 関数 $f(x)=3x+a$ が不等式 $\int_0^2 xf(x)\,dx\geqq\int_0^1\{f(x)\}^2dx+3$ を満たすとき，定数 a の値の範囲を求めよ。

413 $f(x)=ax+b$ のとき，不等式 $\int_0^1\{f(x)\}^2dx\geqq\left\{\int_0^1 f(x)\,dx\right\}^2$ を証明せよ。また，等号が成立するのはどのようなときか。

ヒント **413** $\int_0^1\{f(x)\}^2dx-\left\{\int_0^1 f(x)\,dx\right\}^2\geqq 0$ を示す。

59 定積分と面積(1)

例題166 放物線と x 軸で囲まれた図形の面積 類414,415

放物線 $y=-x^2+2x+3$ と x 軸で囲まれた図形の面積 S を求めよ。

解 放物線と x 軸の共有点の x 座標は

$-x^2+2x+3=0$ を解いて

$x=-1,\ 3$

右の図より，求める面積は

$$S=\int_{-1}^{3}(-x^2+2x+3)\,dx$$

$$=\left[-\frac{1}{3}x^3+x^2+3x\right]_{-1}^{3}=\mathbf{\frac{32}{3}}$$

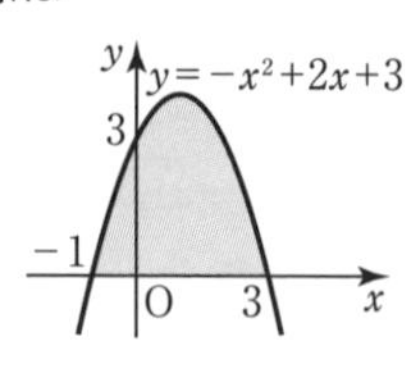

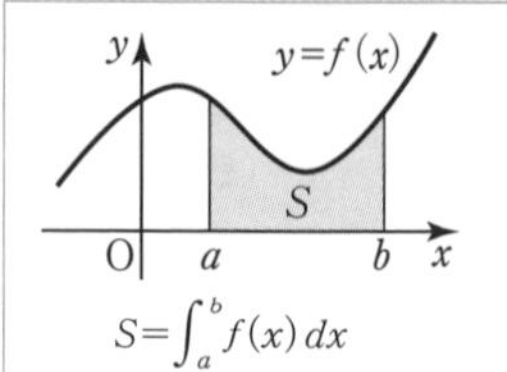

エクセル 曲線や直線で囲まれた図形の面積 ➡ まず，共有点の x 座標を求める

例題167 囲まれた部分が2つあるときの面積 類414,416

放物線 $y=x^2-4$ $(1\leqq x\leqq 3)$ と x 軸，および2直線 $x=1$, $x=3$ で囲まれた2つの部分の面積の和 S を求めよ。

解 右の図より，求める面積は

$$S=-\int_{1}^{2}(x^2-4)\,dx+\int_{2}^{3}(x^2-4)\,dx$$

$$=\left[-\frac{1}{3}x^3+4x\right]_{1}^{2}+\left[\frac{1}{3}x^3-4x\right]_{2}^{3}=\frac{5}{3}+\frac{7}{3}=\mathbf{4}$$

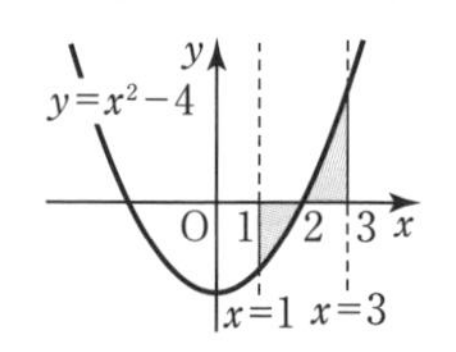

エクセル x 軸の上下に分かれた部分の面積 ➡ $f(x)\leqq 0$ の部分は $-\int_a^b f(x)\,dx$

例題168 放物線と直線で囲まれた図形の面積 類417,418

放物線 $y=x^2-x$ と直線 $y=-2x+2$ で囲まれた図形の面積 S を求めよ。

解 放物線と直線の共有点の x 座標は

$x^2-x=-2x+2$ を解いて

$(x+2)(x-1)=0$ より，$x=-2,\ 1$

右の図より，求める面積は

$$S=\int_{-2}^{1}\{(-2x+2)-(x^2-x)\}\,dx$$

$$=\left[-\frac{1}{3}x^3-\frac{1}{2}x^2+2x\right]_{-2}^{1}=\mathbf{\frac{9}{2}}$$

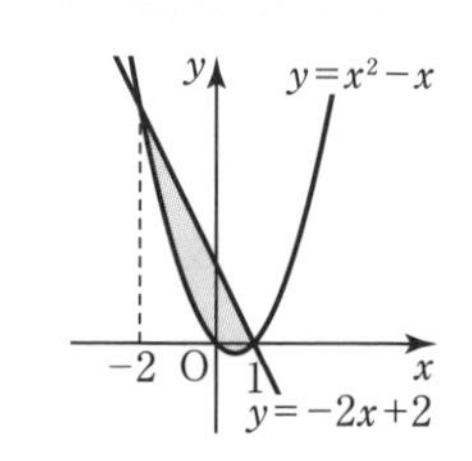

別解 $S=-\int_{-2}^{1}(x+2)(x-1)\,dx=\frac{\{1-(-2)\}^3}{6}=\mathbf{\frac{9}{2}}$

A

***414** 次の図の色のついた部分の面積 S を求めよ。 ↩ 例題166,167

(1)

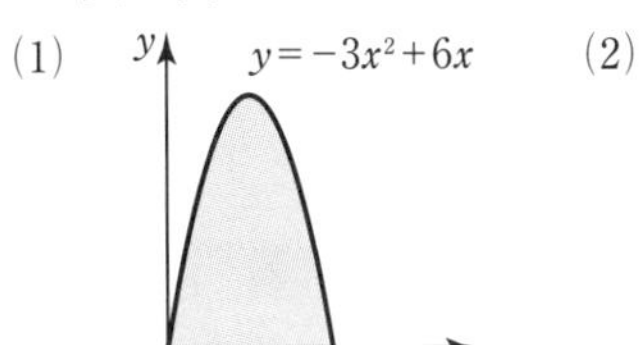

(2)

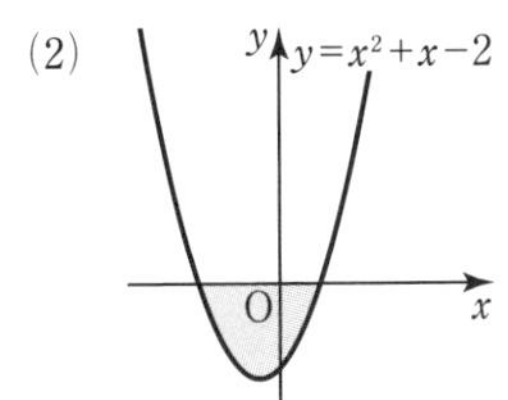

(3)

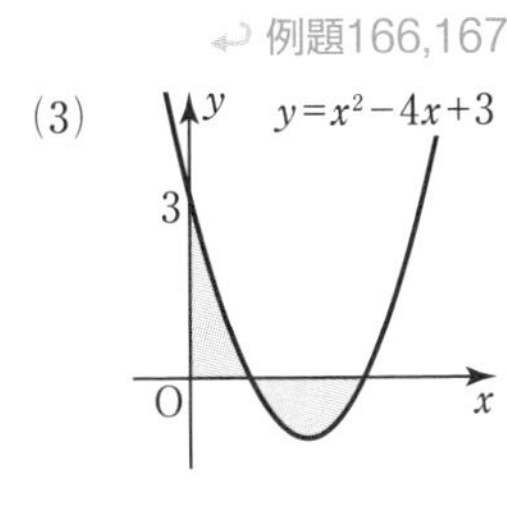

***415** 次の放物線と直線および x 軸で囲まれた図形の面積 S を求めよ。 ↩ 例題166

(1) $y=x^2$, $x=1$, $x=3$　　*(2) $y=-x^2-2$, $x=-1$, $x=1$

(3) $y=x^2+2x-3$　　(4) $y=-x^2+x+2$

416 次の放物線と直線および x 軸で囲まれた 2 つの部分の面積の和 S を求めよ。 ↩ 例題167

*(1) $y=x^2-1$, $x=-2$　　(2) $y=-x^2+x+2$, $x=0$, $x=3$

417 次の図の色のついた部分の面積 S を求めよ。 ↩ 例題168

*(1)

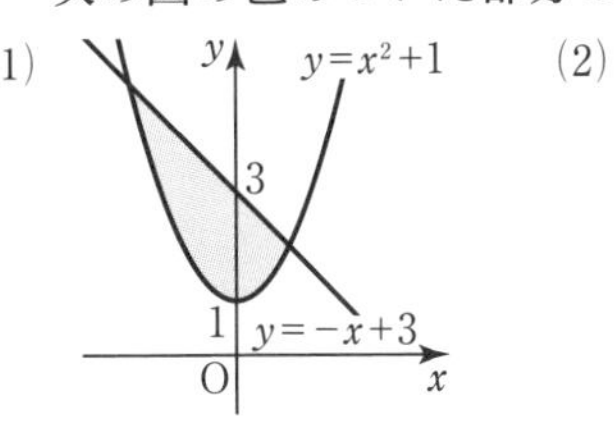

(2)

y=2x+1　3　1　O　x　y=−2x²−x+3

(3)

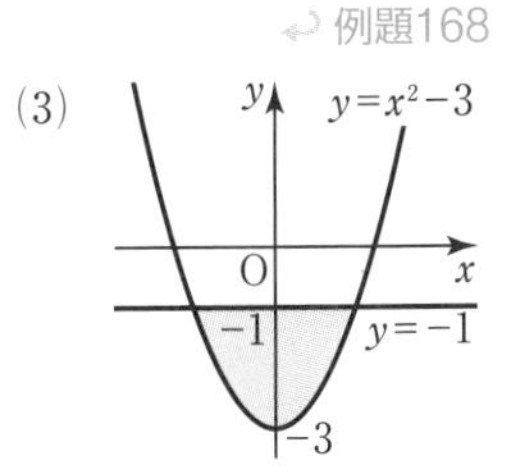

418 次の放物線と直線で囲まれた図形の面積 S を求めよ。 ↩ 例題168

(1) $y=x^2-x+2$, $y=x+5$　　*(2) $y=-2x^2+x+8$, $y=3x-4$

(3) $y=\frac{1}{2}x^2-1$, $y=-\frac{1}{2}x$　　(4) $y=-x^2+6x+1$, $y=-3x+15$

B

419 次の放物線と直線で囲まれた図形の面積 S を求めよ。

(1) $y=x^2-2x-5$, x 軸　　(2) $y=x^2-3x+2$, $y=x+1$

420 放物線 $y=x^2-2$ と 2 直線 $y=-x$, $x=2$ で囲まれた 2 つの部分の面積の和 S を求めよ。

60 定積分と面積(2)

例題169 2曲線によって囲まれた図形の面積 類421,422

2つの放物線 $y=x^2+x-3$, $y=-x^2+3x+1$ で囲まれた図形の面積 S を求めよ。

解 2つの放物線の共有点の x 座標は

$x^2+x-3=-x^2+3x+1$ を解いて

$x^2-x-2=0$

$(x+1)(x-2)=0$

よって　$x=-1,\ 2$

求める面積は，右の図より

$$S=\int_{-1}^{2}\{\underbrace{(-x^2+3x+1)}_{\text{上側}}-\underbrace{(x^2+x-3)}_{\text{下側}}\}\,dx$$

$$=\int_{-1}^{2}(-2x^2+2x+4)\,dx$$

$$=\left[-\frac{2}{3}x^3+x^2+4x\right]_{-1}^{2}=\mathbf{9}$$

2曲線の間の面積

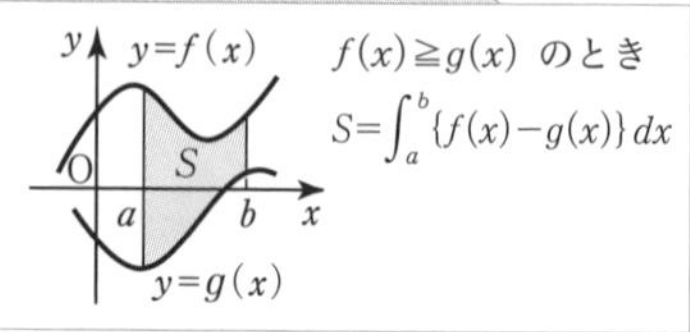

$f(x)\geqq g(x)$ のとき

$S=\int_a^b\{f(x)-g(x)\}\,dx$

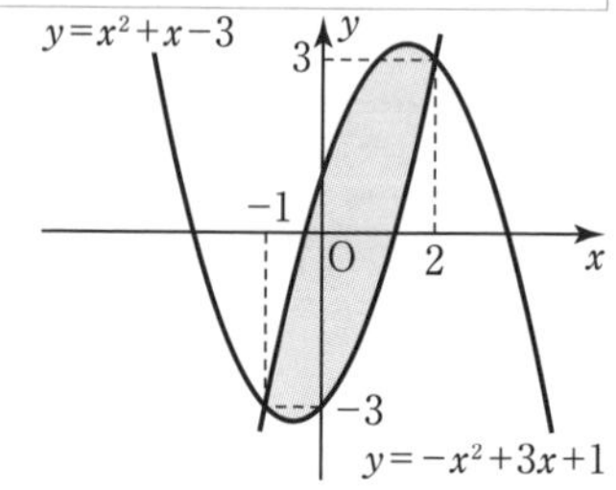

エクセル 2曲線間の面積 ➡ グラフをかき，$\int_a^b\{(\text{上側の関数})-(\text{下側の関数})\}\,dx$

例題170 絶対値を含む関数の定積分 類423,426

定積分 $\int_0^3|x(x-2)|\,dx$ を求めよ。

解　$|x(x-2)|=\begin{cases} x(x-2) & (x\leqq 0,\ 2\leqq x) \\ -x(x-2) & (0\leqq x\leqq 2)\end{cases}$

右の図より

$$\int_0^3|x(x-2)|\,dx=\int_0^2\{-x(x-2)\}\,dx+\int_2^3 x(x-2)\,dx$$

$$=-\int_0^2(x^2-2x)\,dx+\int_2^3(x^2-2x)\,dx$$

$$=-\left[\frac{1}{3}x^3-x^2\right]_0^2+\left[\frac{1}{3}x^3-x^2\right]_2^3=\mathbf{\frac{8}{3}}$$

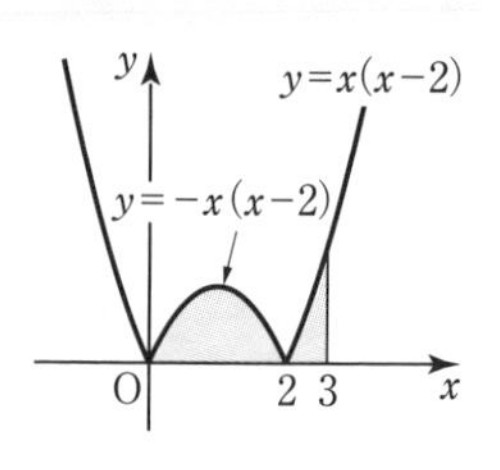

エクセル 絶対値をはずす ➡ 絶対値の中身が正か負かで場合分け

$y=|(x-\alpha)(x-\beta)|$ のグラフは次のようにかいてもよい

① $y=(x-\alpha)(x-\beta)$ のグラフをかく

② x 軸より下の部分を x 軸で折り返す

同様に，$y=|x-a|$ のグラフは右のようになる

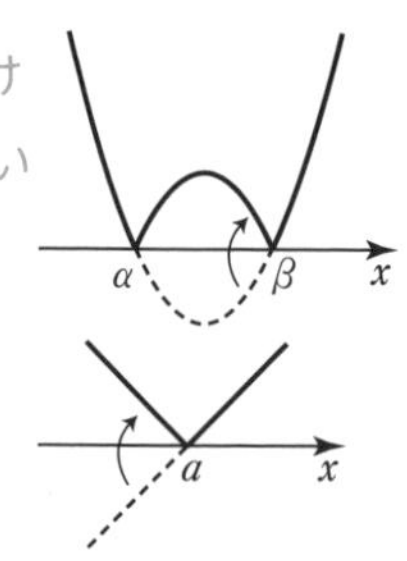

421　次の図の色のついた部分の面積 S を求めよ。 ↩ 例題169

*(1)
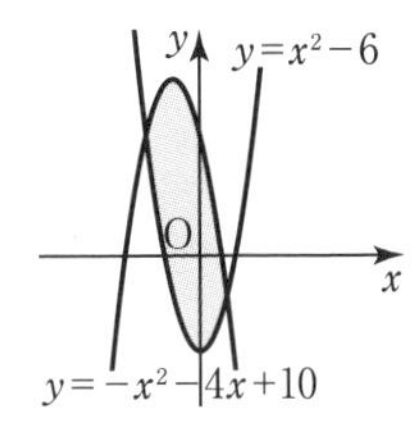

(2)
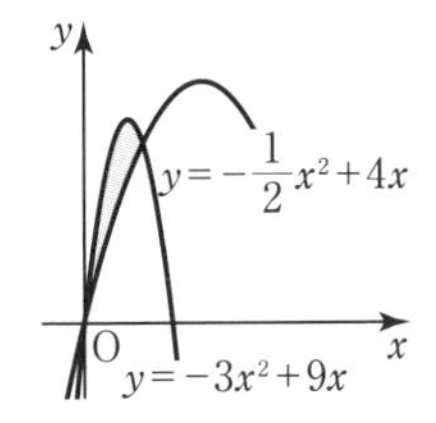

*(3)
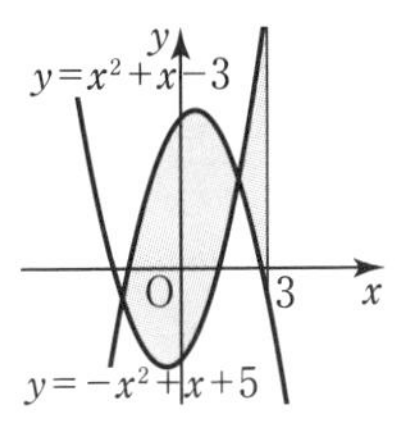

422　次の 2 つの放物線で囲まれた図形の面積 S を求めよ。 ↩ 例題169

*(1)　$y=x^2$，$y=-x^2+2x+4$

(2)　$y=x^2+x-2$，$y=-x^2+3x+2$

*(3)　$y=2x^2-4x+1$，$y=x^2-x-1$

423　次の定積分を求めよ。 ↩ 例題170

(1)　$\int_{-1}^{3}|2x|\,dx$　　*(2)　$\int_{0}^{3}|x-1|\,dx$　　(3)　$\int_{-1}^{1}|2x-1|\,dx$

B

424　次の曲線と x 軸で囲まれた図形の面積 S を求めよ。

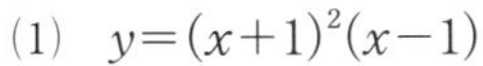

(1)　$y=(x+1)^2(x-1)$

(2)　$y=x(x+2)(x-2)$

(1)
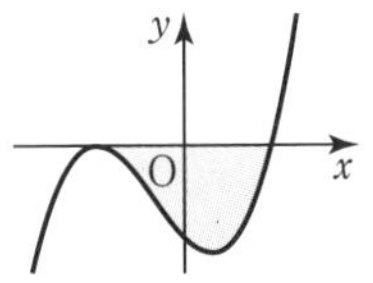

(2)
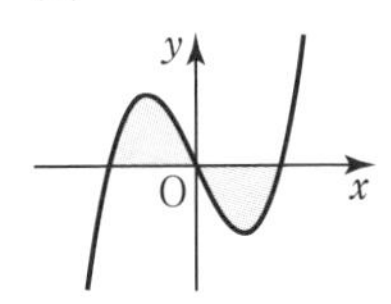

425　次の曲線で囲まれた図形の面積 S を求めよ。

*(1)　$y=x^3+x^2-x$，$y=x^2$

(2)　$y=-x^3+3x^2-2$，$y=x^2-x$

(1)
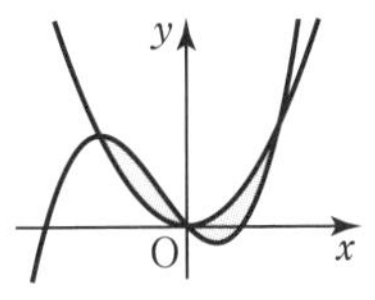

(2)
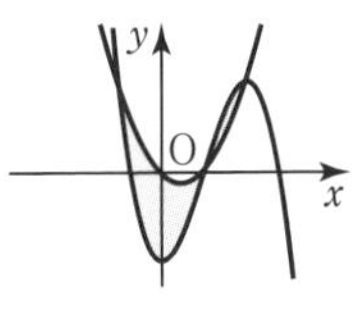

426　次の定積分を求めよ。 ↩ 例題170

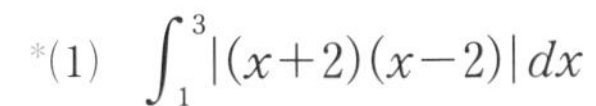

*(1)　$\int_{1}^{3}|(x+2)(x-2)|\,dx$

(2)　$\int_{0}^{3}|x^2-x-2|\,dx$

(1)
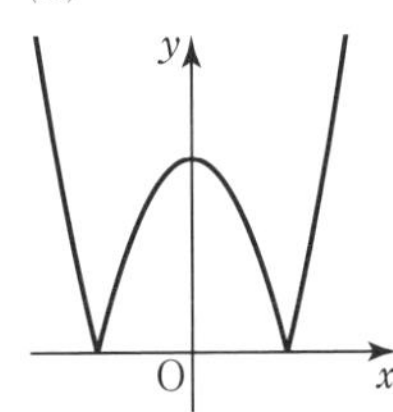

(2)
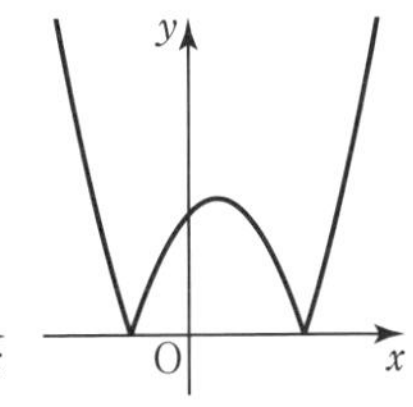

427　次の曲線で囲まれた図形の面積 S を求めよ。

(1)　$y=|x^2-1|$，$y=3$　　(2)　$y=|2x-3|$，$y=-x^2+x+3$

面積の応用(1)

Step UP 例題171　曲線と接線で囲まれた図形の面積

曲線 $y=-x^2+1$ と，この曲線上の点 A(1, 0) における接線，および y 軸で囲まれた図形の面積 S を求めよ。

解　$y'=-2x$ より，点 A(1, 0) における接線の方程式は

傾き-2 より　$y-0=-2(x-1)$

よって　$y=-2x+2$

ゆえに，右の図より，求める図形の面積 S は

$$S=\int_0^1\{(-2x+2)-(-x^2+1)\}\,dx$$

$$=\int_0^1(x^2-2x+1)\,dx=\left[\frac{1}{3}x^3-x^2+x\right]_0^1$$

$$=\frac{1}{3}-1+1=\boldsymbol{\frac{1}{3}}$$

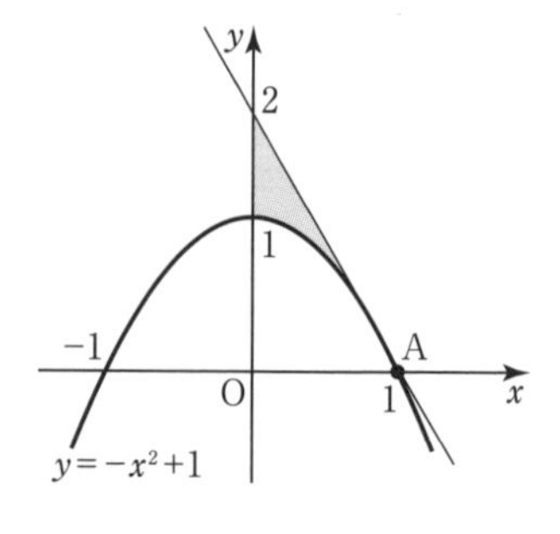

エクセル　曲線 $y=f(x)$ 上の点 $(a,\ f(a))$ における接線の方程式

➡ $y-f(a)=f'(a)(x-a)$

---

*__428__　曲線 $y=-2x^2+6x$ と，この曲線上の点 (2, 4) における接線を l とする。次の問いに答えよ。

(1)　この曲線と接線 l と y 軸で囲まれた図形の面積 S を求めよ。

(2)　この曲線と接線 l と x 軸で囲まれた図形の面積 T を求めよ。

*__429__　曲線 $y=x^2+x+1$ 上の 2 点 (1, 3), (−1, 1) におけるこの曲線の接線と，この曲線で囲まれた図形の面積を求めよ。

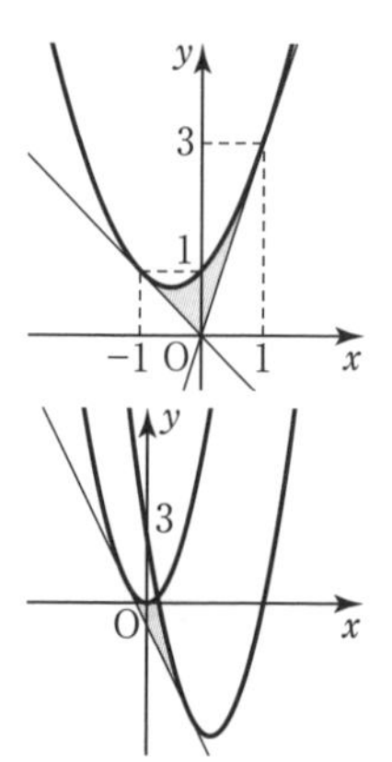

430　2 つの曲線 $y=x^2$ と $y=x^2-6x+3$ が同じ直線 l に接している。このとき，次の問いに答えよ。

(1)　直線 l の方程式を求めよ。

(2)　2 つの曲線と直線 l で囲まれた図形の面積を求めよ。

431　曲線 $y=x^3-6x$ と，点(1, −5) におけるこの曲線の接線について，次の問いに答えよ。

(1)　この接線の方程式を求めよ。

(2)　接線と曲線で囲まれた図形の面積を求めよ。

Step UP 例題172　面積の２等分

放物線 $y=2x-x^2$ と x 軸で囲まれた図形の面積 S を直線 $y=ax$ が２等分するとき，定数 a の値を求めよ。ただし，$0<a<2$ とする。

解　$S=\int_0^2(2x-x^2)\,dx=\left[x^2-\frac{1}{3}x^3\right]_0^2=4-\frac{8}{3}=\frac{4}{3}$

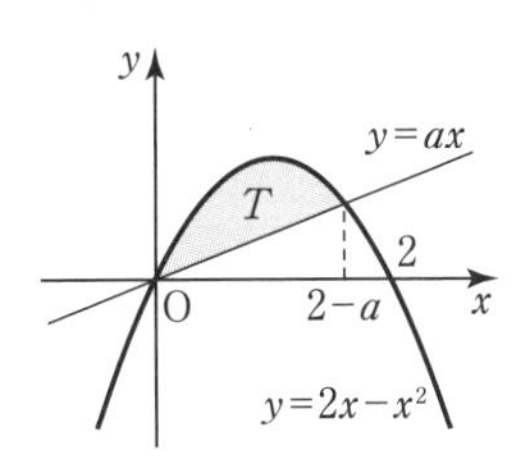

放物線 $y=2x-x^2$ と直線 $y=ax$ によって囲まれた図形の面積を T とする。

共有点の x 座標は $2x-x^2=ax$ を解いて

$x\{x-(2-a)\}=0$　より　$x=0,\ 2-a$

◀ $0<a<2$ より $0<2-a$

よって

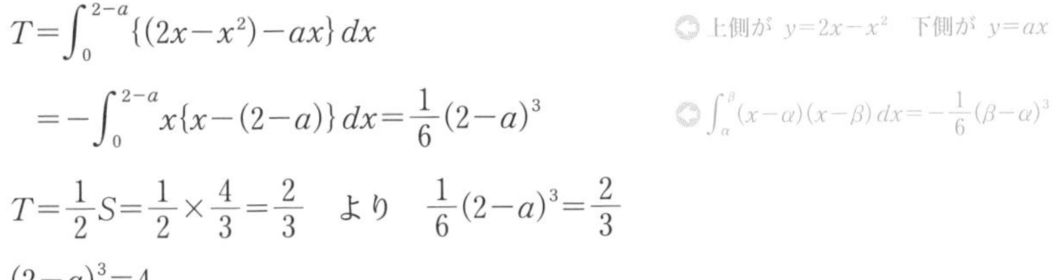

$$T=\int_0^{2-a}\{(2x-x^2)-ax\}\,dx$$

◀ 上側が $y=2x-x^2$　下側が $y=ax$

$$=-\int_0^{2-a}x\{x-(2-a)\}\,dx=\frac{1}{6}(2-a)^3$$

◀ $\int_\alpha^\beta(x-\alpha)(x-\beta)\,dx=-\frac{1}{6}(\beta-\alpha)^3$

$T=\frac{1}{2}S=\frac{1}{2}\times\frac{4}{3}=\frac{2}{3}$　より　$\frac{1}{6}(2-a)^3=\frac{2}{3}$

$(2-a)^3=4$

a は実数であるから　$2-a=\sqrt[3]{4}$

ゆえに　$\boldsymbol{a=2-\sqrt[3]{4}}$　($0<a<2$ を満たす)

---

*__432__　曲線 $y=x^2-ax$ $(a>0)$ と直線 $y=x$ で囲まれた図形の面積が 36 になるとき，定数 a の値を求めよ。

*__433__　放物線 $y=4x-x^2$ と x 軸で囲まれた図形の面積が，直線 $y=mx$ によって２等分されるとき，定数 m の値を求めよ。

434　放物線 $y=x(x-6)$ と直線 $y=kx$ $(k>0)$ で囲まれた図形の面積が x 軸で２等分されるとき，定数 k の値を求めよ。

435　直線 $l：y=mx$ $(m<0)$ と放物線 $C：y=2x^2$ がある。l と C で囲まれた図形の面積を S_1，l と C と直線 $x=1$ で囲まれた図形の面積を S_2 とする。次の問いに答えよ。

(1)　S_1 および S_2 を m で表せ。

(2)　$S_1=S_2$ となるときの m の値を求めよ。

ヒント　**435**　l と C の共有点の x 座標をまず求める。

Step UP 62

面積の応用(2)

Step UP 例題173　面積の最大・最小

放物線 $y=x^2-4$ と点 $(1,\ -2)$ を通る直線で囲まれた図形の面積 S の最小値とそのときの直線の方程式を求めよ。

解　点 $(1,\ -2)$ を通る直線は，傾きを m とすると

$y-(-2)=m(x-1)$　より　$y=mx-m-2$

放物線と直線の共有点の x 座標は

$x^2-4=mx-m-2$　より　$x^2-mx+m-2=0$

の2つの解で，それらを α, β $(\alpha<\beta)$ とおくと，

解と係数の関係より　$\alpha+\beta=m$, $\alpha\beta=m-2$

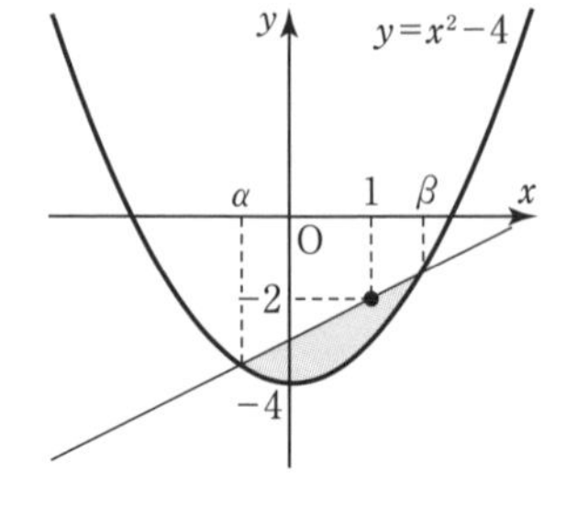

$$S=\int_\alpha^\beta\{(mx-m-2)-(x^2-4)\}\,dx$$

$$=-\int_\alpha^\beta(x-\alpha)(x-\beta)\,dx=-\left\{-\frac{1}{6}(\beta-\alpha)^3\right\}=\frac{1}{6}(\beta-\alpha)^3$$

ここで　$(\beta-\alpha)^2=(\beta+\alpha)^2-4\alpha\beta=m^2-4(m-2)=m^2-4m+8$

$\alpha<\beta$　より　$\beta-\alpha=\sqrt{m^2-4m+8}$

よって　$S=\frac{1}{6}(\sqrt{m^2-4m+8})^3=\frac{1}{6}\{\sqrt{(m-2)^2+4}\}^3$

ゆえに，$m=2$ のとき　**最小値** $\frac{1}{6}(\sqrt{4})^3=\mathbf{\frac{4}{3}}$

このとき，**直線 $y=2x-4$**

エクセル　面積の最小値 ➡ 傾き m の直線とし，2つのグラフの交点を α, β とおく
解と係数の関係を利用する

***436**　放物線 $y=x^2-2x-3$ と点 $\mathrm{A}(2,\ 1)$ を通る直線で囲まれた図形の面積 S の最小値とそのときの直線の方程式を求めよ。

437　直線 $y=2x$ 上の点Pから放物線 $y=x^2+4$ に2本の接線を引き，その接点をA，Bとする。このとき，線分ABとこの放物線で囲まれた図形の面積 S の最小値とそのときの点Pの座標を求めよ。

***438**　$0<t<2$ とする。放物線 $y=x^2-tx$ と x 軸，および直線 $x=2$ で囲まれた2つの部分の面積について，次の問いに答えよ。

(1)　2つの部分の面積の和 S を t で表せ。

(2)　面積の和 S の最小値と，そのときの t の値を求めよ。

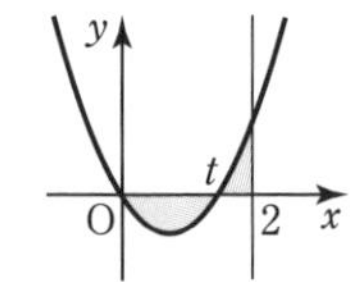

ヒント　**437**　点Pは直線 $y=2x$ 上の点であるから，$\mathrm{P}(p,\ 2p)$ とおく。

439　曲線 $y=x(x-2)$ $(a \leqq x \leqq a+1)$ と x 軸，および2直線 $x=a$，$x=a+1$ で囲まれた図形の面積を S とする。次の問いに答えよ。ただし，$0 \leqq a \leqq 2$ とする。

(1)　S を a を用いて表せ。

(2)　S が最大値，最小値をとる a の値を求めよ。

Step UP 例題174　絶対値を含む関数の積分区間が変化する定積分

定積分 $\int_0^a |x-1|\,dx$ を求めよ。ただし，a は正の定数とする。

解　$|x-1|=\begin{cases} x-1 & (x \geqq 1) \\ -(x-1) & (x \leqq 1) \end{cases}$

(i)　$0<a<1$ のとき

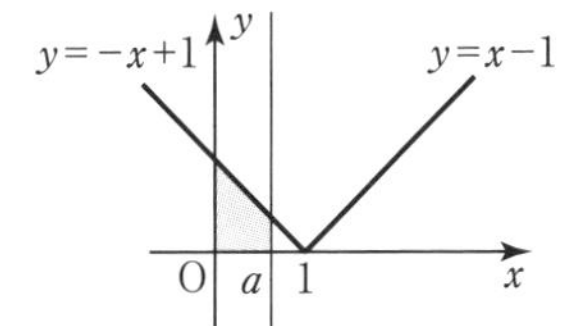

$\int_0^a |x-1|\,dx=\int_0^a (-x+1)\,dx$

$=\left[-\frac{1}{2}x^2+x\right]_0^a=\boldsymbol{-\frac{1}{2}a^2+a}$

(ii)　$a \geqq 1$ のとき

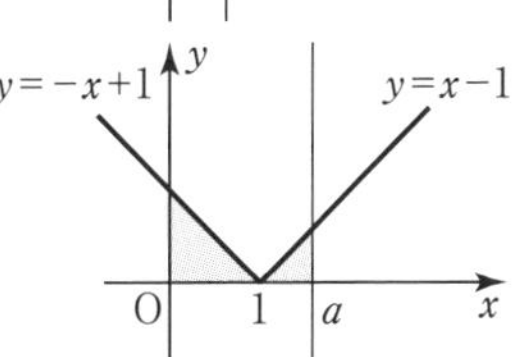

$\int_0^a |x-1|\,dx=\int_0^1 (-x+1)\,dx+\int_1^a (x-1)\,dx$

$=\left[-\frac{1}{2}x^2+x\right]_0^1+\left[\frac{1}{2}x^2-x\right]_1^a=\boldsymbol{\frac{1}{2}a^2-a+1}$

エクセル　絶対値を含む関数の定積分

➡ 絶対値をはずすと区間によって積分する関数が決まる

440　次の定積分を求めよ。ただし，a は正の定数とする。

*(1)　$\int_0^a |x-2|\,dx$　　(2)　$\int_0^a |x^2-4x|\,dx$

441　次の定積分を求めよ。ただし，a は正の定数とする。

*(1)　$\int_0^1 |x-a|\,dx$　　(2)　$\int_0^3 |x^2-ax|\,dx$

442　$f(a)=\int_0^1 |x(x-a)|\,dx$ とする。次の問いに答えよ。

(1)　関数 $y=f(a)$ を a の式で表せ。

(2)　関数 $y=f(a)$ のグラフをかけ。

(3)　$f(a)$ の最小値とそのときの a の値を求めよ。

復習問題

方程式・式と証明

1 $\left(x^2+x+\dfrac{1}{x}\right)^6$ の展開式における x^3 の項の係数を求めよ。

2 2乗して $3-4i$ になる複素数 z を求めよ。

3 等式 $(1+2i)x^2+(1+5i)x-3(2+i)=0$ を満たす実数 x の値を求めよ。

4 整式 $P(x)$ を $(x-1)^2$ で割ると $2x-1$ 余り，$x+2$ で割ると 4 余る。このとき，次の問いに答えよ。

(1) $P(x)$ を $x-1$ で割ったときの余りを求めよ。

(2) $P(x)$ を $(x+2)(x-1)$ で割ったときの余りを求めよ。

(3) $P(x)$ を $(x-1)^2(x+2)$ で割ったときの余りを求めよ。

5 x^{99} を x^2-1 で割ったときの余りを求めよ。

6 2つの2次方程式 $x^2+(k-1)x+1=0$，$x^2+kx+k=0$ について，次の条件を満たすような定数 k の値の範囲を求めよ。

(1) ともに虚数解をもつ　　(2) 少なくとも一方が虚数解をもつ

7 $x=\dfrac{1+\sqrt{3}i}{2}$ のとき，次の値を求めよ。

(1) x^2+x+1　　(2) $x^4-x^3+x^2-x+1$

8 1の3乗根のうち虚数であるものの1つを ω とするとき，次の式の値を求めよ。

(1) $\omega^{200}+\omega^{100}+1$　　(2) $\left(1+\dfrac{1}{\omega}\right)^3$　　(3) $\dfrac{3}{\omega+2}-\dfrac{1}{\omega+1}$

9 次の不等式が成り立つことを証明せよ。また，等号が成り立つのはどのようなときか。

(1) $(a^2+b^2)(x^2+y^2)\geqq(ax+by)^2$

(2) $(a^2+b^2+c^2)(x^2+y^2+z^2)\geqq(ax+by+cz)^2$

思考力 **10** 次の連立方程式を，解法 A と解法 B の 2 つの方法で解け。

解法 A y を消去して，x の 2 次方程式をつくる。

解法 B $x+y$，xy の値から，解と係数の関係を用いる。

(1) $\begin{cases} x+y=3 \\ xy=-4 \end{cases}$ (2) $\begin{cases} x^2+xy+y^2=-2 \\ x+y=2 \end{cases}$

11 $x>0$，$y>0$ のとき，$(x+y)\left(\dfrac{1}{x}+\dfrac{4}{y}\right)$ の最小値を求めよ。

図形と方程式

12 2 点 A$(-1,\ -3)$，B$(3,\ 5)$ について，次の問いに答えよ。

(1) 2 点を通る直線の方程式を求めよ。

(2) 線分 AB を 2：3 に外分する点を C とする。点 C の座標を求めよ。

(3) 点 B は線分 CA をどのように分ける点か。

13 3 点 A$(3,\ 5\sqrt{3})$，B$(-8,\ 0)$，C$(8,\ 0)$ を頂点とする △ABC について，重心，外心，内心，垂心の座標をそれぞれ求めよ。

14 直線 $(1+2k)x-(1-3k)y=-5k-5$ について，次の問いに答えよ。

(1) 定数 k の値に関係なく，定点を通る。その定点の座標を求めよ。

(2) 直線 $y=-\dfrac{2}{3}x$ と平行になることはないことを示せ。

15 方程式 $x^2+y^2-2ax+4ay-2y+4a+5=0$ が円を表すとき，次の問いに答えよ。

(1) a の値の範囲を求めよ。

(2) 実数 a の値が変化するとき，円の中心の軌跡を求めよ。

16 円 $x^2+y^2-6x+2y-3=0$ 上の点 P$(5,\ 2)$ における接線の方程式を求めよ。

17 点 $(-2,\ 0)$ を通り，円 $x^2+y^2-4x+3=0$ に接する直線の方程式と，その接点の座標を求めよ。

18 実数 a の値が変化するとき，2 直線 $y=ax$ と $x+ay=2$ の交点の軌跡を求めよ。

19 m を実数とする。直線 $l：y=mx-m^2$ について，次の問いに答えよ。

(1) どんな m の値に対しても，l は点 $(1,\ 1)$ を通らないことを示せ。

(2) m がすべての実数値をとって変化するとき，l が通る領域を求め，図示せよ。

思考力 **20** 中心が直線 $y=x+4$ 上にあり，2点 $(-2,\ 1)$，$(6,\ 5)$ を通る円の方程式を次の解法Aと解法Bの2つの方法で解け。

解法A 円が通る2点は，中心から等距離であることを用いる。

解法B 円の中心は弦の垂直二等分線上にある。

21 2種類の食品P，Qそれぞれ100gあたりの栄養素A，Bの含有量，価格は右の表の通りである。次の2つの条件を満たしたい。

	栄養素A	栄養素B	価　格
P	4g	2mg	40円
Q	1g	3mg	a円

条件1 栄養素Aを1.6g以上，栄養素Bを1.8mg以上摂取する。

条件2 費用を最小に抑える。

ただし，食品に含まれる栄養素はすべて体内に摂取されるものとする。

(1) $a=30$ のとき，P，Qをそれぞれ何gずつ食べればよいか。

(2) Qだけを食べることで条件1，2が満たされるような a の値の範囲を求めよ。

三角関数

22 $\cos\theta=\dfrac{3}{4}$ のとき，$\sin\theta$，$\tan\theta$ の値を求めよ。

23 $\sin\theta-\cos\theta=a$ のとき，$\sin\theta\cos\theta$，$\sin^3\theta-\cos^3\theta$ の値を a を用いて表せ。

24 右の図は，三角関数 $y=2\sin(a\theta-b)$ のグラフの一部である。a，b および図中の A，B，C の値を求めよ。ただし，$a>0$，$0<b<2\pi$ とする。

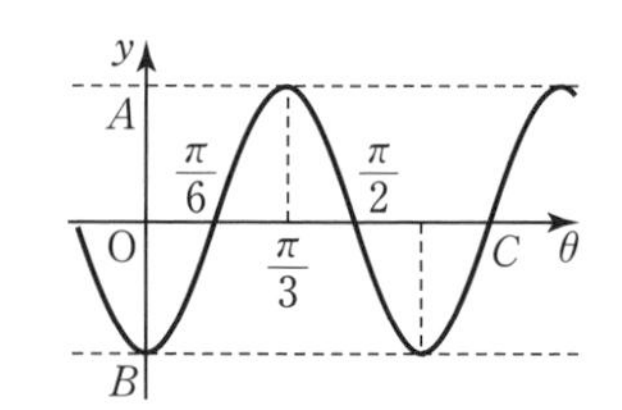

25 $0\leqq\theta<2\pi$ のとき，次の方程式，不等式を解け。

(1) $\sin\theta=-\dfrac{\sqrt{3}}{2}$ (2) $\tan\theta=\dfrac{1}{\sqrt{3}}$ (3) $\cos\theta\geqq-\dfrac{1}{2}$

(4) $\tan\theta<-1$ (5) $\cos\left(2\theta+\dfrac{\pi}{6}\right)=\dfrac{\sqrt{2}}{2}$ (6) $\sin\left(\theta-\dfrac{\pi}{3}\right)<\dfrac{1}{2}$

26 $0\leqq\theta<2\pi$ のとき，関数 $y=\sin^2\theta+\cos\theta+1$ の最大値と最小値を求めよ。また，そのときの θ の値を求めよ。

27 $\sin\alpha=-\dfrac{5}{7}$，$\cos\beta=\dfrac{1}{5}$ のとき，$\sin(\alpha+\beta)$，$\cos(\alpha+\beta)$，$\tan(\alpha+\beta)$ の値を求めよ。ただし，α は第3象限の角，β は第4象限の角とする。

28 △ABC において，$\cos A=-\dfrac{\sqrt{3}}{3}$，$\sin B=\dfrac{1}{3}$，$\mathrm{AC}=\sqrt{6}$ のとき，AB の長さを求めよ。

29 $0\leqq\theta<2\pi$ のとき，次の方程式，不等式を解け。

(1) $\sin 2\theta=\sqrt{3}\cos\theta$

(2) $\cos 2\theta+\cos\theta<0$

(3) $\sqrt{3}\sin\theta+\cos\theta=\sqrt{3}$

(4) $\sin\theta-\cos\theta<1$

30 長さ 2 の線分 AB を直径とする円がある。右の図のように，円周上の点 P から辺 AB に垂線 PH を下ろすとき，次の問いに答えよ。

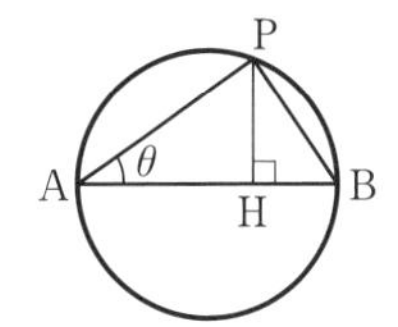

(1) $\angle\mathrm{PAB}=\theta$ とするとき，PH＋AH を θ を用いて表せ。

(2) PH＋AH の最大値を求めよ。

31 $0\leqq\theta\leqq\pi$ のとき，方程式 $\sqrt{3}\sin\theta-\cos\theta=a$ が異なる 2 つの解をもつための a の値の範囲を求めよ。

思考力 **32** 次の文章中の [ア]，[イ] に適するものをそれぞれ下の選択肢から 1 つ選び，[ウ]，[エ] に適する数を答えよ。

$y=\sin^2\theta$ を半角の公式を用いて変形すると [ア] となるから，$0\leqq\theta<2\pi$ におけるグラフの概形は [イ] である。また，$0\leqq\theta<2\pi$ で $y=\sin\left(\dfrac{\theta}{2}-\dfrac{\pi}{8}\right)$ のグラフをかくと，$y=\sin^2\theta$ のグラフとの共有点は [ウ] 個ある。

よって，$0\leqq\theta<2\pi$ において，方程式 $\sin^2\theta=\sin\left(\dfrac{\theta}{2}-\dfrac{\pi}{8}\right)$ の解は [エ] 個ある。

[ア] ① $\dfrac{1}{2}\cos 2\theta-\dfrac{1}{2}$　② $\dfrac{1}{2}\cos 2\theta+\dfrac{1}{2}$

③ $-\dfrac{1}{2}\cos 2\theta-\dfrac{1}{2}$　④ $-\dfrac{1}{2}\cos 2\theta+\dfrac{1}{2}$

[イ] ①

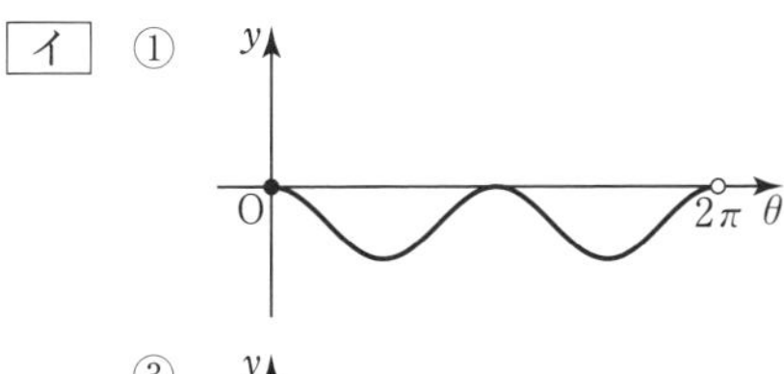

②

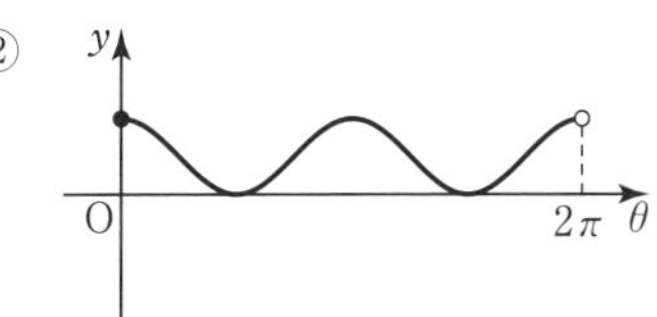

③

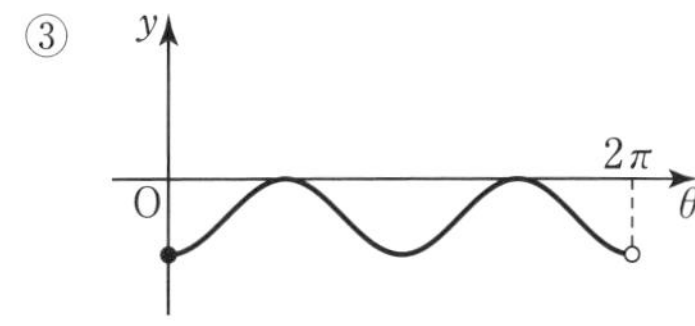

④

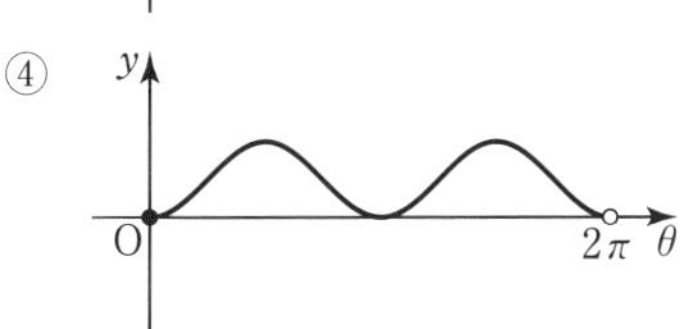

指数関数・対数関数

33 次の式を簡単にせよ。

(1) $\sqrt[3]{2}+\sqrt[3]{-16}+\sqrt[3]{\dfrac{1}{4}}$　(2) $\sqrt[4]{6}\div\sqrt[4]{8}\times\sqrt[4]{12}$

(3) $\sqrt{2}\times\sqrt[3]{16}\div\sqrt[6]{32}$　(4) $\log_4 0.1-\log_4\dfrac{12}{5}+\dfrac{1}{4}\log_4\dfrac{81}{16}$

(5) $\log_{25}\dfrac{1}{\sqrt{5}}$　(6) $\log_2 9\times\log_5\dfrac{1}{8}\div\log_{25}27$

34 地球と太陽の距離を 1.5×10^{11}m，光の進む速さを秒速 3.0×10^{8}m とする。このとき，太陽から出た光が地球まで到達するまでの時間は何秒か。

35 次の各数の大小を，不等号を用いて表せ。

(1) $\dfrac{1}{2}$，$\sqrt{2}$，$\sqrt[3]{\dfrac{1}{16}}$，$\sqrt[5]{4}$　(2) 0，$\log_{\frac{1}{4}}5$，$\log_4 5$，$\log_8 10$

36 次の方程式，不等式を解け。

(1) $9^x-3^{x+1}+2=0$　(2) $2^{2x+1}-9\cdot2^x+4>0$

(3) $(\log_4 x)^2=\log_{16}x^3$　(4) $2\log_{\frac{1}{2}}x\geqq\log_{\frac{1}{2}}(4-x)-1$

37 次の連立方程式を解け。

(1) $\begin{cases}2^x+2^{y+1}=17\\2^{x+y}=8\end{cases}$　(2) $\begin{cases}\log_4 x+\log_4 2y=2\\27^x=9^{y-1}\end{cases}$

38 (1) $2x-y=4$ のとき，$z=2^x-2^y$ の最大値を求めよ。また，そのときの x，y の値を求めよ。

(2) 関数 $y=\left(\log_3\dfrac{x}{3}\right)\left(\log_3\dfrac{27}{x}\right)$ $(1\leqq x\leqq81)$ の最大値，最小値を求めよ。また，そのときの x の値を求めよ。

39 $\log_{10}2=0.3010$，$\log_{10}3=0.4771$ とし，次の問いに答えよ。

(1) 2.5^{30} の整数部分は何桁か。

(2) 0.3^n を小数で表したとき，小数第 10 位にはじめて 0 でない数字が現れるような自然数 n を求めよ。

40 3^n は最高位の数字が 9 で 11 桁の数であるとき，整数 n の値を求めよ。

41　方程式 $4^x-3\cdot 2^{x+1}+a=0$ …①

について，次の問いに答えよ。ただし，a は定数とする。

(1) $a=-16$ のとき，方程式①を解け。

(2) 方程式①が異なる2つの実数解をもつように，a の値の範囲を定めよ。

思考力 **42**　不等式 $\log_x y<1$ を満たす点 $\mathrm{P}(x,\ y)$ の存在する範囲を図示せよ。

微分法と積分法

43　次の関数を微分せよ。

(1) $y=(x-1)(x^2+x+1)$　　(2) $y=(1+x)(1-x)(1+2x)$

44　曲線 $y=\frac{1}{3}x^3+x^2+2x-1$ について，次の接線の方程式を求めよ。

(1) y 軸との交点における接線

(2) 直線 $y=5x$ と平行な接線

(3) 曲線の接線の中で，傾きが最小である接線

45　x^3 の係数が1の3次関数 $f(x)$ がある。$f(x)$ は $x=1,\ 3$ で極値をもち，$f(2)=5$ である。この3次関数 $f(x)$ を求めよ。

46　方程式 $x^3-6x^2+9x+1-m=0$ について，次の問いに答えよ。

(1) 方程式が異なる3つの実数解をもつように，定数 m の値の範囲を定めよ。

(2) (1)のとき，異なる3つの実数解を $\alpha,\ \beta,\ \gamma,\ (\alpha<\beta<\gamma)$ とするとき，$\alpha,\ \beta,\ \gamma$ のとりうる値の範囲をそれぞれ求めよ。

47　次の不定積分を求めよ。

(1) $\int x(1-x)dx+\int x^2(1+x)dx$　　(2) $\int(x^2+x-1)dx-\int(-x^2+x+1)dx$

48　次の定積分を求めよ。

(1) $\int_{-2}^{0}(x-1)^2dx+\int_{0}^{1}(1-x)^2dx$　　(2) $\int_{-1}^{2}(x^2+4x-2)\,dx+\int_{2}^{3}(x^2+4x)\,dx$

49　次の条件を満たす2次関数 $f(x)$ を求めよ。

$\int_0^1 f(x)dx=3,\quad \int_0^1 xf'(x)dx=5,\quad \int_0^1 xf(x)dx=2$

50　関数 $f(x)$ が $\int_a^x f(t)dt=x^2+kx-6$ を満たし，$f(-1)=3$ であるとき，定数 a と k の値を求めよ。

数Ⅱ 復習問題

51 曲線 $C_1: y=x^2-1$ と $C_2: y=x^3-x$ がある。次の問いに答えよ。

(1) 曲線 C_1 と曲線 C_2 の交点の x 座標 x_1, x_2 $(x_1<x_2)$ を求めよ。

(2) 曲線 C_1 と C_2 で囲まれた図形の面積 S を求めよ。

(3) x 軸に垂直な直線 $x=t$ $(x_1<t<x_2)$ と曲線 C_1, C_2 の交点をそれぞれ P, Q とするとき，PQ の長さの最大値を求めよ。

52 放物線 $y=\frac{1}{2}x^2$ について，次の問いに答えよ。

(1) 放物線上の点 P(2, 2) を通り，点 P における接線に垂直な直線 l の方程式を求めよ。

(2) (1)で求めた直線 l と放物線で囲まれた図形の面積 S を求めよ。

53 曲線 $y=x^2+1$ 上の任意の点における接線と，曲線 $y=x^2$ で囲まれた図形の面積は一定であることを示せ。

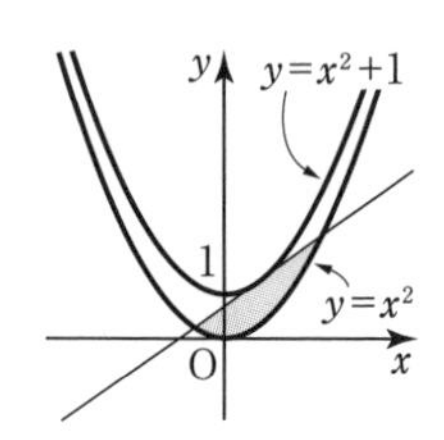

54 曲線 $y=x^2-3x+7$ に点 A(2, 1) から引いた 2 本の接線と，この曲線で囲まれた図形の面積 S を求めよ。

思考力 **55** a, b, c, d は $a>0$, $b>0$ を満たす定数とする。関数 $y=ax^3+bx^2+cx+d$ のグラフとして適するものを下の(ア)～(カ)から 1 つずつ選べ。

(1) $c=0$, $d=0$ のとき，適するグラフは □ である。

(2) $b^2-3ac \leqq 0$ のとき，適するグラフは □ である。

(3) $c>0$ で極大値，極小値をもつとき，適するグラフは □ である。

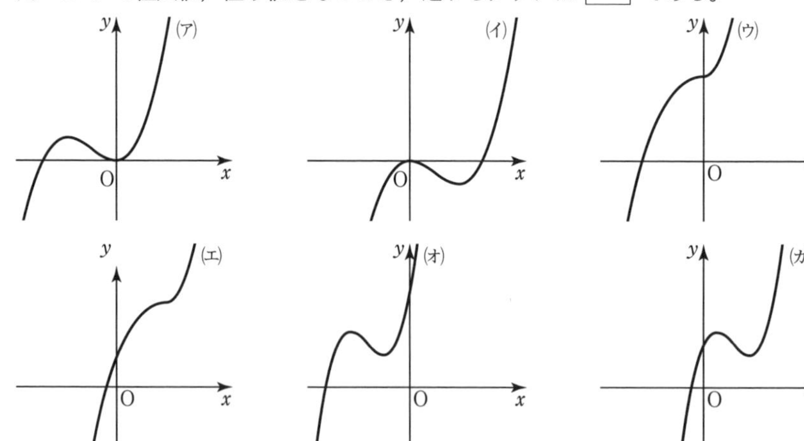

数学Ⅱ

1章 方程式・式と証明

1 (1) $x^3+6x^2+12x+8$
(2) $a^3-9a^2+27a-27$
(3) $8x^3+12x^2y+6xy^2+y^3$
(4) $27a^3-108a^2b+144ab^2-64b^3$
(5) $125x^3+150x^2y+60xy^2+8y^3$
(6) $-a^3+12a^2b-48ab^2+64b^3$

2 (1) a^3+8 (2) $27x^3-1$
(3) $64a^3+27b^3$ (4) $27x^3-125y^3$

3 (1) $(a+3)(a^2-3a+9)$
(2) $(a-2b)(a^2+2ab+4b^2)$
(3) $(2a+3b)(4a^2-6ab+9b^2)$
(4) $(3x-5y)(9x^2+15xy+25y^2)$
(5) $8(x+2y)(x^2-2xy+4y^2)$
(6) $2(3x-2y)(9x^2+6xy+4y^2)$

4 (1) $(x+1)^3$ (2) $(x+2)^3$
(3) $(x-4y)^3$ (4) $(2x-3y)^3$

5 (1) $(x+2y)(x-2y)$
$(x^2+2xy+4y^2)(x^2-2xy+4y^2)$
(2) $(x+3)(x-1)(x^2+x+1)(x^2-3x+9)$
(3) $(a+b+c)(a^2+b^2+c^2-ab+2bc-ca)$

6 (1) $a^6-12a^4+48a^2-64$
(2) x^6-y^6
(3) $a^3+b^3+c^3+3a^2b+3ab^2+3b^2c+3bc^2$
$+3c^2a+3ca^2+6abc$

7 (1) 1 (2) $\sqrt{7}$ (3) 5
(4) $4\sqrt{7}$ (5) 23 (6) $19\sqrt{7}$

8 (1) $(x+y+z)(x^2+y^2+z^2-xy-yz-zx)$
(2) $3(a-b)(b-c)(c-a)$

9 (1) $x^6+6x^5+15x^4+20x^3+15x^2+6x+1$
(2) $a^4+12a^3b+54a^2b^2+108ab^3+81b^4$
(3) $32x^5-80x^4y+80x^3y^2$
$-40x^2y^3+10xy^4-y^5$

10 (1) $81x^8-216x^6+216x^4-96x^2+16$
(2) $x^4-2x^3+\dfrac{3}{2}x^2-\dfrac{1}{2}x+\dfrac{1}{16}$
(3) $x^5+5x^3+10x+\dfrac{10}{x}+\dfrac{5}{x^3}+\dfrac{1}{x^5}$

11 (1) 1512 (2) 2160
(3) 270 (4) -15120

12 (1) 30 (2) 720

13 (1) 720 (2) -448
(3) -80 (4) $\dfrac{495}{16}$

14 (1) 252 (2) -366

15 5

16 (1) 略 (2) 略

17 (1) 商 $2x-1$，余り 4
(2) 商 $x+1$，余り -7
(3) 商 $2x^2+x+1$，余り 0

18 (1) x^3-4x^2-12
$=(x^2+x+2)(x-5)+3x-2$
(2) $6x^3-2x^2+5x-5$
$=(2x^2+5)(3x-1)-10x$
(3) $x^4+4=(x^2-2x+2)(x^2+2x+2)$

19 (1) $-3x^3+4x^2-7x+4$
(2) x^2+2x-3 (3) $x+2$

20 (1) 商 $x-3a$，余り 0
(2) 商 x^2+ax+a^2+1，余り a
(3) 商 $x+5a$，余り $2a^3$
(4) 商 $x^3+x^2y+xy^2+y^3$，余り 0

21 商 $x^2+y^2+z^2-xy-yz-zx$，余り 0

22 $a=3$

23 x^4+x^2-3x+2

24 (1) $\dfrac{2x^2}{5z^2}$ (2) $\dfrac{2(x+3)}{x-3}$
(3) $\dfrac{x-4}{x^2-x+1}$

25 (1) $\dfrac{x}{x+3}$ (2) $-\dfrac{8xy}{b}$
(3) 1 (4) $\dfrac{x}{(x+1)(x-3)}$

26 (1) $x+2$ (2) 1
(3) $\dfrac{x^2+x+6}{(x+3)(x-1)}$
(4) $\dfrac{2(x^2+6x+2)}{(x+1)(x+2)(x-1)}$
(5) $\dfrac{a-b}{ab}$

27 (1) 0 (2) 0

(3) $\dfrac{2ab}{(a-b)(a+b)}$ (4) $\dfrac{8}{a^8-1}$

28 $\dfrac{3}{(x-2)(x+4)}$

29 (1) $x+1$ (2) $\dfrac{1}{x+1}$ (3) -1

30 (1) 実部 6，虚部 2，共役な複素数 $6-2i$

(2) 実部 $-\dfrac{3}{2}$，虚部 $-\dfrac{1}{2}$，

共役な複素数 $\dfrac{-3+i}{2}$

(3) 実部 4，虚部 0，共役な複素数 4

(4) 実部 0，虚部 $\sqrt{3}$，

共役な複素数 $-\sqrt{3}i$

31 (1) $x=3$，$y=-2$

(2) $x=-1$，$y=2$

32 (1) $6+2i$ (2) $-1-4i$

(3) $9+3i$ (4) $5+12i$

(5) 34 (6) $-9-7i$

33 (1) $\dfrac{4}{5}+\dfrac{3}{5}i$ (2) $\dfrac{1}{7}-\dfrac{4\sqrt{3}}{7}i$

(3) $-\dfrac{\sqrt{6}}{3}i$ (4) $\dfrac{2}{3}$

(5) $-\dfrac{3}{5}i$ (6) $-\dfrac{3}{2}+\dfrac{1}{2}i$

34 (1) $-9\sqrt{3}$ (2) $3\sqrt{6}$

(3) 5 (4) $\sqrt{6}i$

35 (1) 0 (2) 4 (3) 0 (4) $\dfrac{5}{2}$

36 (1) $x=1$，$y=2$

(2) $x=3$，$y=-7$

(3) $x=1$，$y=0$

37 $2+i$，$-2-i$

38 $a=-3$，$b=2$

39 (1) $\dfrac{1\pm\sqrt{13}}{2}$ (2) $\dfrac{-3\pm\sqrt{17}}{4}$

(3) $\dfrac{7\pm\sqrt{11}i}{10}$ (4) $1\pm2i$

(5) $\dfrac{-2\pm\sqrt{3}}{2}$ (6) $\dfrac{2\sqrt{3}}{3}$

40 (1) 異なる 2 つの虚数解

(2) 異なる 2 つの虚数解

(3) 重解

(4) 異なる 2 つの実数解

41 (1) $k<2$ のとき，異なる 2 つの実数解

$k=2$ のとき，重解

$k>2$ のとき，異なる 2 つの虚数解

(2) $k<-6$，$2<k$ のとき，

異なる 2 つの実数解

$k=-6$，2 のとき，重解

$-6<k<2$ のとき，

異なる 2 つの虚数解

42 (1) 3 (2) -2 (3) 13 (4) 45

43 (1) $\dfrac{1}{4}<a<2$

(2) $-2<a\leqq\dfrac{1}{4}$，$2\leqq a$

44 (1) 1 (2) -1 (3) 3

(4) -2 (5) $\dfrac{9}{2}$ (6) $-\dfrac{2}{3}$

45 (1) 異なる 2 つの虚数解

(2) 異なる 2 つの実数解

46 $-1<k<0$，$0<k<4$ のとき，

異なる 2 つの実数解

$k=-1$，4 のとき，重解

$k=0$ のとき，1 つの実数解

$k<-1$，$4<k$ のとき，異なる 2 つの虚数解

47 (1) $k=-\dfrac{1}{6}$ のとき，

2 つの解は $x=-\dfrac{1}{3}$，$-\dfrac{1}{2}$

$k=-6$ のとき，2 つの解は 2，3

(2) $k=-10$ のとき，2 つの解は -6，-4

$k=10$ のとき，2 つの解は 4，6

(3) $k=8$ のとき，2 つの解は 2，4

$k=-27$ のとき，2 つの解は -3，9

48 (1) $x^2+3x-18=0$

(2) $x^2-4x+2=0$

(3) $x^2-6x+13=0$

49 (1) $1+\sqrt{3}$，$1-\sqrt{3}$

(2) $\dfrac{-1+\sqrt{3}i}{2}$，$\dfrac{-1-\sqrt{3}i}{2}$

(3) $-5+3i$，$-5-3i$

50 (1) $x^2-x+3=0$

(2) $x^2-6x+20=0$

(3) $x^2+x+25=0$

51 (1) $(x+i)(x-i)$

(2) $(x-3+\sqrt{6})(x-3-\sqrt{6})$

(3) $3\left(x+\dfrac{1-\sqrt{2}i}{3}\right)\left(x+\dfrac{1+\sqrt{2}i}{3}\right)$

(4) $2\left(x-\dfrac{\sqrt{6}+\sqrt{2}i}{4}\right)\left(x-\dfrac{\sqrt{6}-\sqrt{2}i}{4}\right)$

52 $a=-1$, $b=-3$

53 (1)(ア) $(x^2-5)(x^2+5)$

(イ) $(x+\sqrt{5})(x-\sqrt{5})(x^2+5)$

(ウ) $(x+\sqrt{5})(x-\sqrt{5})(x+\sqrt{5}i)(x-\sqrt{5}i)$

(2)(ア) $(x^2-3)(2x^2+1)$

(イ) $(x+\sqrt{3})(x-\sqrt{3})(2x^2+1)$

(ウ) $(x+\sqrt{3})(x-\sqrt{3})(\sqrt{2}x+i)(\sqrt{2}x-i)$

54 (1) $(x+1)(x-y+2)$

(2) $(x-y+1)(2x-y-1)$

55 (1) $m=-2$, $n=5$

(2) $m=-4$, $n=7$

56 (1) $x=-1$ (2) $x=3$

57 (1) $m>9$ (2) $0<m<1$

(3) $m<0$ (4) $9<m<10$

58 (1) 9 (2) 0 (3) 5 (4) -3

59 (1) $a=6$ (2) $a=3$

60 $x+1$ で割ったとき　3

$x-2$ で割ったとき　9

61 (1) $(x-1)(x^2+x-1)$

(2) $(x-1)(x+2)(x+3)$

(3) $(x+1)(x+2)(x+3)$

(4) $(2x+1)(2x^2-x+1)$

62 $a=-5$, $b=17$

63 $m=-4$, $n=6$

64 $-2x+5$

65 $-x^2+2x+3$

66 $9x+10$

67 (1) $x=1$, 2, 3

(2) $x=-1$, $1\pm i$

(3) $x=-2$, -3, 2, 3

(4) $x=\pm 2i$, $\dfrac{1\pm\sqrt{7}i}{4}$

68 (1) $x=-1$, $\dfrac{1\pm\sqrt{3}i}{2}$

(2) $x=3$, $\dfrac{-3\pm 3\sqrt{3}i}{2}$

(3) $x=1$

(4) $x=0$, 2, -2

(5) $x=2$, -2, 3, -3

(6) $x=\dfrac{-1\pm\sqrt{3}i}{2}$, $\dfrac{1\pm\sqrt{3}i}{2}$

69 (1) $x=1$, 2, -3

(2) $x=2$, $\dfrac{-1\pm\sqrt{7}i}{2}$

(3) $x=-3$, $\dfrac{3\pm\sqrt{5}}{2}$

(4) $x=-1$, $\dfrac{3\pm\sqrt{17}}{4}$

(5) $x=-\dfrac{1}{2}$, $\dfrac{1\pm\sqrt{7}i}{4}$

(6) $x=\dfrac{1}{2}$, $\dfrac{-1\pm\sqrt{7}i}{2}$

70 $m=-5$

他の解は　$x=-1$, -3

71 (1) $x=1$, 2, $\dfrac{1\pm\sqrt{5}}{2}$

(2) $x=\pm\dfrac{1}{2}$, $\dfrac{1\pm\sqrt{3}i}{2}$

72 (1) $x=-3$, 1, $-1\pm i$

(2) $x=-4$, -3, 1, 2

(3) $x=-1\pm\sqrt{2}$, $-1\pm\sqrt{3}$

73 $a=-1$, $b=7$

他の解は　$x=1\pm\sqrt{2}i$

74 $a=-1$, $b=3$

他の解は　$x=-1$, $1-2i$

75 (1) $P(x)=(x-a)(x^2+ax+1)$

(2) $-2<a<2$

76 (1) $-4<k<4$

(2) $k<-5$, $-5<k<-4$, $4<k$

(3) $k=-5$, ± 4

77 (1) 0 (2) 0 (3) -1

78 (1) -5 (2) -14 (3) -1

79 (1) $(x, y)=(2+\sqrt{3}, 2-\sqrt{3})$,
$(2-\sqrt{3}, 2+\sqrt{3})$,
$(-2+\sqrt{3}, -2-\sqrt{3})$,
$(-2-\sqrt{3}, -2+\sqrt{3})$

(2) $(x, y)=(1, 2)$, $(2, 1)$,
$(-2, 1)$, $(1, -2)$

80 ①, ④, ⑥

81 (1) $a=1$, $b=-1$

(2) $a=3$, $b=-1$, $c=-2$

(3) $a=1$, $b=-3$, $c=2$

(4) $a=9$, $b=6$, $c=1$

(5) $a=6$, $b=7$, $c=2$

82 (1) $a=-7$, $b=10$

(2) $a=1$, $b=3$

83 (1) $x=1$, $y=2$

(2) $x=2$, $y=-1$

84 (1) $a=3$, $b=3$, $c=1$

(2) $a=2$, $b=12$, $c=2$, $d=4$

(3) $a=\frac{1}{3}$, $b=-\frac{1}{3}$, $c=-\frac{2}{3}$

(4) $a=1$, $b=-2$, $c=3$

85 (1) $a=5$, $b=4$

(2) $a=1$, $b=3$

86 $a=\pm 2$, $b=-1$

87 $a=-2$, $b=16$, $c=6$

88 (1) 略 (2) 略 (3) 略

89 (1) 略 (2) 略

90 (1) 略 (2) 略

91 (1) 略 (2) 略

92 (1) 略 (2) 略 (3) 略

93 略

94 $\frac{54}{61}$

95 (1) 略 (2) 略

96 (1) 略

(2) 略 (等号成立は $x=3y$ のとき)

(3) 略 (等号成立は $x=y=0$ のとき)

(4) 略 (等号成立は $x=2$, $y=-1$ のとき)

97 (1) 略 (2) 略 (3) 略

98 (1) 略 (2) 略

99 (1) 略 (等号成立は $a=\sqrt{3}$ のとき)

(2) 略 (等号成立は $a=b$ のとき)

100 (1) 略 (2) 略

101 略

102 (1) 略 (2) 略

103 略

104 略

105 $x=1$ のとき，最小値 2

106 (1) 12 (2) 10

107 $a<ab<1<\frac{a^2+b^2}{2}<b$

108 (1) 略 (2) 略

2章 図形と方程式

109 (1) 5 (2) 13 (3) 10 (4) $\sqrt{26}$
110 (1) P(5, 0) (2) Q(0, −2)
111 $R\left(\frac{5}{2}, \frac{5}{2}\right)$
112 P(3, 1)
113 A(7, 1), A(−1, 5)
114 略
115 BCの中点，または，
点AからBCに引いた垂線の足
116 (1) C(2) (2) D(−13)
117 (1) M(2, 5) (2) P(4, −2)
(3) Q(0, −7)
118 Q(−7, 6)
119 ∠A=90° の直角二等辺三角形
$G\left(\frac{8}{3}, \frac{10}{3}\right)$
120 C(1, −5)
121 (1) $P\left(\frac{7}{2}, \frac{3}{2}\right)$ (2) D(9, 5)
122 略
123 (1) $y=3x+5$ (2) $y=-2x+6$
(3) $y=-1$ (4) $x=2$
124 (1) $y=-\frac{1}{3}x+3$
(2) $y=9x-10$
(3) $y=6$
(4) $x=5$
(5) $y=-\frac{2}{3}x+2$
125 (1) 平行 $y=3x$
垂直 $y=-\frac{1}{3}x+\frac{10}{3}$
(2) 平行 $y=\frac{5}{3}x-3$
垂直 $y=-\frac{3}{5}x+\frac{19}{5}$
(3) $y=2x-3$
126 (1) 4 (2) $2\sqrt{5}$ (3) $\frac{4\sqrt{10}}{5}$
127 (1) $x-2y+1=0$ (2) 5
128 (1) $k=-3, 2$ (2) $k=-4, 2$
129 (1) Q(6, 1) (2) Q(3, 0)
130 (1) (−1, −2) (2) $y=-7x-9$
131 (1) $a=-\frac{1}{2}, 3$
(2) $a=2$
(3) $a=-2, -\frac{1}{2}, \frac{1}{3}$
132 (1) $y=k(x+2)+1$
(2) $k=\pm\frac{\sqrt{6}}{12}$
133 (1) (2, 3) (2) (1, 2)
(3) $\left(\frac{3}{5}, \frac{1}{5}\right)$
134 (1) $x-5y+9=0$
(2) $7x-7y+15=0$
(3) $7x-14y+27=0$
135 (1) $a=\frac{1}{3}$ (2) $b=4-2\sqrt{2}$
136 (1) $(x-2)^2+(y+1)^2=4$
(2) $(x-5)^2+(y-2)^2=10$
(3) $(x+3)^2+(y-4)^2=16$
(4) $(x-1)^2+(y-2)^2=25$
137 (1) 中心 (−1, 0)，半径 1
(2) 中心 (−4, 3)，半径 5
(3) 中心 $\left(\frac{3}{2}, -\frac{5}{2}\right)$，半径 $\frac{3\sqrt{2}}{2}$
(4) 中心 (3, −1)，半径 $\frac{5}{2}$
138 (1) $x^2+y^2-6x-16=0$
(2) $x^2+y^2+2x-4y-20=0$
139 (1) $(x+6)^2+(y-5)^2=65$
(2) $(x+1)^2+(y-2)^2=1$
(3) $(x+2)^2+(y-2)^2=4$,
$(x+10)^2+(y-10)^2=100$
(4) $(x-2)^2+(y-2)^2=4$,
$(x-4)^2+(y-4)^2=16$
(5) $(x-4)^2+(y+1)^2=5$
140 中心 (1, 1)，半径 5
141 $-1<k<3$，半径の最大値 2
142 (1) (0, 1), (1, 0)
(2) $\left(-\frac{7}{5}, \frac{4}{5}\right)$, (1, 2)
(3) (2, −1)
(4) 共有点なし
143 $-2\leqq a\leqq 2$

144 $-\frac{4}{3}<a<0$ のとき，2 個

$a=0,\ -\frac{4}{3}$ のとき，1 個

$a<-\frac{4}{3},\ 0<a$ のとき，0 個

145 (1) $(1,\ 1),\ (-3,\ 9)$

(2) $\left(\frac{1}{2},\ \frac{5}{2}\right)$

146 (1) $a<-3,\ 1<a$ のとき，2 個

$a=-3,\ 1$ のとき，1 個

$-3<a<1$ のとき，0 個

(2) a の値にかかわらず 2 個

147 $2\sqrt{7}$

148 $m=\pm 2$

149 $y=2x,\ y=-2x$

150 $(-1,\ 1),\ (2,\ 4)$

151 $y=-x^2+4x+2$

152 (1) 接線 $y=-2x-1$ のとき，

接点 $(-1,\ 1)$

接線 $y=6x-9$ のとき，接点 $(3,\ 9)$

(2) 16

153 (1) $2x-y=5$ (2) $2x-\sqrt{5}y=9$

(3) $y=2$ (4) $x=5$

154 $k=\pm\sqrt{5}$

155 (1) $y=x\pm 2\sqrt{2}$ (2) $y=\sqrt{3}x\pm 2$

156 (1) $3x-4y=25,\ 4x+3y=25$

(2) $-3x+y=10,\ x+3y=10$

157 $(2+2\sqrt{3},\ 2+2\sqrt{3})$

158 (1) $y=\frac{3}{4}x+\frac{15}{4}$

(2) $y=\frac{3}{4}x-2,\ y=-\frac{4}{3}x+\frac{19}{3}$

159 接線 $y=2x-4+\sqrt{5}$ のとき，

接点 $\left(\frac{10-2\sqrt{5}}{5},\ \frac{\sqrt{5}}{5}\right)$

接線 $y=2x-4-\sqrt{5}$ のとき，

接点 $\left(\frac{10+2\sqrt{5}}{5},\ -\frac{\sqrt{5}}{5}\right)$

160 (1) $\sqrt{6}$ (2) $3x+y=4$

(3) $\left(x-\frac{3}{2}\right)^2+\left(y-\frac{1}{2}\right)^2=\frac{5}{2}$

161 $(x+2)^2+(y-5)^2=49,$

$(x+2)^2+(y-5)^2=169$

162 (1) $2<k<8$ (2) $2\sqrt{6}<k<4\sqrt{3}$

163 (1) $(3,\ 1),\ (1,\ -3)$

(2) $(0,\ 0),\ (-1,\ 1),\ (1,\ 1)$

164 (1) $6x+2y-11=0$

(2) $x^2+y^2-26x-8y+41=0$

165 (1) $y=\frac{\sqrt{3}}{3}x-\frac{2\sqrt{3}}{3}$

(2) $y=\frac{\sqrt{5}}{2}x-\frac{3}{2}$

166 PQ の長さの最小値は $\sqrt{10}$

P$(-1,\ 2)$，Q$(0,\ 5)$

167 P$\left(-\frac{1}{2},\ \frac{15}{4}\right)$

168 $a\geqq\frac{1}{2}$ のとき $\sqrt{a-\frac{1}{4}}$,

$a<\frac{1}{2}$ のとき $|a|$

169 $\frac{3}{2}<a<\frac{7}{3}$

170 $a>\frac{1}{2}$

171 直線 $4x+2y-1=0$

172 (1) 直線 $y=3x+4$

(2) 放物線 $y=\frac{1}{2}x^2-\frac{5}{2}x+2$

173 (1) 円 $(x-10)^2+y^2=36$

(2) 円 $\left(x+\frac{13}{3}\right)^2+y^2=\frac{64}{9}$

174 (1) 円 $x^2+(y-2)^2=1$

(2) 直線 $x+y-4=0$

175 (1) 放物線 $y=\frac{1}{4}x^2+1$

(2) 直線 $x+2y-2=0$

および 直線 $2x-y+1=0$

176 放物線 $y=2x^2-2x+2$

177 中心 $(0,\ 1)$，半径 2 の円

178 直線 $y=-3x+32$

ただし，点 $(8,\ 8)$ を除く

179 (1) 線分 AB の垂直二等分線

(2) AB を直径とする円

ただし，2 点 A，B は除く

180 中心 $(2,\ 0)$，半径 $\frac{2}{3}$ の円

181 放物線 $y=x^2+1$

182 放物線 $y=-x^2+x$ $(x<0,\ 1<x)$

183 (1) $-1<a<3$

(2) 直線 $y=-x+1$ $(-3<x<1)$

184 中心 $\left(\dfrac{3}{2},\ 0\right)$，半径 $\dfrac{3}{2}$ の円

185 中心 $(0,\ 0)$，半径 1 の円

ただし，点 $(-1,\ 0)$ を除く

186 中心 $(0,\ 0)$，半径 1 の円

ただし，$(-1,\ 0)$ は除く

187 (1)

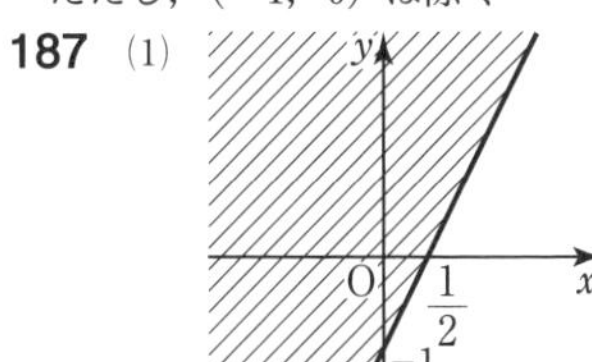

ただし，境界線は含まない。

(2)

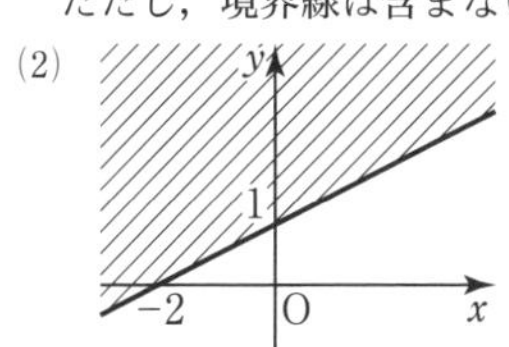

ただし，境界線を含む。

(3)

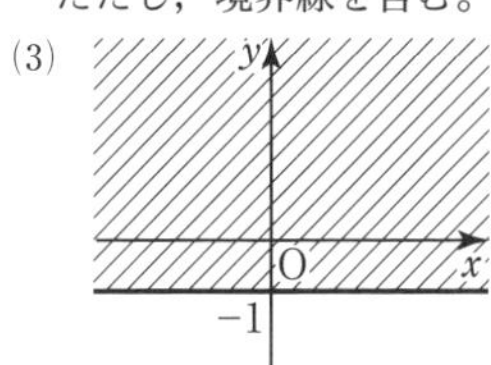

ただし，境界線は含まない。

(4)

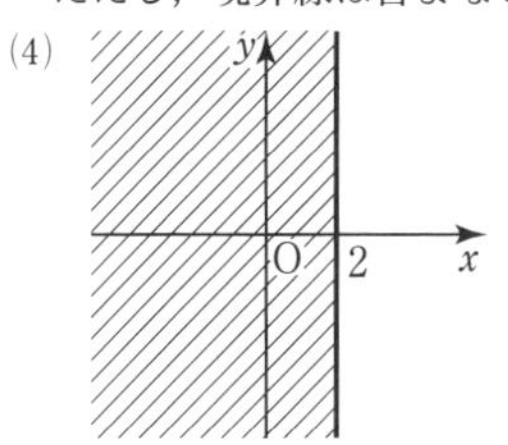

ただし，境界線を含む。

(5)

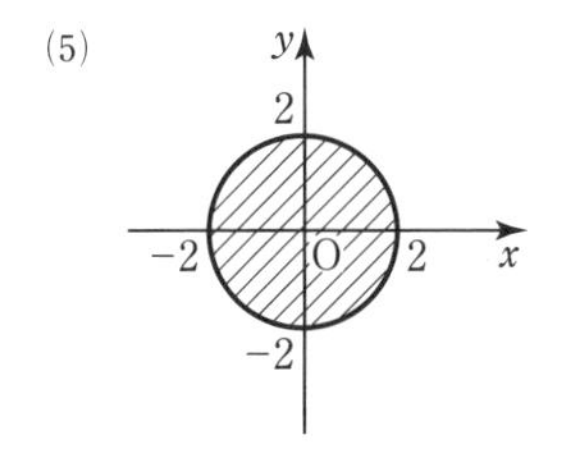

ただし，境界線は含まない。

(6)

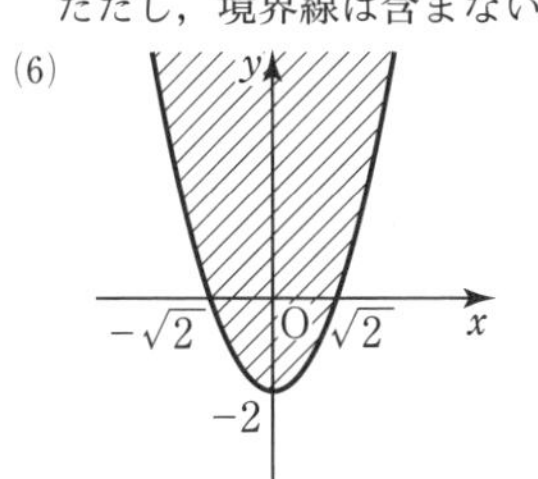

ただし，境界線を含む。

188 (1)

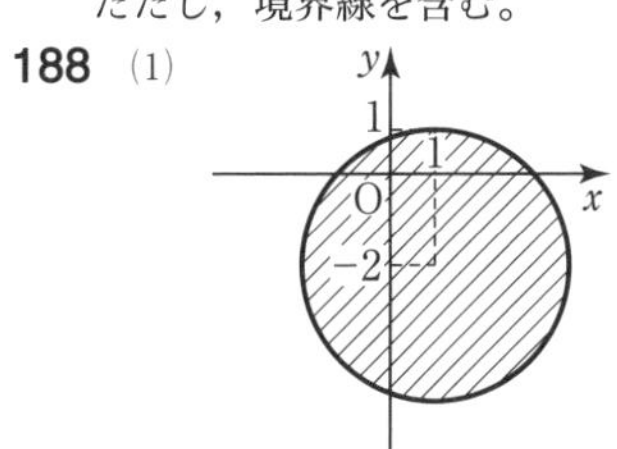

ただし，境界線を含む。

(2)

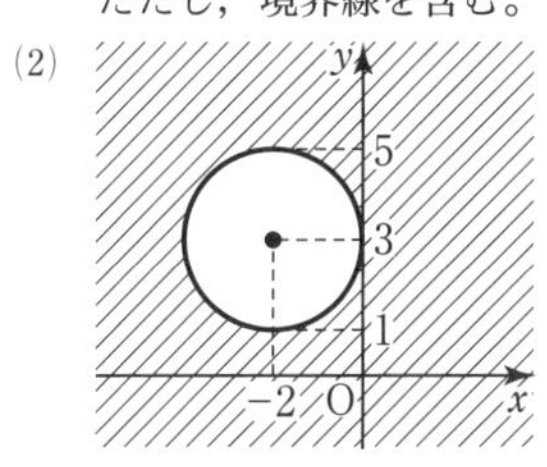

ただし，境界線は含まない。

(3)

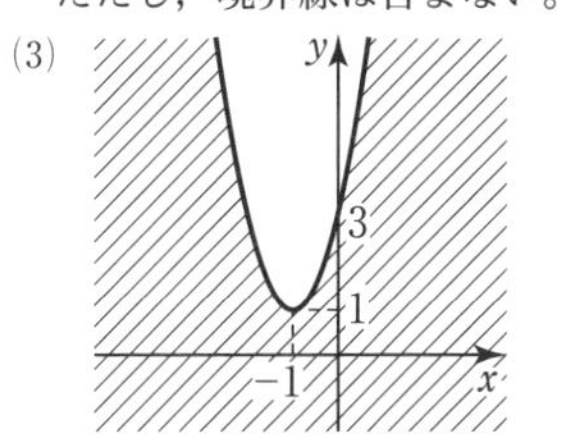

ただし，境界線は含まない。

(4)

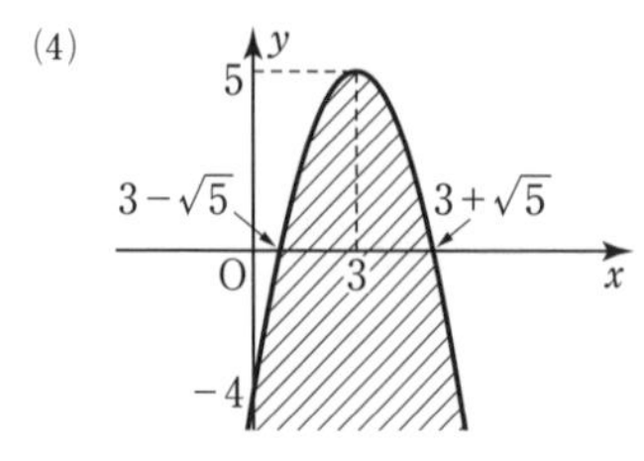

ただし，境界線を含む。

189 (1)

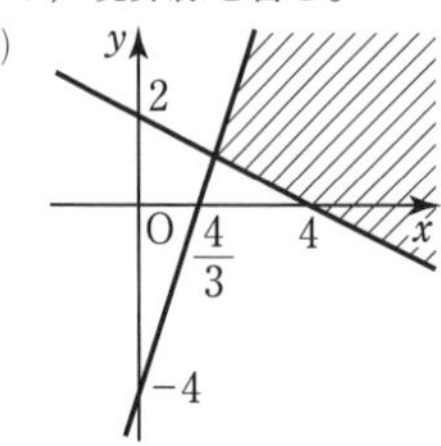

ただし，境界線を含む。

(2)

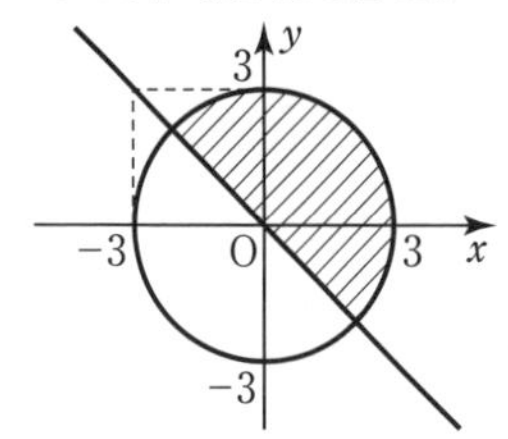

ただし，境界線は含まない。

(3)

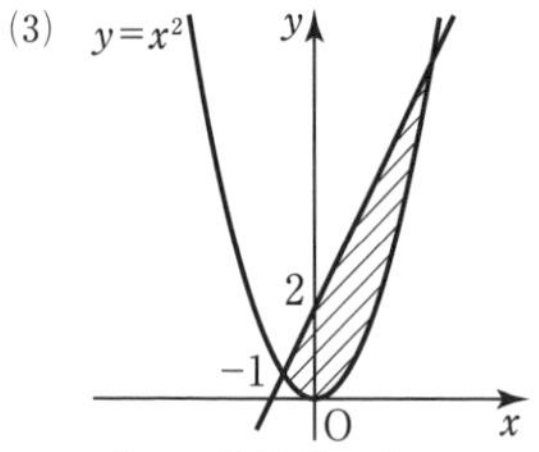

ただし，境界線は含まない。

190 (1)

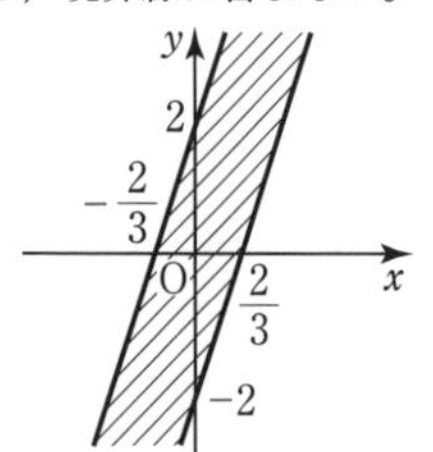

ただし，境界線は含まない。

(2)

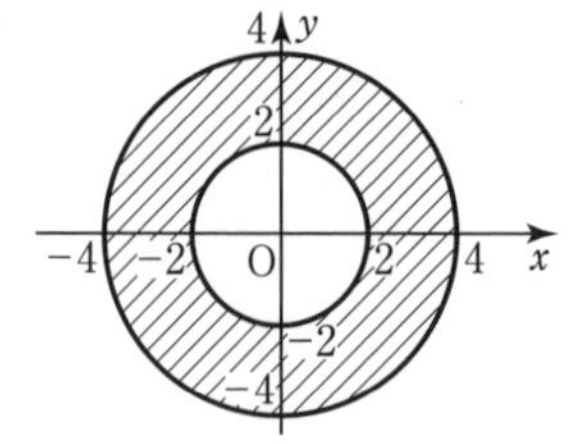

ただし，円 $x^2+y^2=4$ の境界線を含み，円 $x^2+y^2=16$ の境界線は含まない。

191 (1) $\begin{cases} y<-x+1 \\ y>\dfrac{1}{2}x-2 \end{cases}$

(2) $\begin{cases} x^2+y^2<5 \\ y<-x+1 \end{cases}$

(3) $\begin{cases} y<x^2 \\ y>\dfrac{3}{2}x+1 \end{cases}$

192 (1)

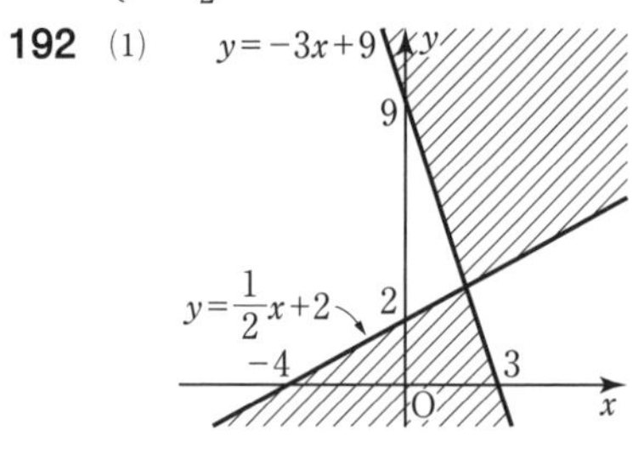

ただし，境界線は含まない。

(2)

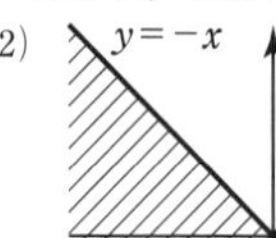

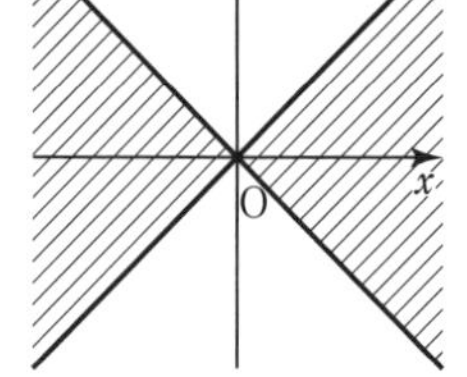

ただし，境界線は含まない。

193

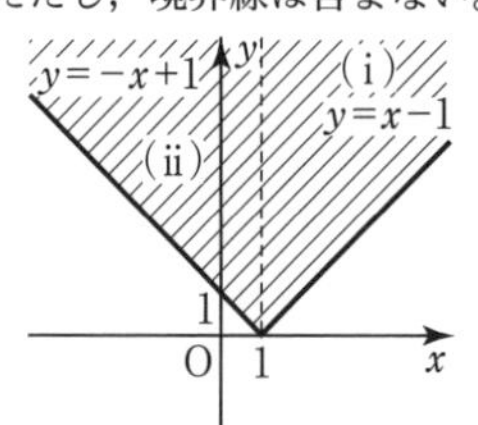

ただし，境界線は含まない。

194 $\begin{cases} y>-2x+7 \\ y>3x-8 \\ y<\dfrac{1}{2}x+\dfrac{9}{2} \end{cases}$

195 (1) 16 個 (2) 26 個

196 $x=2$, $y=2$ のとき 最大値 4
$x=0$, $y=0$ のとき 最小値 0

197 (1)

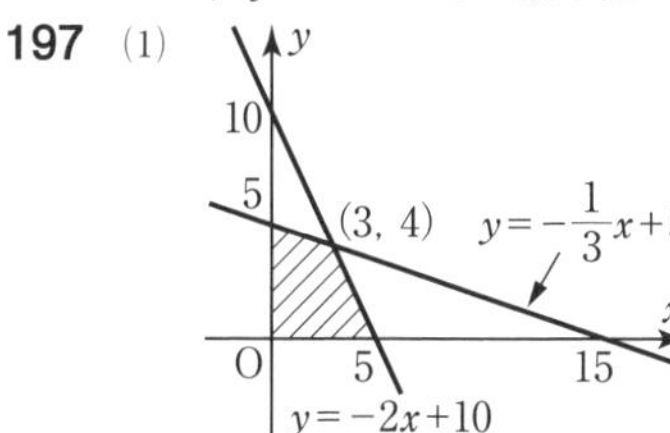

ただし，境界線を含む。

(2) $x=3$, $y=4$ のとき 最大値 17

(3) $2 \leqq a$ のとき 最大値 $5a$

$\dfrac{1}{3} \leqq a \leqq 2$ のとき 最大値 $3a+4$

$a \leqq \dfrac{1}{3}$ のとき 最大値 5

198 $x=2$, $y=1$ のとき 最小値 5

199 $\dfrac{6-2\sqrt{3}}{3} \leqq \dfrac{y}{x} \leqq \dfrac{6+2\sqrt{3}}{3}$

200 (1) $x=5$, $y=3$ のとき 最大値 45

$x=\dfrac{1}{2}, y=\dfrac{3}{2}$ のとき 最小値 $\dfrac{9}{2}$

(2) $x=0$, $y=3$ のとき 最大値 3
$x=5$, $y=3$ のとき 最小値 -22

201 P を 4 kg，Q を 7 kg

202 P を $\dfrac{12}{7}$ g，Q を $\dfrac{24}{7}$ g

203 (1) 十分条件
(2) 必要条件
(3) 必要条件でも十分条件でもない
(4) 必要十分条件

204 (1) $a \leqq -\dfrac{5}{4}$ (2) $a \geqq 9$

3章 三角関数

205 (1)

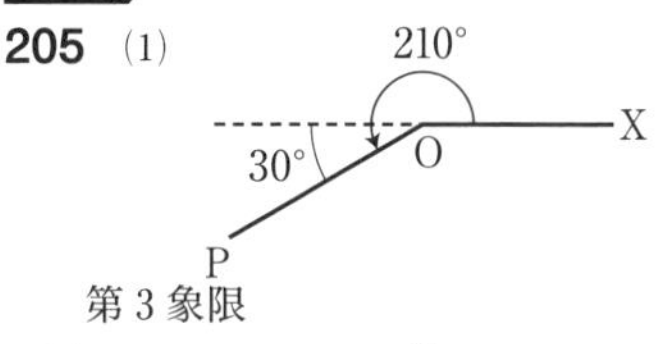

第 3 象限

(2)

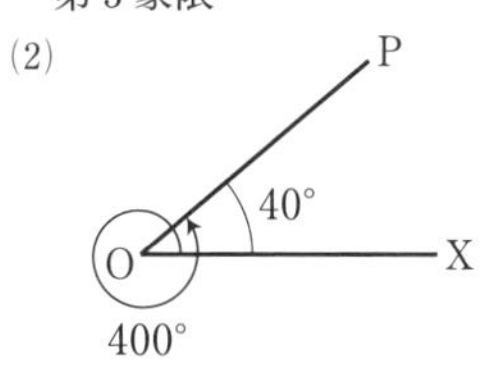

第 1 象限

(3)

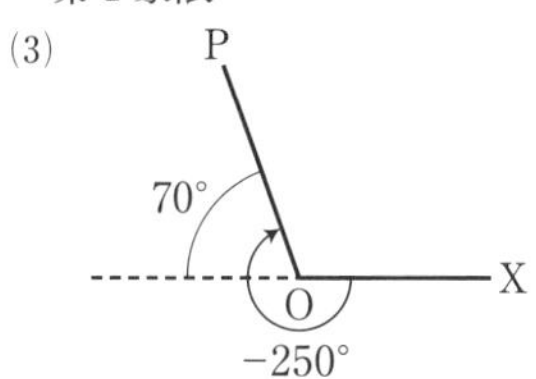

第 2 象限

(4)

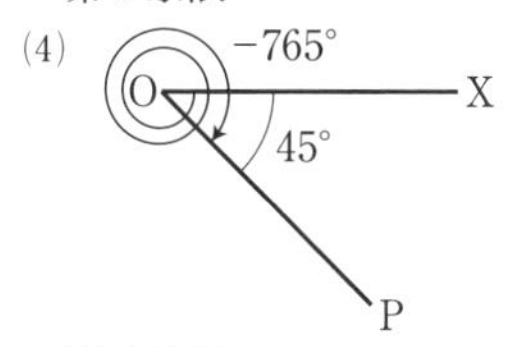

第 4 象限

206 (1) $\dfrac{\pi}{6}$ (2) $\dfrac{\pi}{2}$

(3) $-\dfrac{5}{4}\pi$ (4) $\dfrac{7}{3}\pi$

(5) 120° (6) 45°

(7) −108° (8) 195°

207 (1) $\theta=\dfrac{2}{3}\pi+2n\pi$ (n は整数)

(2) $\theta=\dfrac{3}{2}\pi+2n\pi$ (n は整数)

(3) $\theta=\dfrac{\pi}{4}+2n\pi$ (n は整数)

(4) $\theta=\dfrac{3}{2}\pi+2n\pi$ (n は整数)

208 (1) 弧の長さ $\dfrac{8}{3}\pi$，面積 $\dfrac{32}{3}\pi$

(2) 中心角 3，面積 54

209 (1) $\sin\frac{\pi}{6}=\frac{1}{2}$

$\cos\frac{\pi}{6}=\frac{\sqrt{3}}{2}$

$\tan\frac{\pi}{6}=\frac{\sqrt{3}}{3}$

(2) $\sin\frac{8}{3}\pi=\frac{\sqrt{3}}{2}$

$\cos\frac{8}{3}\pi=-\frac{1}{2}$

$\tan\frac{8}{3}\pi=-\sqrt{3}$

(3) $\sin\left(-\frac{3}{4}\pi\right)=-\frac{\sqrt{2}}{2}$

$\cos\left(-\frac{3}{4}\pi\right)=-\frac{\sqrt{2}}{2}$

$\tan\left(-\frac{3}{4}\pi\right)=1$

(4) $\sin\left(-\frac{13}{6}\pi\right)=-\frac{1}{2}$

$\cos\left(-\frac{13}{6}\pi\right)=\frac{\sqrt{3}}{2}$

$\tan\left(-\frac{13}{6}\pi\right)=-\frac{\sqrt{3}}{3}$

210 (1) 第 2 象限

(2) 第 2 象限または第 4 象限

211 (1) $\frac{2}{3}\pi$ (2) $\sqrt{3}-\frac{\pi}{3}$

212 (1)

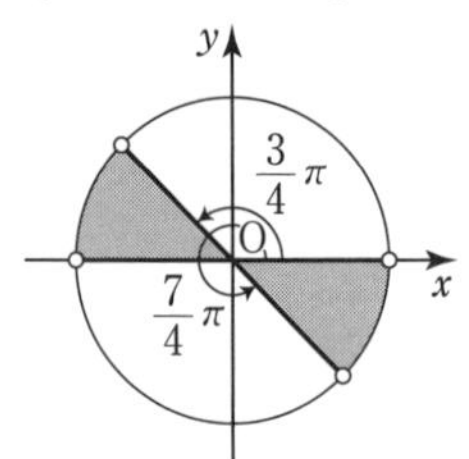

(2) $\alpha=\frac{\pi}{6}$, $\frac{2}{3}\pi$, $\frac{7}{6}\pi$, $\frac{5}{3}\pi$

213 $\theta=2$, $r=\frac{k}{4}$

214 (1) $\cos\theta=-\frac{3}{5}$, $\tan\theta=-\frac{4}{3}$

(2) $\sin\theta=-\frac{5}{13}$, $\tan\theta=\frac{5}{12}$

(3) $\cos\theta=\frac{\sqrt{5}}{5}$, $\sin\theta=-\frac{2\sqrt{5}}{5}$

215 (1) $\cos\theta=-\frac{12}{13}$, $\tan\theta=\frac{5}{12}$

または $\cos\theta=\frac{12}{13}$, $\tan\theta=-\frac{5}{12}$

(2) $\sin\theta=\frac{\sqrt{15}}{4}$, $\tan\theta=\sqrt{15}$

または $\sin\theta=-\frac{\sqrt{15}}{4}$, $\tan\theta=-\sqrt{15}$

(3) $\sin\theta=\frac{\sqrt{2}}{10}$, $\cos\theta=\frac{7\sqrt{2}}{10}$

または $\sin\theta=-\frac{\sqrt{2}}{10}$, $\cos\theta=-\frac{7\sqrt{2}}{10}$

216 (1) $-\frac{2}{5}$ (2) $\frac{7\sqrt{5}}{25}$

217 (1) 略 (2) 略

218 (1) 0 (2) 1

219 (1) $-\frac{1}{3}$ (2) $\frac{4\sqrt{3}}{9}$

(3) $\pm\frac{\sqrt{15}}{3}$ (4) -3

220 $\frac{\sqrt{5}}{2}$

221 $\theta=\frac{\pi}{6}$, $\theta=\frac{\pi}{3}$ のとき $a=\frac{\sqrt{3}}{2}$

222 (1)

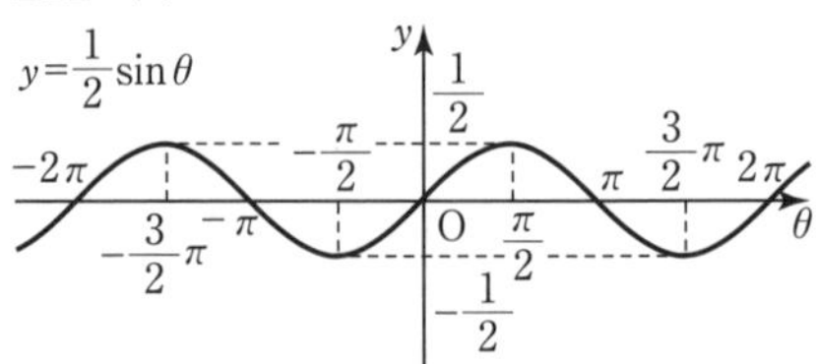

周期 2π, 値域 $-\frac{1}{2}\leqq y\leqq\frac{1}{2}$

(2)

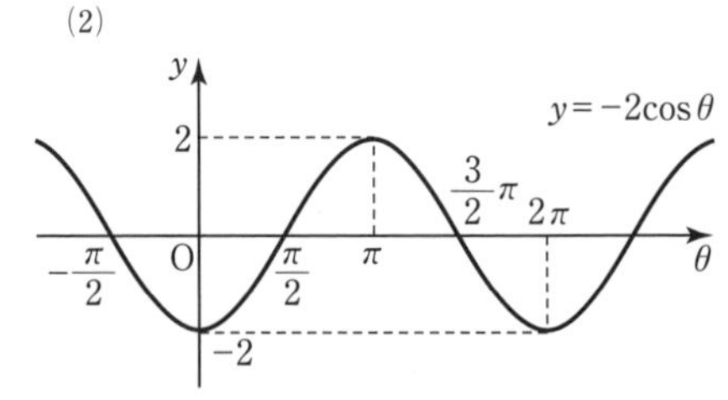

周期 2π, 値域 $-2\leqq y\leqq 2$

(3)

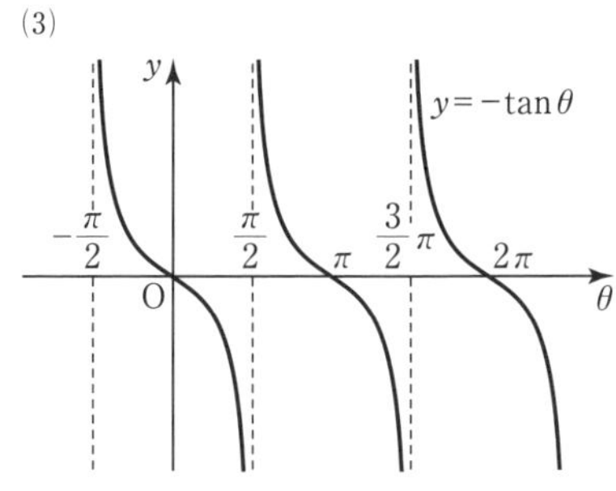

周期 π, 値域は実数全体

223 (1)

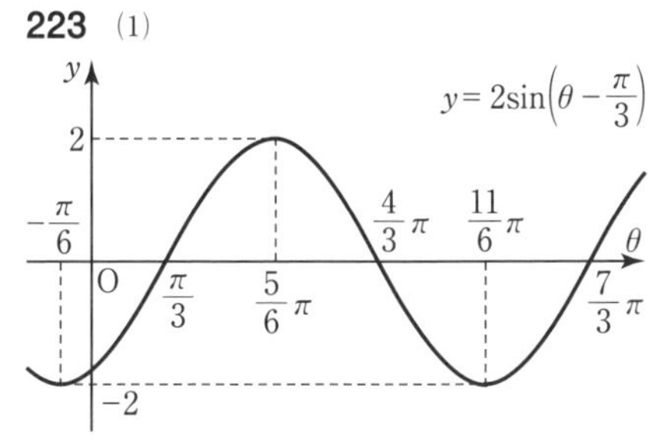

周期 2π

(2)

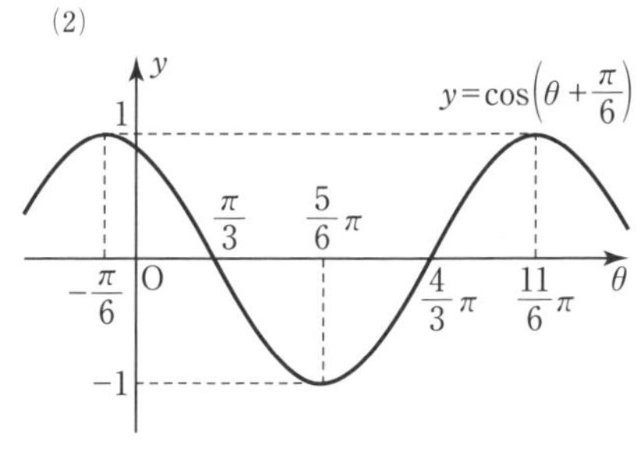

周期 2π

(3)

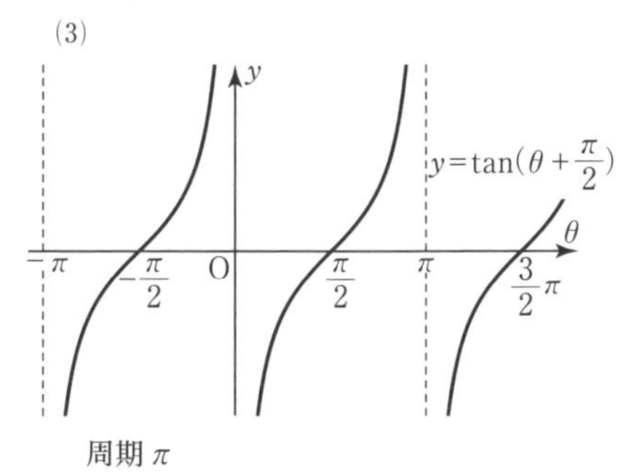

周期 π

224 (1)

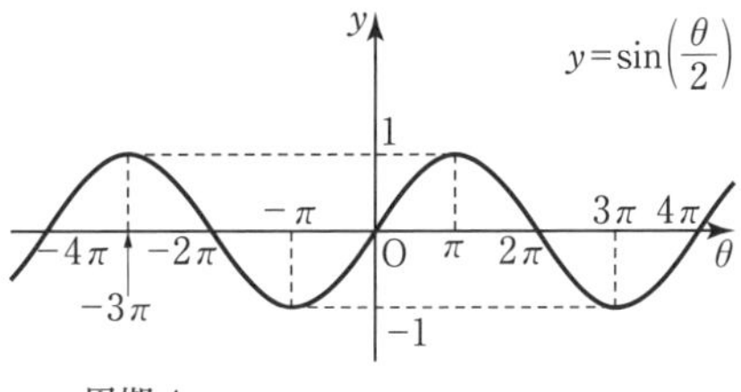

周期 4π

(2)

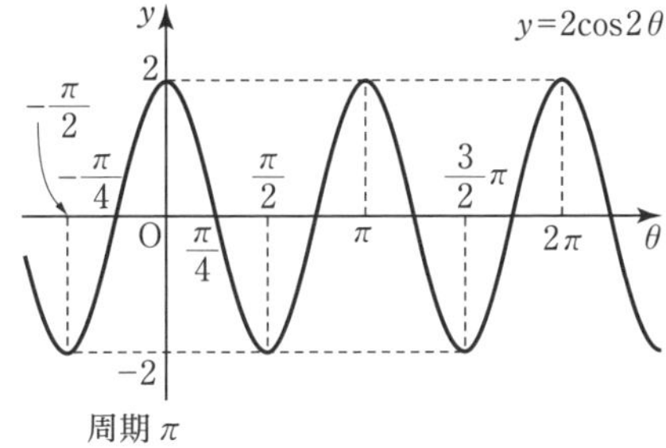

周期 π

(3)

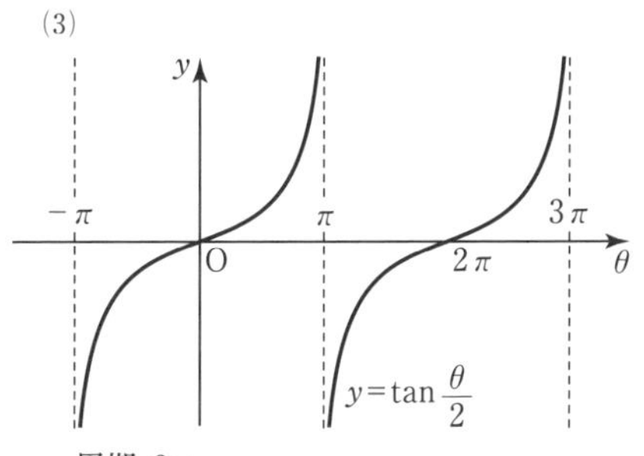

周期 2π

225 (1) 偶関数

(2) 奇関数

(3) 奇関数

226 (1)

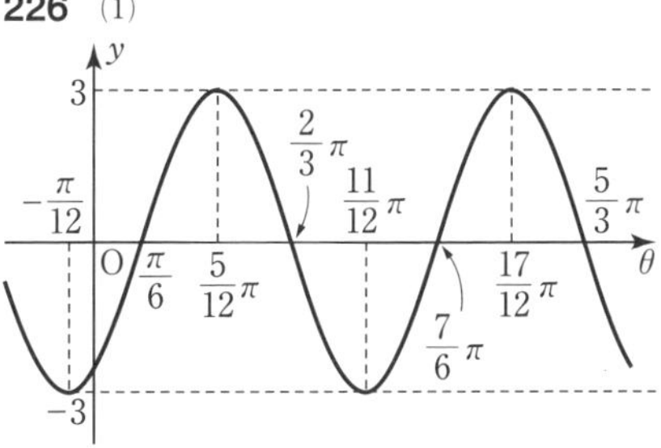

周期 π

(2)

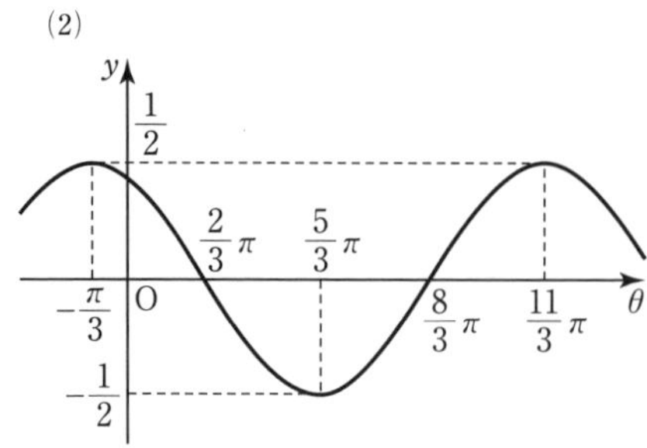

周期 4π

(3)

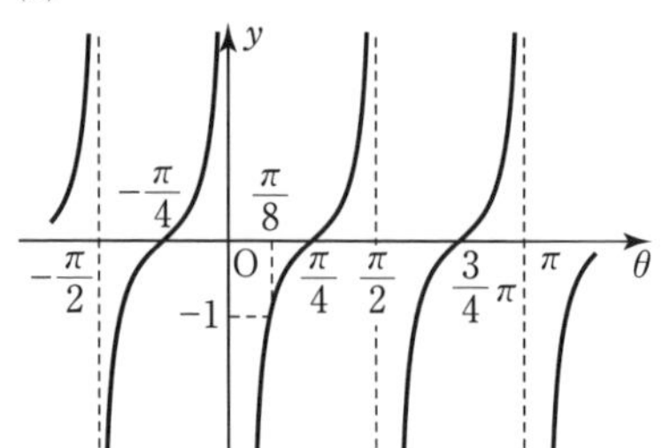

周期 $\frac{\pi}{2}$

227 (1) $\theta=\frac{\pi}{3},\ \frac{2}{3}\pi$

(2) $\theta=\frac{5}{6}\pi,\ \frac{7}{6}\pi$

(3) $\theta=\frac{2}{3}\pi,\ \frac{5}{3}\pi$

(4) $\theta=\frac{5}{4}\pi,\ \frac{7}{4}\pi$

(5) $\theta=\frac{\pi}{3},\ \frac{5}{3}\pi$

(6) $\theta=\frac{\pi}{4},\ \frac{5}{4}\pi$

228 (1) $\frac{\pi}{6}<\theta<\frac{5}{6}\pi$

(2) $\frac{\pi}{2}\leqq\theta<\pi,\ \pi<\theta\leqq\frac{3}{2}\pi$

(3) $0\leqq\theta\leqq\frac{\pi}{6},\ \frac{\pi}{2}<\theta\leqq\frac{7}{6}\pi,\ \frac{3}{2}\pi<\theta<2\pi$

(4) $\frac{4}{3}\pi\leqq\theta\leqq\frac{5}{3}\pi$

(5) $0\leqq\theta<\frac{3}{4}\pi,\ \frac{5}{4}\pi<\theta<2\pi$

(6) $\frac{\pi}{3}<\theta<\frac{\pi}{2},\ \frac{4}{3}\pi<\theta<\frac{3}{2}\pi$

229 (1) $\theta=\frac{\pi}{6}+2n\pi,\ \frac{5}{6}\pi+2n\pi$
(n は整数)

(2) $\theta=\frac{\pi}{6}+2n\pi,\ \frac{11}{6}\pi+2n\pi$
(n は整数)

(3) $\theta=\frac{5}{6}\pi+n\pi$ (n は整数)

(4) $2n\pi\leqq\theta\leqq(2n+1)\pi$ (n は整数)

(5) $\frac{2}{3}\pi+2n\pi<\theta<\frac{4}{3}\pi+2n\pi$
(n は整数)

(6) $\frac{\pi}{2}+n\pi<\theta\leqq(n+1)\pi$ (n は整数)

230 (1) $\theta=\frac{\pi}{2},\ \frac{11}{6}\pi$

(2) $\theta=\pi,\ \frac{3}{2}\pi$

(3) $\theta=\frac{\pi}{12},\ \frac{13}{12}\pi$

(4) $\theta=\frac{\pi}{12},\ \frac{17}{12}\pi$

231 (1) $\frac{\pi}{12}\leqq\theta\leqq\frac{7}{12}\pi$

(2) $0\leqq\theta\leqq\frac{\pi}{6},\ \frac{\pi}{2}\leqq\theta<2\pi$

(3) $\frac{2}{3}\pi<\theta<\frac{11}{12}\pi,\ \frac{5}{3}\pi<\theta<\frac{23}{12}\pi$

(4) $0\leqq\theta<\frac{\pi}{4},\ \frac{11}{12}\pi\leqq\theta<\frac{5}{4}\pi,\ \frac{23}{12}\pi\leqq\theta<2\pi$

232 (1) $\theta=\frac{7}{24}\pi,\ \frac{13}{24}\pi,\ \frac{31}{24}\pi,\ \frac{37}{24}\pi$

(2) $\theta=\frac{\pi}{24},\ \frac{13}{24}\pi,\ \frac{25}{24}\pi,\ \frac{37}{24}\pi$

(3) $\frac{\pi}{2}<\theta<\frac{5}{6}\pi,\ \frac{3}{2}\pi<\theta<\frac{11}{6}\pi$

(4) $\frac{\pi}{24}\leqq\theta\leqq\frac{5}{24}\pi,\ \frac{25}{24}\pi\leqq\theta\leqq\frac{29}{24}\pi$

233 (1) $\theta=0$ のとき　最大値 2
$\theta=\pi$ のとき　最小値 -4

(2) $\theta=\frac{3}{2}\pi$ のとき　最大値 $\frac{7}{2}$
$\theta=\frac{\pi}{2}$ のとき　最小値 $\frac{5}{2}$

(3) $\theta=\frac{7}{4}\pi$ のとき　最大値 $\sqrt{2}+1$
$\theta=\pi$ のとき　最小値 -1

(4) $\theta=\dfrac{\pi}{4}$ のとき　最大値 $\sqrt{3}-1$

$\theta=-\dfrac{\pi}{3}$ のとき　最小値 -4

(5) $\theta=\dfrac{\pi}{3}$ のとき　最大値 1

$\theta=\pi$ のとき　最小値 $-\dfrac{1}{2}$

(6) $\theta=\dfrac{\pi}{8}$ のとき　最大値 1

$\theta=\dfrac{5}{8}\pi$ のとき　最小値 -1

234 (1) $\theta=\pi$ のとき　最大値 3

$\theta=\dfrac{\pi}{3},\ \dfrac{5}{3}\pi$ のとき　最小値 $\dfrac{3}{4}$

(2) $\theta=\dfrac{\pi}{3},\ \dfrac{2}{3}\pi$ のとき　最大値 $\dfrac{7}{4}$

$\theta=\dfrac{3}{2}\pi$ のとき　最小値 $-\sqrt{3}$

(3) $\theta=\pi$ のとき　最大値 3

$\theta=\dfrac{3}{4}\pi$ のとき　最小値 2

235 (1) $\theta=0,\ \pi,\ \dfrac{7}{6}\pi,\ \dfrac{11}{6}\pi$

(2) $\theta=\dfrac{2}{3}\pi,\ \dfrac{4}{3}\pi$

(3) $0\leqq\theta<\dfrac{\pi}{6},\ \dfrac{5}{6}\pi<\theta<\dfrac{3}{2}\pi,\ \dfrac{3}{2}\pi<\theta<2\pi$

(4) $0\leqq\theta\leqq\dfrac{\pi}{3},\ \dfrac{5}{3}\pi\leqq\theta<2\pi$

(5) $0<\theta<\dfrac{\pi}{2},\ \pi<\theta<\dfrac{3}{2}\pi$

(6) $0\leqq\theta<\dfrac{\pi}{6},\ \dfrac{\pi}{3}<\theta<\dfrac{5}{6}\pi,\ \dfrac{5}{3}\pi<\theta<2\pi$

236 $-1\leqq k\leqq\dfrac{17}{8}$

237 (1) $\dfrac{\sqrt{6}-\sqrt{2}}{4}$　(2) $\dfrac{\sqrt{2}-\sqrt{6}}{4}$

(3) $2-\sqrt{3}$　(4) $\dfrac{\sqrt{6}-\sqrt{2}}{4}$

(5) $\dfrac{\sqrt{6}-\sqrt{2}}{4}$　(6) $-2+\sqrt{3}$

238 $\sin(\alpha-\beta)=-\dfrac{33}{65}$,

$\cos(\alpha-\beta)=-\dfrac{56}{65}$

239 -1

240 (1) $\theta=\dfrac{\pi}{6}$　(2) $\theta=\dfrac{\pi}{4}$

241 (1) 略　(2) 略

242 $\dfrac{3}{4}\pi$

243 (1) $y=(-2-\sqrt{3})x,\ y=(-2+\sqrt{3})x$

(2) $y=-2x+4,\ y=\dfrac{1}{2}x+\dfrac{3}{2}$

244 (1) $-\dfrac{6}{7}$　(2) 1　(3) $\dfrac{5}{4}\pi$

245 (1) $\dfrac{2m}{1+3m^2}$　(2) $\dfrac{\pi}{6}$

246 $\sin 2\alpha=-\dfrac{3\sqrt{7}}{8}$

$\cos 2\alpha=-\dfrac{1}{8}$

$\tan 2\alpha=3\sqrt{7}$

247 (1) $\dfrac{\sqrt{2-\sqrt{3}}}{2}$　$\left(\dfrac{\sqrt{6}-\sqrt{2}}{4}\right)$

(2) $\dfrac{\sqrt{2+\sqrt{3}}}{2}$　$\left(\dfrac{\sqrt{6}+\sqrt{2}}{4}\right)$

(3) $\sqrt{3-2\sqrt{2}}$　$(\sqrt{2}-1)$

248 $\sin\dfrac{\alpha}{2}=\dfrac{\sqrt{6}}{3}$

$\cos\dfrac{\alpha}{2}=\dfrac{\sqrt{3}}{3}$

$\tan\dfrac{\alpha}{2}=\sqrt{2}$

249 (1) $-\dfrac{3}{4}$　(2) $\dfrac{\sqrt{10}}{10}$

(3) $\dfrac{-1+\sqrt{10}}{3}$

250 (1) $\sqrt{2}\sin\left(\theta+\dfrac{\pi}{4}\right)$

(2) $2\sin\left(\theta-\dfrac{\pi}{4}\right)$

(3) $2\sin\left(\theta-\dfrac{2}{3}\pi\right)$

(4) $2\sqrt{2}\sin\left(\theta+\dfrac{5}{6}\pi\right)$

251 (1) $\dfrac{3}{4}$　(2) $-\dfrac{\sqrt{7}}{4}$　(3) $-\dfrac{3\sqrt{7}}{7}$

252 (1) $\dfrac{1}{2}$, 2　(2) $\dfrac{4}{5}$

253 (1) ア：2　イ：$\frac{\pi}{6}$　ウ：2

(2) ア：1　イ：$\frac{1}{2}$

254 (1) 略 (2) 略

255 (1) 略 (2) $\frac{1+\sqrt{5}}{4}$

256 (1) $\theta=\frac{\pi}{6}$, $\frac{5}{6}\pi$, $\frac{3}{2}\pi$

(2) $\theta=\frac{2}{3}\pi$, $\frac{4}{3}\pi$

(3) $\frac{\pi}{6}<\theta<\frac{\pi}{2}$, $\frac{5}{6}\pi<\theta<\frac{3}{2}\pi$

(4) $\theta=0$, π

257 (1) $\theta=\frac{\pi}{3}$ のとき　最大値 2

$\theta=\frac{4}{3}\pi$ のとき　最小値 -2

(2) $\theta=\frac{7}{4}\pi$ のとき　最大値 $\sqrt{2}$

$\theta=\frac{3}{4}\pi$ のとき　最小値 $-\sqrt{2}$

(3) 最大値 5，最小値 -5

(4) 最大値 $\sqrt{5}$，最小値 $-\sqrt{5}$

258 $a=2\sqrt{3}$, $b=2$

259 (1) $\theta=\pi$, $\frac{5}{3}\pi$

(2) $\theta=\frac{7}{24}\pi$, $\frac{11}{24}\pi$, $\frac{31}{24}\pi$, $\frac{35}{24}\pi$

(3) $0\leqq\theta\leqq\pi$, $\frac{3}{2}\pi\leqq\theta<2\pi$

(4) $0\leqq\theta<\frac{\pi}{6}$, $\frac{\pi}{2}<\theta<\frac{7}{6}\pi$, $\frac{3}{2}\pi<\theta<2\pi$

260 $\sin(\alpha+\beta)=\frac{1}{2}$, $\alpha+\beta=\frac{\pi}{6}$

261 (1) $\theta=\frac{\pi}{2}$ のとき　最大値 $1+2\sqrt{2}$

$\theta=\frac{5}{4}\pi$, $\frac{7}{4}\pi$ のとき　最小値 -2

(2) $\theta=\frac{\pi}{3}$ のとき　最大値 $\frac{1}{2}$

$\theta=\frac{2}{3}\pi$ のとき　最小値 $-\frac{3}{2}$

262 $\theta=\frac{\pi}{6}$ のとき　最大値 $\frac{5}{2}$

$\theta=\frac{2}{3}\pi$ のとき　最小値 $\frac{1}{2}$

263 (1) $y=-\frac{3}{2}t^2-4t+\frac{3}{2}$

(2) $-1\leqq t\leqq 1$

(3) $\theta=0$ のとき　最大値 4

$\theta=\frac{\pi}{2}$ のとき　最小値 -4

264 (1) 略 (2) 略

265 (1) $\frac{1}{4}$ (2) $\frac{\sqrt{3}-\sqrt{2}}{4}$

(3) $\frac{\sqrt{2}}{2}$ (4) $\frac{\sqrt{2}}{2}$

266 (1) $\frac{1}{2}(\sin 5\theta+\sin 3\theta)$

(2) $\frac{1}{2}(\cos 5\theta+\cos\theta)$

(3) $-\frac{1}{2}(\cos 3\theta-\cos\theta)$

267 (1) $2\sin 3\theta\cos\theta$

(2) $2\cos 3\theta\cos 2\theta$

(3) $-2\sin 3\theta\sin\theta$

268 (1) $\frac{\sqrt{3}}{8}$ (2) 0

269 (1) $\frac{-2+\sqrt{3}}{4}\leqq y\leqq\frac{2+\sqrt{3}}{4}$

(2) $-1\leqq y\leqq\frac{\sqrt{2}}{2}$

270 $\theta=\frac{\pi}{4}$, $\frac{\pi}{2}$, $\frac{3}{4}\pi$, $\frac{5}{4}\pi$, $\frac{3}{2}\pi$, $\frac{7}{4}\pi$

271 $\frac{\pi}{6}<\theta<\frac{\pi}{3}$

4章 指数関数・対数関数

272 (1) $\frac{1}{25}$ (2) 1 (3) $-\frac{1}{32}$

273 (1) 0.00123 (2) $\frac{1}{7}$ (3) $\frac{1}{a^8}$

274 (1) ± 4 (2) -3 (3) $\frac{2}{5}$

275 (1) 4 (2) -3 (3) 0.3

276 (1) 3 (2) -6 (3) 2
(4) 16 (5) 5 (6) $\sqrt[5]{9}$

277 (1) 24 (2) $\frac{1}{6}$
(3) $4\sqrt[3]{2}$ (4) $\sqrt[3]{3}$

278 (1) $a\sqrt[4]{a}$ (2) $\sqrt{ab}$
(3) $a-b$ (4) $a+b$

279 (1) 6 (2) $10\sqrt{2}$

280 (1) $\frac{4\sqrt{3}}{3}$ (2) $\frac{7}{3}$

281 (1) 18 (2) $2\sqrt{5}$ (3) $2+\sqrt{5}$

282 (1)

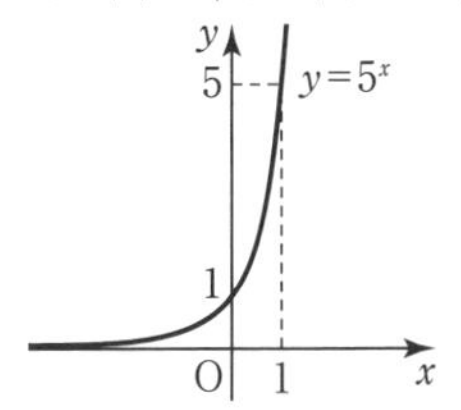

(2)

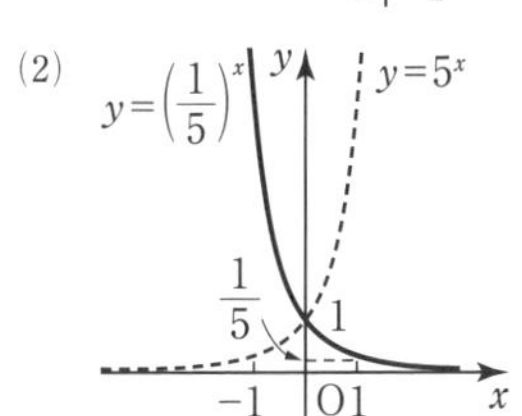

(3)

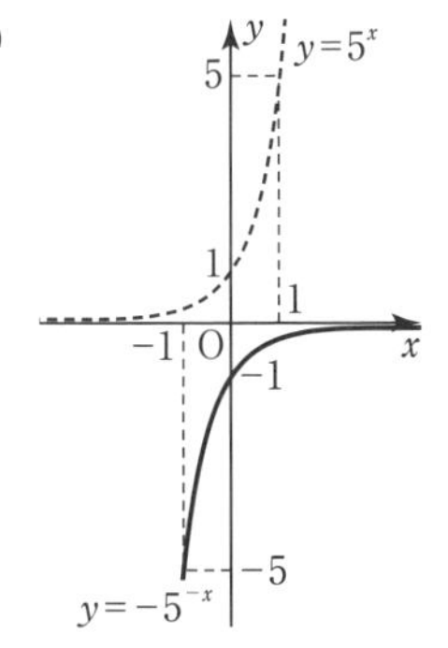

283 (1) $1 \leqq y \leqq 16$
(2) $\frac{1}{8} \leqq y \leqq 2$

284 (1) $3^{-1} < 1 < 3^{\frac{1}{2}} < 3^2$
(2) $0.9^2 < 1 < 0.9^{-1} < 0.9^{-2}$
(3) $\sqrt[6]{8} < \sqrt[4]{8} < \sqrt[3]{8}$
(4) $\left(\frac{1}{2}\right)^{\frac{1}{2}} < \left(\frac{1}{8}\right)^{\frac{1}{8}} < \sqrt[3]{4} < 2\sqrt{2}$

285 (1)

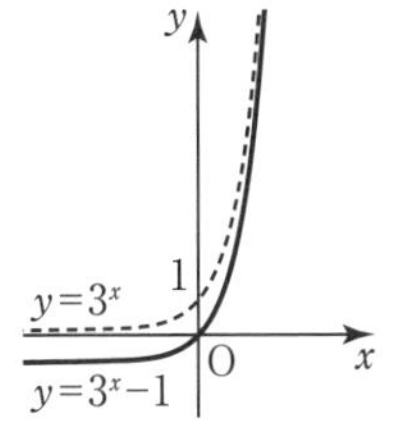

y 軸方向に -1 だけ平行移動したもの。

(2)

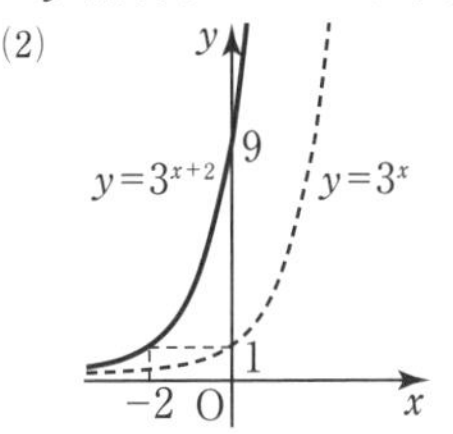

x 軸方向に -2 だけ平行移動したもの。

(3)

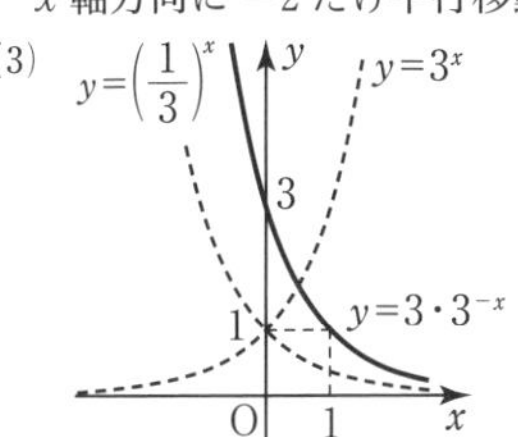

y 軸に関して対称移動し，さらに
x 軸方向に 1 だけ平行移動したもの。

286 (1) $\sqrt[4]{4} < \sqrt[4]{8} < \sqrt[4]{9}$
(2) $\sqrt[3]{5} < \sqrt{3} < \sqrt[6]{30} < \sqrt[4]{10}$
(3) $8^6 < 5^8$
(4) $6^{10} < 2^{30} < 3^{20}$

287 (1) $x=5$ (2) $x=-5$
(3) $x=3$ (4) $x=\frac{3}{2}$
(5) $x=-4$ (6) $x=2$

288 (1) $x>\frac{4}{3}$ (2) $x>-4$

(3) $x<-1$ (4) $x\leqq\frac{2}{3}$

(5) $x>\frac{4}{3}$ (6) $x\geqq 4$

289 (1) $4=\log_3 81$

(2) $-\frac{4}{3}=\log_8\frac{1}{16}$

(3) $0=\log_3 1$

(4) $3^5=243$

(5) $(\sqrt{2})^6=8$

(6) $9^{-\frac{1}{2}}=\frac{1}{3}$

290 (1) 3 (2) 0 (3) -2 (4) $-\frac{1}{2}$

(5) -3 (6) 2 (7) -6 (8) $\frac{3}{4}$

291 (1) 2 (2) 1 (3) 3

(4) -2 (5) 4 (6) 6

292 (1) $a+2b$ (2) $\frac{1-a}{2b}$

(3) $\frac{3a+b}{a+b}$

293 (1) 3 (2) 0 (3) 1 (4) 4

294 (1) 2 (2) 6 (3) 4 (4) 2

295 (1) 7 (2) 4 (3) 9

296 (1) $\frac{3}{a}$ (2) $\frac{2ab}{1+a}$

(3) $\frac{3a-1-ab}{a+ab}$

297 $\frac{1}{3}$

298 (1)

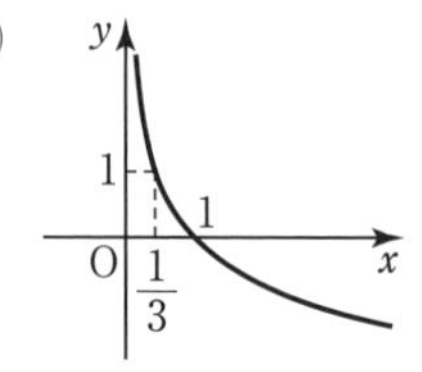

(2)

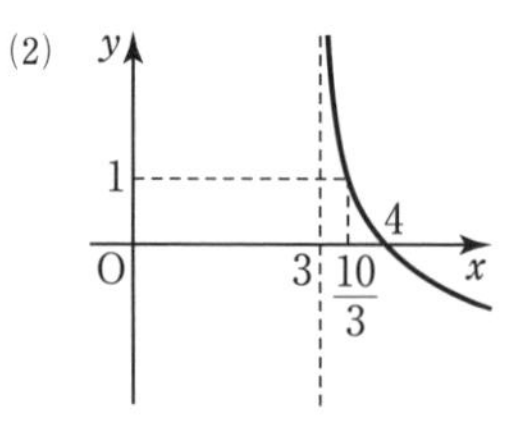

(3)

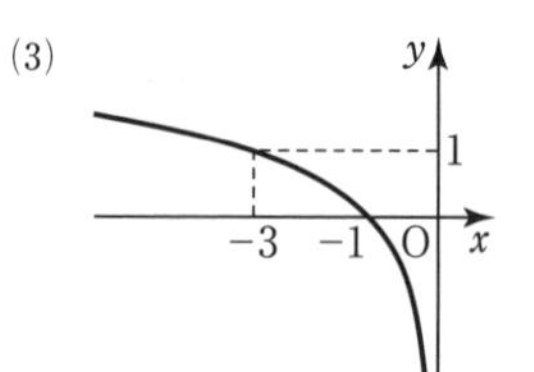

(4)

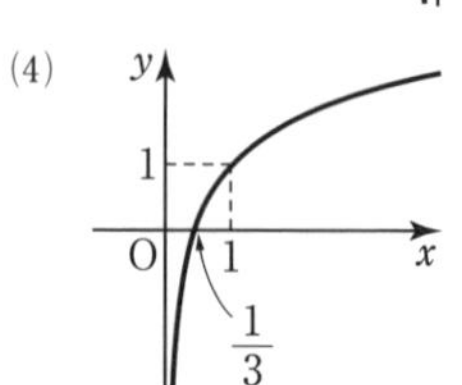

299 $a=\frac{1}{2}$, $b=1$, $c=-2$

300 (1) $0\leqq y\leqq\frac{3}{2}$ (2) $-1\leqq y\leqq 2$

301 (1) $\log_2\frac{1}{2}<\log_2 3<\log_2 5$

(2) $\log_{0.3}5<\log_{0.3}3<\log_{0.3}\frac{1}{2}$

(3) $\log_{\frac{1}{3}}4<\log_3 4<\log_2 4$

(4) $\log_2\frac{1}{2}<\log_3\frac{1}{2}<\log_{\frac{1}{3}}\frac{1}{2}$

302 (1) $x=32$ (2) $x=17$

(3) $x=1$ (4) $x=\pm 9$

(5) $x=256$ (6) $x=5$

303 (1) $0<x<16$ (2) $0<x<\frac{1}{8}$

(3) $x>\frac{1}{\sqrt{3}}$ (4) $x>-\frac{17}{9}$

(5) $-1\leqq x<\frac{1}{3}$

304 (1) $\log_9 25<1.5<\log_4 9$

(2) $\log_3 2<\log_4 8<\log_2 3$

305 (1) $x=2$ (2) $x=1,\ -1$

(3) $x=1,\ -2$ (4) $x=2$

306 (1) $0<x<1$ (2) $x<0,\ 2<x$

(3) $x\leqq -1$ (4) $x\geqq 1$

307 (1) $x=\sqrt{2}$ (2) $x=5$

(3) $x=\frac{1}{3},\ 27$ (4) $x=1,\ \frac{1}{16}$

308 (1) $3<x<4$ (2) $-1<x<1$

(3) $\frac{1}{4}<x<16$ (4) $\frac{1}{2}\leqq x\leqq\sqrt[4]{2}$

309 (1) $x=2,\ y=1$

(2) $(x,\ y)=\left(\frac{1}{64},\ 8\right),\ \left(4,\ \frac{1}{2}\right)$

310 (1) $x=\frac{\log_3 5}{2\log_3 5-1}$ $\left(x=\frac{1}{2-\log_5 3}\right)$

(2) $x>\frac{1}{1-\log_2 5}$ $\left(x>\frac{\log_5 2}{\log_5 2-1}\right)$

311 (1) $0<x<1,\ 3<x$

(2) $x>2$

(3) $a>1$ のとき　$3\leqq x<4$

$0<a<1$ のとき　$2<x\leqq 3$

(4) $x<0,\ 1<x$

312 (1) 4 (2) -3 (3) -6

313 (1) 2.3692 (2) 4.3692

(3) -1.6308

314 (1) 2.1582 (2) 1.4651

(3) 5.7551

315 (1) $0\leqq\log_{10}x<2$

(2) $3\leqq\log_{10}x<4$

(3) $-2\leqq\log_{10}x<-1$

(4) $-4\leqq\log_{10}x<-3$

316 (1) 16 桁 (2) 32 桁

317 (1) 小数第 15 位

(2) 小数第 4 位

318 (1) $n=17$ (2) $n=11,\ 12$

319 6 枚

320 (1) $x=1$ のとき　最小値 -5

最大値はない

(2) $x=0$ のとき　最大値 4

$x=2$ のとき　最小値 -5

321 $x=0$ のとき　最大値 -2

322 (1) $x=\frac{3}{2}$ のとき　最大値 -2

最小値はない

(2) $x=4$ のとき　最小値 -4

最大値はない

323 (1) $x=4$ のとき　最大値 4

$x=1,\ 16$ のとき　最小値 0

(2) $x=8$ のとき　最大値 7

$x=\frac{1}{2}$ のとき　最小値 -9

324 $\log_{\frac{1}{10}}x+\log_{\frac{1}{10}}y\geqq 2\log_{\frac{1}{10}}3$

325 (1) $n=19$ (2) $n=7$

326 a は 7 桁，b は 3 桁

327 (1) 5 (2) 8

5章 微分法と積分法

328 (1) -2 (2) 3

329 (1) 11 (2) $3x^2-1$

330 (1) 4 (2) $4x-1$
(3) $-x+6$ (4) $3x^2-8x+7$
(5) $-6x^2-6x+1$
(6) $\frac{1}{2}x^2+\frac{1}{2}x-\frac{1}{2}$

331 (1) $y'=18x-6$
(2) $y'=4x-1$
(3) $y'=9x^2+2x+6$
(4) $y'=3x^2+12x+12$

332 (1) 10 (2) -2 (3) 1

333 (1) $\frac{dy}{dt}=3t^2-a$
(2) $\frac{dy}{dt}=2x^2t+x+1$

334 $3a^2+3ah+h^2$

335 (1) $a=1$ (2) $b=4$

336 (1) $f(x)=x^2-6$
(2) $f(x)=x^2-\frac{3}{2}x+\frac{2}{3}$
(3) $f(x)=x^3+2x^2+x-2$

337 (1) $y=-x+1$ (2) $y=2x+6$
(3) $y=-2$ (4) $y=-8x+12$

338 (1) $y=3x+2$ (2) $y=7x+5$

339 (1) $y=9x+27$, $y=9x-5$
(2) $y=3x-7$, $y=3x+\frac{11}{3}$
(3) $y=-\frac{1}{5}x-\frac{4}{5}$

340 (1) $y=7x-4$, $y=-x-4$
(2) $y=2x$, $y=10x-24$
(3) $y=-2x$, $y=25x-54$
(4) $y=4$, $y=9x-23$

341 (1) $y=3x-2$
(2) $(1,\ 1)$, $(-2,\ -8)$

342 $a=-3$, $b=1$

343 $a=2$, $b=11$, $c=-6$

344 $y=2x-1$, $y=6x-9$

345 (1) $x\leqq-2$, $1\leqq x$ で増加,
$-2\leqq x\leqq 1$ で減少
(2) $x\leqq\frac{1}{3}$, $1\leqq x$ で増加,
$\frac{1}{3}\leqq x\leqq 1$ で減少
(3) $-\sqrt{2}\leqq x\leqq\sqrt{2}$ で増加,
$x\leqq-\sqrt{2}$, $\sqrt{2}\leqq x$ で減少
(4) つねに増加

346 (1) $x=-1$ のとき 極大値 3
$x=1$ のとき 極小値 -1

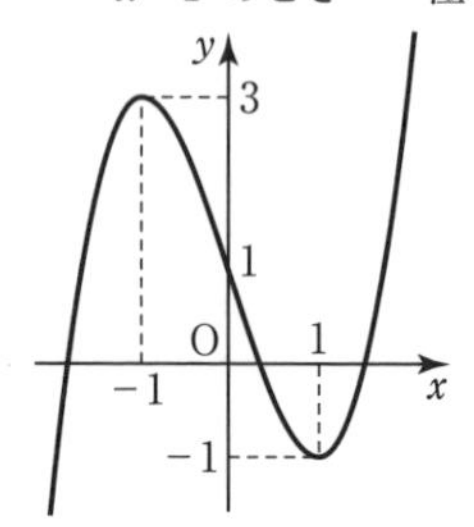

(2) $x=3$ のとき 極大値 27
$x=0$ のとき 極小値 0

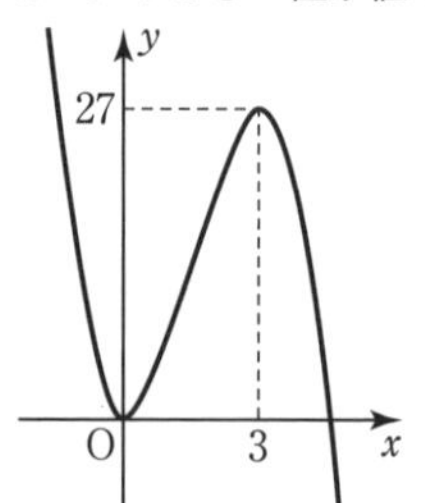

(3) 極値はない

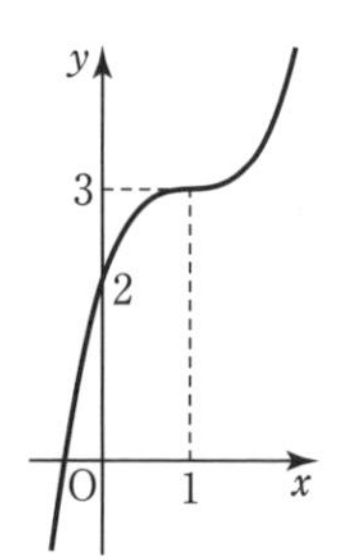

(4) 極値はない

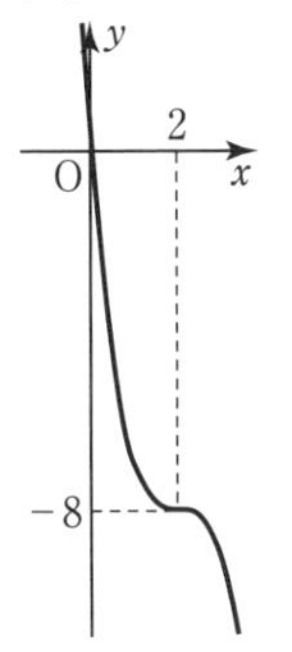

347 (1) $-2<a<2$
(2) $a \geqq 2$ (3) $a \leqq -2$

348 $a=-6$, $b=3$
極小値 -1

349 $a+b+c+d<0$
$-a+b-c+d>0$
$a>0$, $b<0$, $c<0$, $d>0$

350 $a=3$ のとき 極大値 8
$a=\frac{1}{3}$ のとき 極大値 $\frac{8}{27}$

351 $a=8$, $b=-12$, $c=7$

352 (1) 極大値 0，極小値 -1

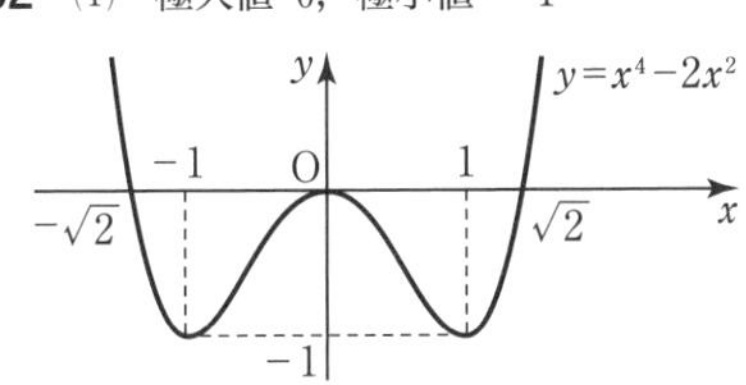

(2) 極大値 0，極小値 -1

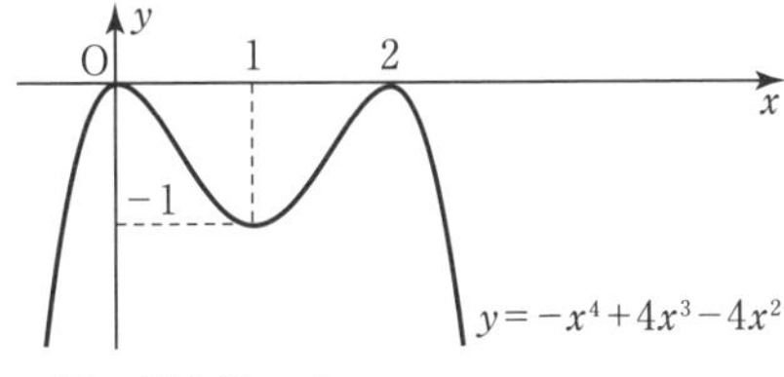

(3) 極小値 -1

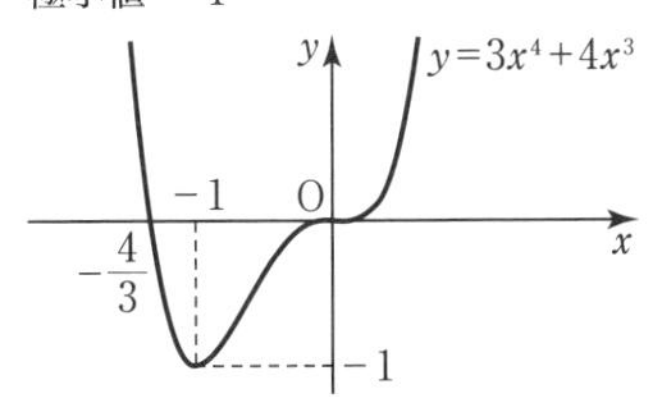

353 (1) $x=1$, 4 のとき 最大値 4
$x=-1$ のとき 最小値 -16
(2) $x=0$ のとき 最大値 2
$x=2$ のとき 最小値 -18
(3) $x=-1$, 2 のとき 最大値 3
$x=-2$, 1 のとき 最小値 -1
(4) $x=-1$ のとき 最大値 0
$x=-\frac{1}{3}$ のとき 最小値 $-\frac{32}{27}$

354 (1) $x=-1$ のとき 最大値 3
$x=1$ のとき 最小値 -1
(2) $x=2$ のとき 最大値 $\frac{2}{3}$
$x=-1$ のとき 最小値 $-\frac{7}{3}$

355 (1) $a=5$ (2) $a=18$

356 $(a,\ b)=(2,\ 3)$, $(-2,\ 9)$

357 $486\,\text{cm}^3$

358 (1) $1<x<2$, $-x^3+2x^2$
(2) $\mathrm{C}\left(\frac{4}{3},\ \frac{8}{9}\right)$ のとき 最大値 $\frac{32}{27}$

359 (1) 3 個 (2) 2 個
(3) 1 個 (4) 3 個

360 (1) 略 (2) 略

361 $a<-20$, $7<a$ のとき 1 個
$a=-20$, 7 のとき 2 個
$-20<a<7$ のとき 3 個

362 (1) $x=-2$, 1, 2
(2) $x<-2$, $1<x<2$

363 (1) 略（等号成立は $x=2$ のとき）
(2) 略（等号成立は $x=0$ のとき）

364 $0<a<80$

365 $a<-2$, $2<a$

366 $-2<a<2$

367 3 本

368 $a \geqq 1$

369 (1) $-2<a<0$ のとき 最小値 a^3+3a^2
$a \geqq 0$ のとき 最小値 0
(2) $-3<b<-2$ のとき 最大値 b^3+3b^2
$-2 \leqq b<1$ のとき 最大値 4
$b \geqq 1$ のとき 最大値 b^3+3b^2

370 (1) $-1 \leqq a \leqq 5$
(2) $a \geqq 3$

371 (1) $0 \leqq t \leqq 1$, $t=3$
(2) $t=0$, $2 \leqq t \leqq 3$

372 (1) $0<a<\frac{1}{2}$ のとき 最小値 $-4a^3$

$a \geqq \frac{1}{2}$ のとき 最小値 $1-3a$

(2) $0<a<\frac{1}{3}$ のとき 最大値 $1-3a$

$a \geqq \frac{1}{3}$ のとき 最大値 0

373 $a=3$

374 $a \leqq 0$ のとき 最大値 0
$0<a<1$ のとき 最大値 $2a\sqrt{a}$
$a \geqq 1$ のとき 最大値 $3a-1$

375 $\theta=\frac{3}{2}\pi$ のとき 最大値 8

$\theta=\frac{\pi}{6}$, $\frac{5}{6}\pi$ のとき 最小値 $-\frac{49}{4}$

376 $x=2$ のとき 最大値 45
$x=0$ のとき 最小値 0

377 $x=\frac{4}{3}$ のとき 最大値 $2-3\log_2 3$

378 $0 \leqq xy^2 \leqq 16$

379 $x=\pm 1$, $y=0$ のとき 最大値 1

$x=-\frac{1}{3}$, $y=\pm\frac{2}{3}$ のとき

最小値 $-\frac{5}{27}$

380 (1) $-\frac{1}{2}t^3+\frac{3}{2}t$

(2) $-1 \leqq t \leqq \sqrt{2}$

(3) $x=0$, $\frac{\pi}{2}$ のとき 最大値 1

$x=\pi$ のとき 最小値 -1

381 P(1, 2)

382 (1) $V=2\pi r^2 h$ (2) $12\sqrt{3}\pi$

383 $h=8$, $r=4\sqrt{2}$ のとき

最大値 $\frac{256}{3}\pi$

384 $\frac{\sqrt{3}}{9}$

385 (1) $2x^2+C$ (2) $3x^3+C$
(3) $2x^4+C$ (4) $x+C$

386 (1) x^2+x+C
(2) x^3+2x^2+2x+C
(3) $-\frac{1}{3}x^3+\frac{3}{2}x^2+2x+C$
(4) $-\frac{1}{3}x^3+\frac{1}{2}x^2+C$
(5) $3x^3-4x+C$
(6) $\frac{4}{3}x^3-6x^2+9x+C$

387 (1) $f(x)=x^2-3x-3$

(2) $f(x)=2x^3+\frac{1}{2}ax^2+x-4-\frac{1}{2}a$

388 $f(x)=-2x^3+2x+9$

389 (1) $x^3-tx^2+3t^2x+C$

(2) $\frac{1}{3}abx^3+\frac{1}{2}(a+b)x^2+x+C$

(3) $\frac{1}{3}t^3+\frac{1}{2}bt^2-2b^2t+C$

(4) $2x^2y^3+4xy^2+2y+C$

390 $f(x)=-3x^2+8x+1$

391 (1) $f(x)=-x^3+x^2+8x-12$
(2) $f(x)=x^3+3x^2+2x+2$

392 (1) -24 (2) $\frac{5}{6}$

(3) 4 (4) 21
(5) 30 (6) 24

393 (1) 15 (2) $\frac{20}{3}$

(3) -24 (4) $-\frac{95}{6}$

394 $a=1$, $b=\frac{1}{2}$

395 $a=5$, $b=6$, $c=-5$

396 $f(x)=-\frac{3}{2}x+2$

397 $f(x)=-2x^2+3x-1$

398 (1) $\frac{46}{15}$ (2) 0

399 (1) $f(x)=3x^2+x-\frac{3}{4}$

(2) $f(x)=2x-\frac{19}{3}$

400 (1) $f(x)=4x-3$ $a=5$
(2) $f(x)=2x-3$ $a=0$, 2

401 (1) $x=1$ のとき極大値 0
$x=3$ のとき極小値 $-\frac{4}{3}$
(2) $x=0$ のとき極大値 0
$x=1$ のとき極小値 $-\frac{1}{6}$

402 (1) $x=-1$ のとき 最大値 0
(2) $x=3$ のとき 最大値 0

403 (1) $f(x)=x^2-x+\frac{1}{6}$
(2) $f(x)=10x+2$

404 (1) $f(x)=x^2-\frac{7}{3}x+2$
(2) $f(x)=12x^2+\frac{36}{13}x-\frac{34}{13}$

405 $f(x)=3x^2+2x-1$,
$g(x)=6x^2-2x+1$
$a=0$, $b=-5$

406 $x=0$, 3 のとき 最大値 0
$x=-2$ のとき 最小値 $-\frac{20}{3}$

407 $f(x)=6x^2-6x+1$

408 $a=-\frac{1}{4}$ のとき 最小値 $\frac{13}{48}$

409 $a=\frac{1}{2}$ のとき 最小値 $\frac{1}{12}$

410 (1) $\frac{2}{5}a^2+\frac{4}{3}a+\frac{2}{3}b^2+2$
(2) $a=-\frac{5}{3}$, $b=0$ のとき 最小値 $\frac{8}{9}$

411 (1) $-\frac{9}{2}$ (2) $-\frac{125}{24}$
(3) $-\frac{8\sqrt{2}}{3}$ (4) $-\frac{40\sqrt{10}}{27}$

412 $-2 \leqq a \leqq 1$

413 略（等号成立は $a=0$ のとき）

414 (1) 4 (2) $\frac{9}{2}$ (3) $\frac{8}{3}$

415 (1) $\frac{26}{3}$ (2) $\frac{14}{3}$
(3) $\frac{32}{3}$ (4) $\frac{9}{2}$

416 (1) $\frac{8}{3}$ (2) $\frac{31}{6}$

417 (1) $\frac{9}{2}$ (2) $\frac{125}{24}$ (3) $\frac{8\sqrt{2}}{3}$

418 (1) $\frac{32}{3}$ (2) $\frac{125}{3}$
(3) $\frac{9}{4}$ (4) $\frac{125}{6}$

419 (1) $8\sqrt{6}$ (2) $4\sqrt{3}$

420 $\frac{19}{3}$

421 (1) 72 (2) $\frac{10}{3}$ (3) 26

422 (1) 9 (2) 9 (3) $\frac{1}{6}$

423 (1) 10 (2) $\frac{5}{2}$ (3) $\frac{5}{2}$

424 (1) $\frac{4}{3}$ (2) 8

425 (1) $\frac{1}{2}$ (2) $\frac{37}{12}$

426 (1) 4 (2) $\frac{31}{6}$

427 (1) 8 (2) $\frac{17}{6}$

428 (1) $\frac{16}{3}$ (2) $\frac{5}{3}$

429 $\frac{2}{3}$

430 (1) $y=-2x-1$ (2) $\frac{9}{4}$

431 (1) $y=-3x-2$ (2) $\frac{27}{4}$

432 $a=5$

433 $m=4-2\sqrt[3]{4}$

434 $k=6\sqrt[3]{2}-6$

435 (1) $S_1=\frac{m^3}{24}$, $S_2=\frac{2}{3}-\frac{1}{2}m$
(2) $m=-4$

436 最小値 $\frac{32}{3}$
直線 $y=2x-3$

437 最小値 $2\sqrt{3}$, P(1, 2)

438 (1) $\frac{1}{3}t^3-2t+\frac{8}{3}$
(2) $t=\sqrt{2}$ のとき 最小値 $\frac{8-4\sqrt{2}}{3}$

439 (1) $0 \leqq a < 1$ のとき $S=-a^2+a+\dfrac{2}{3}$

$1 \leqq a \leqq 2$ のとき $S=\dfrac{2}{3}a^3-a^2-a+2$

(2) $a=2$ で最大，$a=\dfrac{1+\sqrt{3}}{2}$ で最小

440 (1) $0<a<2$ のとき $-\dfrac{1}{2}a^2+2a$

$a \geqq 2$ のとき $\dfrac{1}{2}a^2-2a+4$

(2) $0<a<4$ のとき $-\dfrac{1}{3}a^3+2a^2$

$a \geqq 4$のとき $\dfrac{1}{3}a^3-2a^2+\dfrac{64}{3}$

441 (1) $0<a<1$ のとき $a^2-a+\dfrac{1}{2}$

$a \geqq 1$ のとき $a-\dfrac{1}{2}$

(2) $0<a<3$ のとき $\dfrac{1}{3}a^3-\dfrac{9}{2}a+9$

$a \geqq 3$ のとき $\dfrac{9}{2}a-9$

442 (1) $a<0$ のとき $f(a)=\dfrac{1}{3}-\dfrac{1}{2}a$

$0 \leqq a \leqq 1$ のとき $f(a)=\dfrac{1}{3}a^3-\dfrac{1}{2}a+\dfrac{1}{3}$

$a>1$ のとき $f(a)=-\dfrac{1}{3}+\dfrac{1}{2}a$

(2)

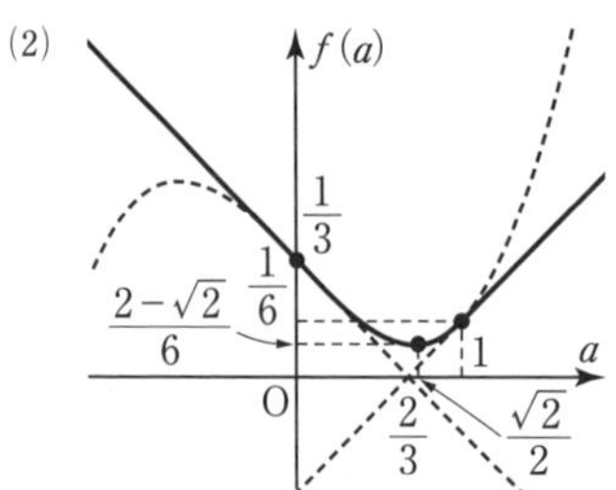

(3) $a=\dfrac{\sqrt{2}}{2}$ のとき 最小値 $\dfrac{2-\sqrt{2}}{6}$

数学Ⅱ 復習問題

1 80

2 $z=2-i$, $-2+i$

3 $x=-3$

4 (1) 1 (2) $-x+2$ (3) x^2

5 x

6 (1) $0<k<3$ (2) $-1<k<4$

7 (1) $1+\sqrt{3}i$ (2) $\dfrac{1-\sqrt{3}i}{2}$

8 (1) 0 (2) -1 (3) 1

9 (1) 略

(等号成立は $ax=by$ のとき)

(2) 略

(等号成立は $ay=bx$ かつ $bz=cy$ かつ $cx=az$ のとき)

10 (1) $(x, y)=(-1, 4)$, $(4, -1)$

(2) $(x, y)=(1+\sqrt{5}i, 1-\sqrt{5}i)$, $(1-\sqrt{5}i, 1+\sqrt{5}i)$

11 9

12 (1) $y=2x-1$

(2) $\mathrm{C}(-9, -19)$

(3) 3：1 に外分する点

13 重心 $\left(1, \dfrac{5\sqrt{3}}{3}\right)$

外心 $\left(0, \dfrac{2\sqrt{3}}{3}\right)$

内心 $(2, 2\sqrt{3})$

垂心 $\left(3, \dfrac{11\sqrt{3}}{3}\right)$

14 (1) $(-4, 1)$ (2) 略

15 (1) $a<-\dfrac{2}{5}$, $2<a$

(2) 直線 $y=-2x+1$ $\left(x<-\dfrac{2}{5}, 2<x\right)$

16 $y=-\dfrac{2}{3}x+\dfrac{16}{3}$

17 接線 $y=\dfrac{1}{\sqrt{15}}(x+2)$ のとき，

接点 $\left(\dfrac{7}{4}, \dfrac{\sqrt{15}}{4}\right)$

接線 $y=-\dfrac{1}{\sqrt{15}}(x+2)$ のとき，

接点 $\left(\dfrac{7}{4}, -\dfrac{\sqrt{15}}{4}\right)$

18 中心 (1, 0), 半径1の円
ただし, (0, 0) は除く

19 (1) 略
(2)
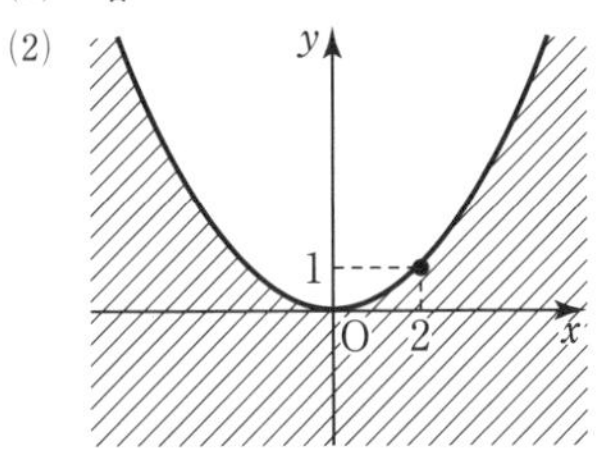

20 $(x-1)^2+(y-5)^2=25$

21 (1) Pを 30g, Qを 40g
(2) $0<a\leqq 10$

22 $\sin\theta=\frac{\sqrt{7}}{4}$, $\tan\theta=\frac{\sqrt{7}}{3}$ または
$\sin\theta=-\frac{\sqrt{7}}{4}$, $\tan\theta=-\frac{\sqrt{7}}{3}$

23 $\sin\theta\cos\theta=-\frac{a^2-1}{2}$
$\sin^3\theta-\cos^3\theta=-\frac{a^3-3a}{2}$

24 $a=3$, $b=\frac{\pi}{2}$,
$A=2$, $B=-2$, $C=\frac{5}{6}\pi$

25 (1) $\theta=\frac{4}{3}\pi$, $\frac{5}{3}\pi$
(2) $\theta=\frac{\pi}{6}$, $\frac{7}{6}\pi$
(3) $0\leqq\theta\leqq\frac{2}{3}\pi$, $\frac{4}{3}\pi\leqq\theta<2\pi$
(4) $\frac{\pi}{2}<\theta<\frac{3}{4}\pi$, $\frac{3}{2}\pi<\theta<\frac{7}{4}\pi$
(5) $\theta=\frac{\pi}{24}$, $\frac{19}{24}\pi$, $\frac{25}{24}\pi$, $\frac{43}{24}\pi$
(6) $0\leqq\theta<\frac{\pi}{2}$, $\frac{7}{6}\pi<\theta<2\pi$

26 $\theta=\frac{\pi}{3}$, $\frac{5}{3}\pi$ のとき 最大値 $\frac{9}{4}$
$\theta=\pi$ のとき 最小値 0

27 $\sin(\alpha+\beta)=\frac{19}{35}$
$\cos(\alpha+\beta)=-\frac{12\sqrt{6}}{35}$
$\tan(\alpha+\beta)=-\frac{19\sqrt{6}}{72}$

28 $3\sqrt{2}$

29 (1) $\theta=\frac{\pi}{3}$, $\frac{\pi}{2}$, $\frac{2}{3}\pi$, $\frac{3}{2}\pi$
(2) $\frac{\pi}{3}<\theta<\pi$, $\pi<\theta<\frac{5}{3}\pi$
(3) $\theta=\frac{\pi}{6}$, $\frac{\pi}{2}$
(4) $0\leqq\theta<\frac{\pi}{2}$, $\pi<\theta<2\pi$

30 (1) $\mathrm{PH}+\mathrm{AH}=2\sin\theta\cos\theta+2\cos^2\theta$
(2) $\theta=\frac{\pi}{8}$ のとき 最大値 $\sqrt{2}+1$

31 $1\leqq a<2$

32 ア：④ イ：④ ウ：3 エ：3

33 (1) $-\frac{\sqrt[3]{2}}{2}$ (2) $\sqrt{3}$ (3) 2
(4) -2 (5) $-\frac{1}{4}$ (6) -4

34 500 (秒)

35 (1) $\sqrt[3]{\frac{1}{16}}<\frac{1}{2}<\sqrt[5]{4}<\sqrt{2}$
(2) $\log_{\frac{1}{4}}5<0<\log_8 10<\log_4 5$

36 (1) $x=0$, $\log_3 2$
(2) $x<-1$, $2<x$
(3) $x=1$, 8
(4) $0<x\leqq 2$

37 (1) $(x, y)=(0, 3)$, $(4, -1)$
(2) $x=2$, $y=4$

38 (1) $x=3$, $y=2$ のとき 最大値 4
(2) $x=9$ のとき 最大値 1
$x=1$, 81 のとき 最小値 -3

39 (1) 12桁 (2) $n=18$, 19

40 $n=23$

41 (1) $x=3$ (2) $0<a<9$

42
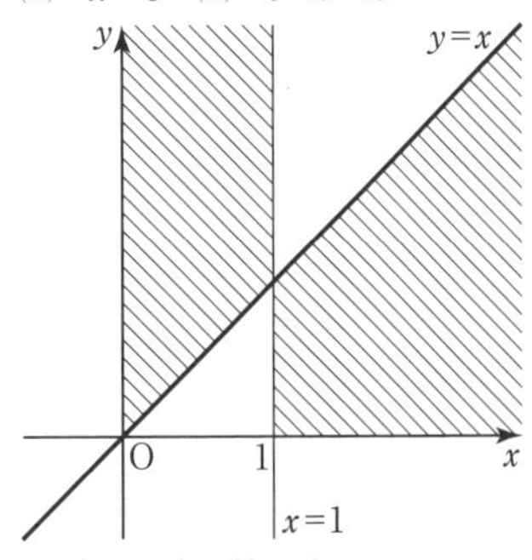

ただし，境界線は含まない。

43 (1) $y'=3x^3$

(2) $y'=-6x^2-2x+2$

44 (1) $y=2x-1$

(2) $y=5x-\frac{8}{3}$, $y=5x+8$

(3) $y=x-\frac{4}{3}$

45 $f(x)=x^3-6x^2+9x+3$

46 (1) $1<m<5$

(2) $0<\alpha<1$, $1<\beta<3$, $3<\gamma<4$

47 (1) $\frac{1}{4}x^4+\frac{1}{2}x^2+C$

(2) $\frac{2}{3}x^3-2x+C$

48 (1) 9 (2) $\frac{58}{3}$

49 $f(x)=12x^2-6x+2$

50 $k=5$ $a=1$, -6

51 (1) $x_1=-1$, $x_2=1$

(2) $\frac{4}{3}$

(3) $\frac{32}{27}$

52 (1) $y=-\frac{1}{2}x+3$

(2) $\frac{125}{12}$

53 略

54 $\frac{16}{3}$

55 (1) (ア) (2) (ウ) (3) (オ)

●三角比の表●

A	$\sin A$	$\cos A$	$\tan A$	A	$\sin A$	$\cos A$	$\tan A$
0°	0.0000	1.0000	0.0000	45°	0.7071	0.7071	1.0000
1°	0.0175	0.9998	0.0175	46°	0.7193	0.6947	1.0355
2°	0.0349	0.9994	0.0349	47°	0.7314	0.6820	1.0724
3°	0.0523	0.9986	0.0524	48°	0.7431	0.6691	1.1106
4°	0.0698	0.9976	0.0699	49°	0.7547	0.6561	1.1504
5°	0.0872	0.9962	0.0875	50°	0.7660	0.6428	1.1918
6°	0.1045	0.9945	0.1051	51°	0.7771	0.6293	1.2349
7°	0.1219	0.9925	0.1228	52°	0.7880	0.6157	1.2799
8°	0.1392	0.9903	0.1405	53°	0.7986	0.6018	1.3270
9°	0.1564	0.9877	0.1584	54°	0.8090	0.5878	1.3764
10°	0.1736	0.9848	0.1763	55°	0.8192	0.5736	1.4281
11°	0.1908	0.9816	0.1944	56°	0.8290	0.5592	1.4826
12°	0.2079	0.9781	0.2126	57°	0.8387	0.5446	1.5399
13°	0.2250	0.9744	0.2309	58°	0.8480	0.5299	1.6003
14°	0.2419	0.9703	0.2493	59°	0.8572	0.5150	1.6643
15°	0.2588	0.9659	0.2679	60°	0.8660	0.5000	1.7321
16°	0.2756	0.9613	0.2867	61°	0.8746	0.4848	1.8040
17°	0.2924	0.9563	0.3057	62°	0.8829	0.4695	1.8807
18°	0.3090	0.9511	0.3249	63°	0.8910	0.4540	1.9626
19°	0.3256	0.9455	0.3443	64°	0.8988	0.4384	2.0503
20°	0.3420	0.9397	0.3640	65°	0.9063	0.4226	2.1445
21°	0.3584	0.9336	0.3839	66°	0.9135	0.4067	2.2460
22°	0.3746	0.9272	0.4040	67°	0.9205	0.3907	2.3559
23°	0.3907	0.9205	0.4245	68°	0.9272	0.3746	2.4751
24°	0.4067	0.9135	0.4452	69°	0.9336	0.3584	2.6051
25°	0.4226	0.9063	0.4663	70°	0.9397	0.3420	2.7475
26°	0.4384	0.8988	0.4877	71°	0.9455	0.3256	2.9042
27°	0.4540	0.8910	0.5095	72°	0.9511	0.3090	3.0777
28°	0.4695	0.8829	0.5317	73°	0.9563	0.2924	3.2709
29°	0.4848	0.8746	0.5543	74°	0.9613	0.2756	3.4874
30°	0.5000	0.8660	0.5774	75°	0.9659	0.2588	3.7321
31°	0.5150	0.8572	0.6009	76°	0.9703	0.2419	4.0108
32°	0.5299	0.8480	0.6249	77°	0.9744	0.2250	4.3315
33°	0.5446	0.8387	0.6494	78°	0.9781	0.2079	4.7046
34°	0.5592	0.8290	0.6745	79°	0.9816	0.1908	5.1446
35°	0.5736	0.8192	0.7002	80°	0.9848	0.1736	5.6713
36°	0.5878	0.8090	0.7265	81°	0.9877	0.1564	6.3138
37°	0.6018	0.7986	0.7536	82°	0.9903	0.1392	7.1154
38°	0.6157	0.7880	0.7813	83°	0.9925	0.1219	8.1443
39°	0.6293	0.7771	0.8098	84°	0.9945	0.1045	9.5144
40°	0.6428	0.7660	0.8391	85°	0.9962	0.0872	11.4301
41°	0.6561	0.7547	0.8693	86°	0.9976	0.0698	14.3007
42°	0.6691	0.7431	0.9004	87°	0.9986	0.0523	19.0811
43°	0.6820	0.7314	0.9325	88°	0.9994	0.0349	28.6363
44°	0.6947	0.7193	0.9657	89°	0.9998	0.0175	57.2900
45°	0.7071	0.7071	1.0000	90°	1.0000	0.0000	——

エクセル数学Ⅱ

表紙デザイン
エッジ・デザインオフィス

●編　者——実教出版編修部

●発行者——小田　良次

●印刷所——共同印刷株式会社

●発行所——実教出版株式会社

〒102-8377
東京都千代田区五番町 5
電話〈営業〉(03) 3238-7777
〈編修〉(03) 3238-7785
〈総務〉(03) 3238-7700
https://www.jikkyo.co.jp/

002402022　ISBN978-4-407-35328-0

微分法と積分法

1　平均変化率

関数 $f(x)$ において，x の値が a から b まで変化するときの平均変化率は

$$\frac{f(b)-f(a)}{b-a}$$

2　微分係数

関数 $f(x)$ において，x の値が a から $a+h$ まで変化するときの平均変化率の，h が 0 に限りなく近づくときの極限値

$$f'(a)=\lim_{h\to 0}\frac{f(a+h)-f(a)}{h}$$

3　導関数

$$f'(x)=\lim_{h\to 0}\frac{f(x+h)-f(x)}{h}$$

4　導関数の公式

n は自然数，c，k は定数のとき

(1)　$(x^n)'=nx^{n-1}$，$(c)'=0$

(2)　$\{kf(x)\}'=kf'(x)$

(3)　$\{f(x)\pm g(x)\}'=f'(x)\pm g'(x)$（複号同順）

5　微分係数の図形的意味

関数 $y=f(x)$ の $x=a$ における微分係数 $f'(a)$ は，曲線 $y=f(x)$ 上の点 $(a,\ f(a))$ における接線の傾きを表す。

6　接線の方程式

関数 $y=f(x)$ のグラフ上の点 $(a,\ f(a))$ における接線の方程式は

$$y-f(a)=f'(a)(x-a)$$

7　関数の増加・減少

- $f'(x)>0$ である区間で $f(x)$ は増加
- $f'(x)<0$ である区間で $f(x)$ は減少

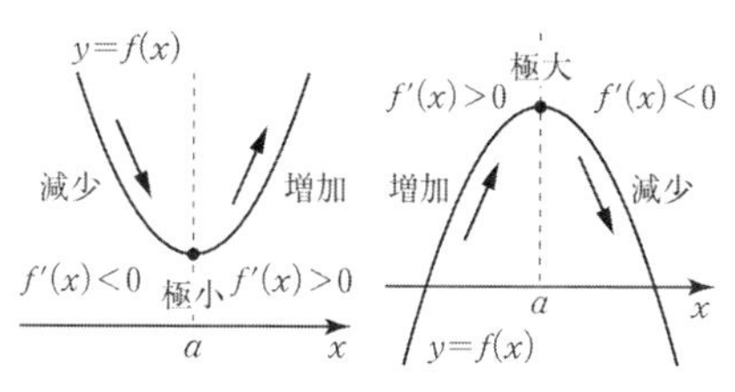

8　関数の極大・極小

$f'(a)=0$ となる $x=a$ の前後で，$f'(x)$ の符号が

- 正から負に変わるとき，$f(x)$ は $x=a$ で極大
- 負から正に変わるとき，$f(x)$ は $x=a$ で極小

（$f'(a)=0$ であっても $x=a$ で極値をとるとは限らない。）

9　関数の最大・最小

関数に定義域が与えられているとき，最大値・最小値を求めるには，極大値・極小値と定義域の両端における値を調べればよい。

10　不定積分

$F'(x)=f(x)$ のとき

$$\int f(x)\,dx=F(x)+C\ \ (C\text{ は積分定数})$$

11　不定積分の性質（複号同順）

C を積分定数とするとき

(1)　$\displaystyle\int x^n\,dx=\frac{1}{n+1}x^{n+1}+C$（$n$ は 0 以上の整数）

(2)　$\displaystyle\int kf(x)\,dx=k\int f(x)\,dx$（$k$ は定数）

(3)　$\displaystyle\int\{f(x)\pm g(x)\}\,dx=\int f(x)\,dx\pm\int g(x)\,dx$

12　定積分

$f(x)$ の不定積分の 1 つを $F(x)$ とするとき

$$\int_a^b f(x)\,dx=\Big[F(x)\Big]_a^b=F(b)-F(a)$$

13　定積分の性質（複号同順）

(1)　$\displaystyle\int_a^b kf(x)\,dx=k\int_a^b f(x)\,dx$（$k$ は定数）

(2)　$\displaystyle\int_a^b\{f(x)\pm g(x)\}\,dx=\int_a^b f(x)\,dx\pm\int_a^b g(x)\,dx$

(3)　$\displaystyle\int_a^a f(x)\,dx=0$

(4)　$\displaystyle\int_b^a f(x)\,dx=-\int_a^b f(x)\,dx$

(5)　$\displaystyle\int_a^b f(x)\,dx=\int_a^c f(x)\,dx+\int_c^b f(x)\,dx$

14　微分と積分の関係

$$\frac{d}{dx}\int_a^x f(t)\,dt=f(x)\ \ (a\text{ は定数})$$

15　定積分と面積 S

(1)

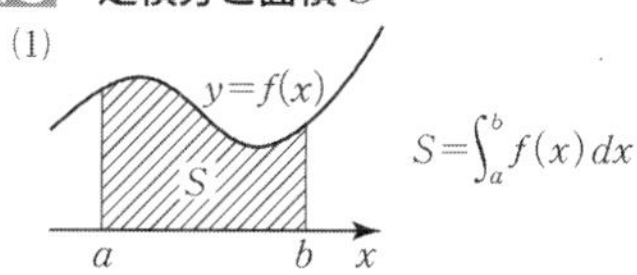

$$S=\int_a^b f(x)\,dx$$

(2)

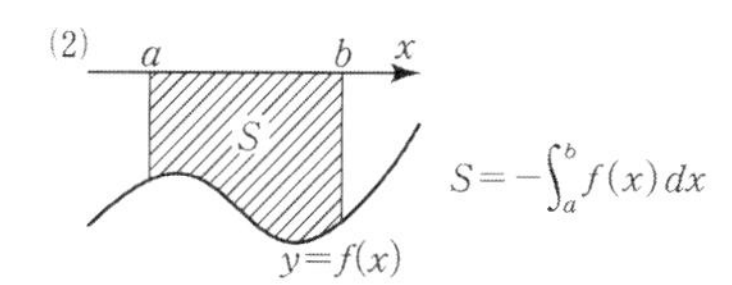

$$S=-\int_a^b f(x)\,dx$$

(3)

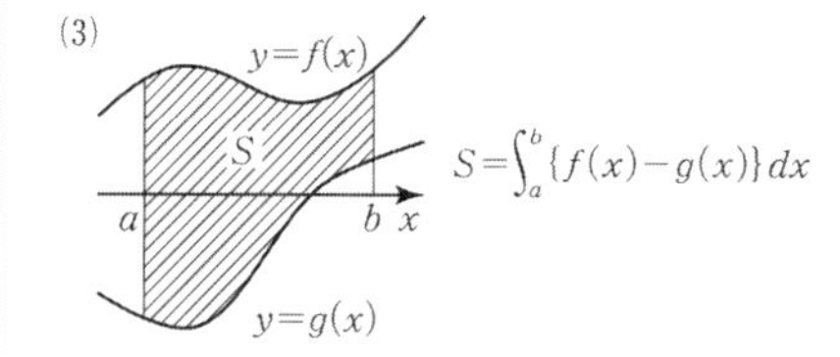

$$S=\int_a^b\{f(x)-g(x)\}\,dx$$

●常用対数表(1)●

数	0	1	2	3	4	5	6	7	8	9
1.0	.0000	.0043	.0086	.0128	.0170	.0212	.0253	.0294	.0334	.0374
1.1	.0414	.0453	.0492	.0531	.0569	.0607	.0645	.0682	.0719	.0755
1.2	.0792	.0828	.0864	.0899	.0934	.0969	.1004	.1038	.1072	.1106
1.3	.1139	.1173	.1206	.1239	.1271	.1303	.1335	.1367	.1399	.1430
1.4	.1461	.1492	.1523	.1553	.1584	.1614	.1644	.1673	.1703	.1732
1.5	.1761	.1790	.1818	.1847	.1875	.1903	.1931	.1959	.1987	.2014
1.6	.2041	.2068	.2095	.2122	.2148	.2175	.2201	.2227	.2253	.2279
1.7	.2304	.2330	.2355	.2380	.2455	.2430	.2455	.2480	.2504	.2529
1.8	.2553	.2577	.2601	.2625	.2648	.2672	.2695	.2718	.2742	.2765
1.9	.2788	.2810	.2833	.2856	.2878	.2900	.2923	.2945	.2967	.2989
2.0	.3010	.3032	.3054	.3075	.3096	.3118	.3139	.3160	.3181	.3201
2.1	.3222	.3243	.3263	.3284	.3304	.3324	.3345	.3365	.3385	.3404
2.2	.3424	.3444	.3464	.3483	.3502	.3522	.3541	.3560	.3579	.3598
2.3	.3617	.3636	.3655	.3674	.3692	.3711	.3729	.3747	.3766	.3784
2.4	.3802	.3820	.3838	.3856	.3874	.3892	.3909	.3927	.3945	.3962
2.5	.3979	.3997	.4014	.4031	.4048	.4065	.4082	.4099	.4116	.4133
2.6	.4150	.4166	.4183	.4200	.4216	.4232	.4249	.4265	.4281	.4298
2.7	.4314	.4330	.4346	.4362	.4378	.4393	.4409	.4425	.4440	.4456
2.8	.4472	.4487	.4502	.4518	.4533	.4548	.4564	.4579	.4594	.4609
2.9	.4624	.4639	.4654	.4669	.4683	.4698	.4713	.4728	.4742	.4757
3.0	.4771	.4786	.4800	.4814	.4829	.4843	.4857	.4871	.4886	.4900
3.1	.4914	.4928	.4942	.4955	.4969	.4983	.4997	.5011	.5024	.5038
3.2	.5051	.5065	.5079	.5092	.5105	.5119	.5132	.5145	.5159	.5172
3.3	.5185	.5198	.5211	.5224	.5237	.5250	.5263	.5276	.5289	.5302
3.4	.5315	.5328	.5340	.5353	.5366	.5378	.5391	.5403	.5416	.5428
3.5	.5441	.5453	.5465	.5478	.5490	.5502	.5514	.5527	.5539	.5551
3.6	.5563	.5575	.5587	.5599	.5611	.5623	.5635	.5647	.5658	.5670
3.7	.5682	.5694	.5705	.5717	.5729	.5740	.5752	.5763	.5775	.5786
3.8	.5798	.5809	.5821	.5832	.5843	.5855	.5866	.5877	.5888	.5899
3.9	.5911	.5922	.5933	.5944	.5955	.5966	.5977	.5988	.5999	.6010
4.0	.6021	.6031	.6042	.6053	.6064	.6075	.6085.	.6096	.6107	.6117
4.1	.6128	.6138	.6149	.6160	.6170	.6180	.6191	.6201	.6212	.6222
4.2	.6232	.6243	.6253	.6263	.6274	.6284	.6294	.6304	.6314	.6325
4.3	.6335	.6345	.6355	.6365	.6375	.6385	.6395	.6405	.6415	.6425
4.4	.6435	.6444	.6454	.6464	.6474	.6484	.6493	.6503	.6513	.6522
4.5	.6532	.6542	.6551	.6561	.6571	.6580	.6590	.6599	.6609	.6618
4.6	.6628	.6637	.6646	.6656	.6665	.6675	.6684	.6693	.6702	.6712
4.7	.6721	.6730	.6739	.6749	.6758	.6767	.6776	.6785	.6794	.6803
4.8	.6812	.6821	.6830	.6839	.6848	.6857	.6866	.6875	.6884	.6893
4.9	.6902	.6911	.6920	.6928	.6937	.6946	.6955	.6964	.6972	.6981
5.0	.6990	.6998	.7007	.7016	.7024	.7033	.7042	.7050	.7059	.7067
5.1	.7076	.7084	.7093	.7101	.7110	.7118	.7126	.7135	.7143	.7152
5.2	.7160	.7168	.7177	.7185	.7193	.7202	.7210	.7218	.7226	.7235
5.3	.7243	.7251	.7259	.7267	.7275	.7284	.7292	.7300	.7308	.7316
5.4	.7324	.7332	.7340	.7348	.7356	.7364	.7372	.7380	.7388	.7396

●常用対数表(2)●

数	0	1	2	3	4	5	6	7	8	9
5.5	.7404	.7412	.7419	.7427	.7435	.7443	.7451	.7459	.7466	.74[illegible]
5.6	.7482	.7490	.7497	.7505	.7513	.7520	.7528	.7536	.7543	.75[illegible]
5.7	.7559	.7566	.7574	.7582	.7589	.7597	.7604	.7612	.7619	.7[illegible]
5.8	.7634	.7642	.7649	.7657	.7664	.7672	.7679	.7686	.7694	.7[illegible]
5.9	.7709	.7716	.7723	.7731	.7738	.7745	.7752	.7760	.7767	.7[illegible]
6.0	.7782	.7789	.7796	.7803	.7810	.7818	.7825	.7832	.7839	.7[illegible]
6.1	.7853	.7860	.7868	.7875	.7882	.7889	.7896	.7903	.7910	.[illegible]
6.2	.7924	.7931	.7938	.7945	.7952	.7959	.7966	.7973	.7980	.7[illegible]
6.3	.7993	.8000	.8007	.8014	.8021	.8028	.8035	.8041	.8048	.8[illegible]
6.4	.8062	.8069	.8075	.8082	.8089	.8096	.8102	.8109	.8116	.8[illegible]
6.5	.8129	.8136	.8142	.8149	.8156	.8162	.8169	.8176	.8182	.8[illegible]
6.6	.8195	.8202	.8209	.8215	.8222	.8228	.8235	.8241	.8248	.8[illegible]
6.7	.8261	.8267	.8274	.8280	.8287	.8293	.8299	.8306	.8312	.8[illegible]
6.8	.8325	.8331	.8338	.8344	.8351	.8357	.8363	.8370	.8376	.8[illegible]
6.9	.8388	.8395	.8401	.8407	.8414	.8420	.8426	.8432	.8439	.84[illegible]
7.0	.8451	.8457	.8463	.8470	.8476	.8482	.8488	.8494	.8500	.85[illegible]
7.1	.8513	.8519	.8525	.8531	.8537	.8543	.8549	.8555	.8561	.85[illegible]
7.2	.8573	.8579	.8585	.8591	.8597	.8603	.8609	.8615	.8621	.8[illegible]
7.3	.8633	.8639	.8645	.8651	.8657	.8663	.8669	.8675	.8681	.8[illegible]
7.4	.8692	.8698	.8704	.8710	.8716	.8722	.8727	.8733	.8739	.8[illegible]
7.5	.8751	.8756	.8762	.8768	.8774	.8779	.8785	.8791	.8797	.8[illegible]
7.6	.8808	.8814	.8820	.8825	.8831	.8837	.8842	.8848	.8854	.8[illegible]
7.7	.8865	.8871	.8876	.8882	.8887	.8893	.8899	.8904	.8910	.8[illegible]
7.8	.8921	.8927	.8932	.8938	.8943	.8949	.8954	.8960	.8965	.89[illegible]
7.9	.8976	.8982	.8987	.8993	.8998	.9004	.9009	.9015	.9020	.90[illegible]
8.0	.9031	.9036	.9042	.9047	.9053	.9058	.9063	.9069	.9074	.90[illegible]
8.1	.9085	.9090	.9096	.9101	.9106	.9112	.9117	.9122	.9128	.91[illegible]
8.2	.9138	.9143	.9149	.9154	.9159	.9165	.9170	.9175	.9180	.91[illegible]
8.3	.9191	.9196	.9201	.9206	.9212	.9217	.9222	.9227	.9232	.92[illegible]
8.4	.9243	.9248	.9253	.9258	.9263	.9269	.9274	.9279	.9284	.92[illegible]
8.5	.9294	.9299	.9304	.9309	.9315	.9320	.9325	.9330	.9335	.93[illegible]
8.6	.9345	.9350	.9355	.9360	.9365	.9370	.9375	.9380	.9385	.93[illegible]
8.7	.9395	.9400	.9405	.9410	.9415	.9420	.9425	.9430	.9435	.94[illegible]
8.8	.9445	.9450	.9455	.9460	.9465	.9469	.9474	.9479	.9484	.94[illegible]
8.9	.9494	.9499	.9504	.9509	.9513	.9518	.9523	.9528	.9533	.95[illegible]
9.0	.9542	.9547	.9552	.9557	.9562	.9566	.9571	.9576	.9581	.95[illegible]
9.1	.9590	.9595	.9600	.9605	.9609	.9614	.9619	.9624	.9628	.96[illegible]
9.2	.9638	.9643	.9647	.9652	.9657	.9661	.9666	.9671	.9675	.96[illegible]
9.3	.9685	.9689	.9694	.9699	.9703	.9708	.9713	.9717	.9722	.97[illegible]
9.4	.9731	.9736	.9741	.9745	.9750	.9754	.9759	.9763	.9768	.97[illegible]
9.5	.9777	.9782	.9786	.9791	.9795	.9800	.9805	.9809	.9814	.98[illegible]
9.6	.9823	.9827	.9832	.9836	.9841	.9845	.9850	.9854	.9859	.986[illegible]
9.7	.9868	.9872	.9877	.9881	.9886	.9890	.9894	.9899	.9903	.9908
9.8	.9912	.9917	.9921	.9926	.9930	.9934	.9939	.9943	.9948	.9952
9.9	.9956	.9961	.9965	.9969	.9974	.9978	.9983	.9987	.9991	.9996

方程式・式と証明

3次の乗法・因数分解の公式（複号同順）

$(a\pm b)^3=a^3\pm 3a^2b+3ab^2\pm b^3$

$(a\pm b)(a^2\mp ab+b^2)=a^3\pm b^3$

二項定理

$(a+b)^n={}_nC_0a^n+{}_nC_1a^{n-1}b+{}_nC_2a^{n-2}b^2+\cdots$
$\cdots+{}_nC_{n-1}ab^{n-1}+{}_nC_nb^n$

整式の除法の関係式

…の文字について，整式 A を整式 B（$\neq 0$）で割っ…商を Q，余りを R とすると　$A=BQ+R$

…だし　(R の次数)<(B の次数)

分数式の四則計算

$\frac{A}{B}\times\frac{C}{D}=\frac{AC}{BD}$，$\frac{A}{B}\div\frac{C}{D}=\frac{A}{B}\times\frac{D}{C}=\frac{AD}{BC}$

$\frac{A}{C}\pm\frac{B}{C}=\frac{A\pm B}{C}$　（複号同順）

複素数（a，b，c，d は実数）

(1)　虚数単位 i : $i^2=-1$

複素数の相等

$a+bi=c+di \iff a=c$ かつ $b=d$

$a+bi=0 \iff a=0$ かつ $b=0$

$a>0$ のとき，$-a$ の平方根は $\pm\sqrt{a}\,i$

2次方程式 $ax^2+bx+c=0$ $(a\neq 0)$

判別式 $D=b^2-4ac$

・$D>0 \iff$ 異なる2つの実数解 ｝実数解条件

・$D=0 \iff$ 重解 ｝$D\geqq 0$

・$D<0 \iff$ 異なる2つの虚数解

(2)　2解が α，β であるとき

・解と係数の関係　$\alpha+\beta=-\frac{b}{a}$，$\alpha\beta=\frac{c}{a}$

・因数分解　$ax^2+bx+c=a(x-\alpha)(x-\beta)$

(3)　α，β を2解とする2次方程式の1つは
$x^2-(\alpha+\beta)x+\alpha\beta=0$

7　剰余の定理

整式 $P(x)$ を $x-\alpha$ で割った余りは $P(\alpha)$

8　因数定理

整式 $P(x)$ が $x-\alpha$ を因数にもつ $\iff P(\alpha)=0$

9　式と証明

(1)　恒等式

$ax^2+bx+c=a'x^2+b'x+c'$ が x についての恒等式
$\iff a=a'$，$b=b'$，$c=c'$

(2)　等式 $A=B$ の証明方法

・$A=A'=A''=\cdots\cdots=B$ を示す

・$A=A'=\cdots\cdots=C$，$B=B'=\cdots\cdots=C$ を示す

・$A-B=A'-B'=\cdots\cdots=0$ を示す

(3)　不等式 $A>B$ の証明方法

・$A-B>0$ または $B-A<0$ を示す。

・$A>0$，$B>0$ のとき，$A^2>B^2$ を示す。

(4)　実数の性質　a，b が実数のとき　$a^2\geqq 0$

$a^2+b^2=0 \iff a=0$ かつ $b=0$

(5)　相加平均と相乗平均の関係

$a>0$，$b>0 \Longrightarrow \frac{a+b}{2}\geqq\sqrt{ab}$

ただし，等号成立は $a=b$ のとき。

図形と方程式

座標平面上の点

$A(x_1,\ y_1)$，$B(x_2,\ y_2)$，$C(x_3,\ y_3)$ のとき

(1)　2点間の距離

$AB=\sqrt{(x_2-x_1)^2+(y_2-y_1)^2}$

(2)　線分 AB を $m:n$ の比に分ける点の座標

・内分 $\left(\frac{nx_1+mx_2}{m+n},\ \frac{ny_1+my_2}{m+n}\right)$

・外分 $\left(\frac{-nx_1+mx_2}{m-n},\ \frac{-ny_1+my_2}{m-n}\right)$

(3)　線分 AB の中点 $\left(\frac{x_1+x_2}{2},\ \frac{y_1+y_2}{2}\right)$

(4)　△ABC の重心 $\left(\frac{x_1+x_2+x_3}{3},\ \frac{y_1+y_2+y_3}{3}\right)$

2　直線の方程式

(1)　点 $(x_1,\ y_1)$ を通り，傾きが m の直線

$y-y_1=m(x-x_1)$

(2)　異なる2点 $(x_1,\ y_1)$，$(x_2,\ y_2)$ を通る直線

・$x_1\neq x_2$ のとき　$y-y_1=\frac{y_2-y_1}{x_2-x_1}(x-x_1)$

・$x_1=x_2$ のとき　$x=x_1$

3　2直線 l : $y=mx+n$，l' : $y=m'x+n'$

平行条件 : $l\parallel l' \iff m=m'$

垂直条件 : $l\perp l' \iff mm'=-1$

4　点と直線の距離

点 $(x_1,\ y_1)$ と直線 $ax+by+c=0$ の距離 d は

$d=\frac{|ax_1+by_1+c|}{\sqrt{a^2+b^2}}$

5　円の方程式

(1)　中心が点 $(a,\ b)$，半径が r の円

$(x-a)^2+(y-b)^2=r^2$

中心が原点，半径が r の円 : $x^2+y^2=r^2$

(2)　円と直線の位置関係

円の中心と直線の距離を d，半径を r とすると

・$d<r \iff$ 2点で交わる

・$d=r \iff$ 接する

・$d>r \iff$ 共有点なし

(3)　円の接線の方程式

円 $x^2+y^2=r^2$ 上の点 $(x_1,\ y_1)$ における接線の方程式は　$x_1x+y_1y=r^2$